高等院校生物类专业系列教材

发酵工程

FERMENTATION ENGINEERING

主　编　蒋新龙

副主编　李加友　陈宜涛　薛栋升

ZHEJIANG UNIVERSITY PRESS
浙江大学出版社

前　　言

发酵工程是生物技术的重要组成部分,是生物技术产业化的核心环节,在工业生物技术的产生和发展中具有不可替代的作用。随着微生物学、基因组学、蛋白质组学、代谢组学向纵深发展,以及信息技术、过程控制技术和生物化工技术与装备的不断进步,发酵工程必将焕发出更强大的生机,在现代工业生物技术的发展中显示越来越大的威力,成为解决资源、粮食、能源、环境与健康等众多领域面临的重大问题的关键技术之一。

进入 21 世纪,我国高等教育已从精英教育逐步转向大众教育。将高等教育进一步推向大众化,培养应用型人才,已成为国家人才培养的重要组成部分,尤其是普通高等教育更需要体现应用型。应用型人才的培养要求教师在教授"理论与技术"时,更注重技术、方法的教学;在教授"理论与实践"时,更注重理论指导下的可操作性,更注意实际问题的解决。在该教材的编写过程中,我们提倡"先进性、实用性、可操作性"的编写原则,坚持"少而精、宽基础"的编写风格,以解决多年来在教材中存在的过深、过高且偏离实际的问题。我们力求使本书具有较高的科学性和系统性,同时也具有鲜明的时代性,能反映发酵工业的新进展及发酵工程与生物工程、食品工程、微生物制药工程、环境工程的联系,同时还充分考虑与微生物学、生物化学、基因工程、分子生物学、生物下游技术、发酵设备等相关学科的相互联系,避免教学内容的过多重复。

本书共 11 章:第 1 章由浙江树人大学蒋新龙、宁波万里学院王志江编写;第 2 章由浙江树人大学张建芬编写;第 3 章由浙江大学陈少云编写;第 4 章由绍兴文理学院沈美编写;第 5 章由浙江中医药大学陈宜涛编写;第 6 章由浙江大学薛栋升编写;第 7 章由嘉兴学院李加友编写;第 8 章由广东石油化工学院刘杰凤编写;第 9 章由蒋新龙编写;第 10、11 章由嘉兴学院冯德明编写。书中的插图由浙江中医药大学葛立军校对修改。全书由蒋新龙统稿。

编者在编写本书时参考了国内外相关的教材和文献资料,引用了一些结论和图表,在此向各位前辈及同行致以衷心的感谢。由于编者的水平有限,加之时间仓促,书中错误和不足之处在所难免。敬请读者赐教指正。

编　者

2010 年 9 月

目　　录

第 1 章

绪　　论

1.1　发酵工程的基本概念

1.1.1　发酵与发酵工程的定义

　　发酵(fermentation)的英文术语最初来自拉丁语"fervere"(发泡、沸涌)这个单词。它是指酵母菌作用于果汁或发芽谷物,产生二氧化碳的现象。被称为微生物学之父的法国科学家巴斯德(Louis Pasteur)第一个探讨了酵母菌酒精发酵的生理意义,将发酵现象与微生物生命活动联系起来考虑,并指出发酵是酵母菌在无氧状态下的呼吸过程,即无氧呼吸,是生物获得能量的一种方式。也就是说,发酵是在厌氧条件下,原料经过酵母等生物细胞的作用,菌体获得能量,同时将原料分解为酒精和 CO_2 的过程。从目前来看,巴斯德的观念还是正确的,但也不是很全面,因为发酵对于不同的对象具有不同的意义。

　　对生物化学家来说,发酵是微生物在无氧时的代谢过程。而对工业微生物学家来说,发酵是指借助微生物在有氧或无氧条件下的生命活动,来制备微生物菌体本身或代谢产物的过程。

　　如今,人们把利用生物细胞(指微生物细胞、动物细胞、植物细胞、微藻)在有氧或无氧条件下的生命活动来大量生产或积累生物细胞、酶类和代谢产物的过程统称为发酵。

　　发酵工程是指利用生物细胞的特定性状,通过现代工程技术手段,在反应器中生产各种特定有用物质,或者把生物细胞直接用于工业化生产的一种工程技术系统。发酵工程涉及微生物学、生物化学、化学工程技术、机械工程、计算机工程等基本原理和技术,并将它们有机地结合在一起,利用生物细胞进行规模化生产。发酵工程是生物加工与生物制造实现产业化的核心技术。

　　发酵工程技术主要包括提供优质生产菌种的菌种技术、实现产品大规模生产的发酵技术和获得合格产品的分离纯化技术。其典型工艺流程如图 1-1 所示。

　　从图中可以看出,发酵工程主要内容包括:发酵原料的选择及预处理,微生物菌种的选育及扩大培养,发酵设备选择及工艺条件控制,发酵产物的分离提取,废弃物的回收和利用等。

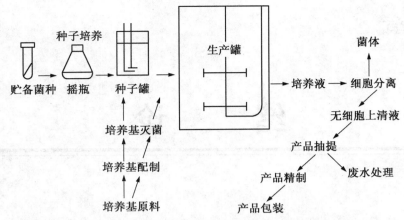

图 1 - 1　发酵工程的典型工艺流程示意图(参考熊宗贵,2000)

1.1.2　发酵工程的内容、发酵方式和特点

发酵工程是生物反应过程,其本质是以生物细胞为催化剂的化学反应工程。但长期以来,发酵工程仍然是微生物工程的代名词。因此,发酵工程的内容和特点也就是微生物工程的内容和特点。

1. 发酵工程的内容

发酵工程主要包括菌种的选育和培养,发酵条件的优化,发酵反应器的设计和自动控制,产品的分离纯化和精制等。发酵工程涉及食品工业、化工、医药、冶金、能源开发、污水处理等领域。发酵工程的产品可大致分为以下几大类:

(1) 传统发酵产品

① 发酵食品:面包、馒头、包子、发面饼、火腿、发酵香肠、豆腐乳、泡菜、咸菜等;② 酒类:葡萄酒、啤酒、果酒、黄酒、青酒、白酒、白兰地等;③ 发酵调味品:酱、酱油、豆豉、食醋、酵母自溶物等;④ 发酵乳制品:马奶酒、干酪、酸奶等。

(2) 微生物菌体细胞

① 饲料用单细胞蛋白:酵母、细菌、藻类、丝状真菌和放线菌等;② 活性益生菌类:活性乳酸菌、双歧杆菌、食用和药用酵母菌等;③ 大型真菌:食用菌和药用真菌;④ 微生物杀虫剂:苏云金芽孢杆菌、虫霉菌、白僵菌等;⑤ 生物增产剂:固氮菌、钾细菌、磷细菌等。

(3) 微生物酶类

包括各种酶类、酶制剂和各种曲类的生产。目前,由微生物生产的工业用酶制剂主要有糖化酶、α-淀粉酶、异淀粉酶、转化酶、异构酶、乳糖酶、纤维素酶、蛋白酶、果胶酶、脂肪酶、凝乳酶、氨基酰化酶、甘露聚糖酶、过氧化氢酶等。

(4) 微生物代谢产物

① 初级代谢产物:氨基酸、有机酸、有机溶剂、核苷酸、蛋白质、核酸和维生素等;② 次级代谢产物:抗生素、生物碱和植物激素等。

(5) 微生物的转化产物

微生物的产物转化是指利用微生物代谢过程中的某一种酶或酶系将一种化合物转化成含

有特殊功能基团产物的生物化学反应。这种转化一般是通过脱氢、氧化、羟基化、脱水、缩合、脱羧、氨基化、脱氨、异构化等的酶促反应。例如,利用微生物转化技术将甘油转化为二羟基丙酮,将葡萄糖转化为葡萄糖酸,将山梨醇转化为 L-山梨糖等;利用微生物细胞将甾体、薯蓣皂甙转化成副肾上腺皮质激素、氢化可的松等。

（6）工程菌发酵产物

生物工程菌的发酵,是指对利用生物技术方法所获得的"工程菌"以及细胞融合等技术获得的"杂交细胞"等进行培养。这是一种新型发酵,其产物多种多样,如用基因工程菌生产的胰岛素、生长激素、干扰素、疫苗、血纤维蛋白溶解剂、红细胞生成素等,用杂交细胞生产的用于诊断和治疗的各种单克隆抗体等。

（7）动物、植物细胞大规模培养的产物

如利用木瓜细胞大规模培养生产木瓜蛋白酶,利用紫草单细胞培养技术生产天然食用色素等。

2. 发酵方式

发酵是一个错综复杂的过程,尤其是大规模工业发酵,需要采用各式各样的发酵技术,发酵的方式就是其中最重要的发酵技术之一。发酵方式可从多个角度进行分类:根据发酵过程对氧的需求分,发酵分为好氧发酵和厌氧发酵;按发酵培养基的相态分,发酵可分为液态发酵和固态发酵;按发酵培养基的深度或厚度分,发酵分为表面发酵和深层发酵;按发酵过程的连续性分,发酵可分为分批发酵、补料分批发酵和连续发酵;按菌种生活的方式分,发酵分为游离发酵和固定化发酵;按菌种的种类分,发酵分为单一纯种发酵和多菌种混合发酵。在实际工业生产中,大都是将各种发酵方式结合进行的。目前应用最多的是需氧、液体、深层、分批、游离、单一纯种相结合的发酵方式。下面是几种常见的发酵操作方式:

（1）分批发酵

分批发酵也叫间歇式发酵,是指在灭菌后的培养基中按比例接入相应的菌种进行发酵,发酵过程不再添加新的培养基或新的菌种,直至发酵结束的发酵方式。其特点是每次发酵过程都要经过装料、灭菌、接种、发酵、放料等一系列过程,非生产时间长,生产效率低,成本较高。典型的分批式发酵流程如图 1-2 所示。

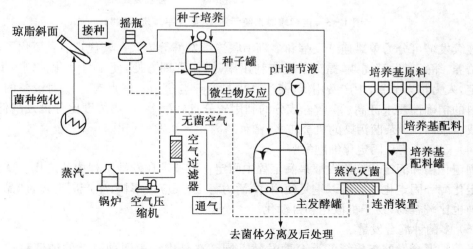

图 1-2 典型的分批发酵流程图（参考韦革宏,2008）

（2）补料分批发酵

补料分批发酵即半连续发酵,是指在分批发酵过程中间歇或连续地补加新鲜培养基或某些营养物质的发酵方式。目前,它的应用范围非常广泛,几乎遍及整个发酵行业。补料分批发酵的理论研究在 20 世纪 70 年代以前几乎是空白,在早期的工业生产中,补料的方式非常简单,采用的方式就仅仅局限于间歇流加和恒速流加,控制发酵也是以经验为主。直到 1973 年日本学者 Yoshida 等人提出了"fed-batch fermentation"这个术语,并从理论上建立了第一个数学模型,补料分批发酵的研究才进入理论研究阶段。近年来,随着理论研究和应用的不断深入,补料分批发酵的内容大大丰富了。

和传统的分批发酵相比,补料分批发酵可以有效地减少发酵过程中培养基黏度升高引起的传质效率降低,解除降解物的阻遏和底物的反馈抑制,很好地控制代谢方向,延长产物合成期和增加代谢积累。

（3）连续发酵

连续发酵是指以一定的速度向发酵罐内添加新鲜培养基,同时以相同速度流出培养液,从而使发酵罐内的液量维持恒定的发酵过程。连续发酵系统如图 1-3 所示。

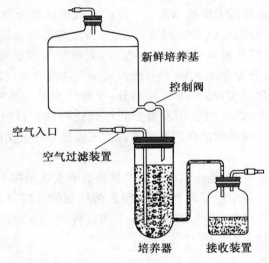

图 1-3　连续培养系统示意图(参考韦革宏,2008)

连续发酵可分为单罐连续发酵和多罐串联连续发酵等方式。其优点有:简化了菌种的扩大培养,缩短了发酵周期,提高了设备利用率,操作管理方便,便于自动化控制,同时,产物稳定,人力物力节省,生产费用低,使产品更具商业竞争力。缺点有:① 对设备的合理性和加料的精确性要求甚高;② 营养成分的利用较分批发酵差,产物浓度比分批发酵低,产物提取成本较高;③ 杂菌污染的机会较多,菌种易因变异而发生衰退。

（4）固定化酶和固定化细胞发酵

固定化酶和固定化细胞发酵是酶工程中固定化酶技术在发酵工程中的应用。其优势在于固定化酶和固定化细胞可以重复使用,酶活力稳定,反应速率快,生产周期短,产品的分离和提纯也比较容易,易于机械化和自动化。

（5）多菌种混合发酵

多菌种混合发酵与传统的混合菌发酵不同。它是指利用两种以上的纯菌种按一定比例,同时或按顺序接种到同一培养基中进行发酵的过程。它的主要特点是可以形成多菌共生、酶系互补,不但可以提高发酵效率和产品数量、质量,甚至还可以获得新的发酵产品。它是一种不需要进行体外 DNA 重组也能获得类似效果的新型发酵方式。

3. 发酵工程的特点

微生物具有种类繁多、繁殖速度快、代谢能力强的特点,而且往往可以通过人工诱变获得有益的突变株。微生物酶的种类也很多,能催化各种生物化学反应。此外,微生物能够利用有机物、无机物等多种营养源,一般可以不受气候、季节等自然条件的限制,通过室内反应器来生产多种多样的产品。因此,从传统的酿酒、酿酱、酿醋等技术上发展起来的发酵工程技术发展非常迅速,而且形成了与其他学科不同的特点:

① 发酵过程以生物体的自身调节方式进行,多个反应就像单一反应一样,在单一发酵设备中完成。

② 反应通常在常温常压下进行,条件温和,能耗少,设备比较简单,对场地要求不高。

③ 微生物本身能有选择性地摄取所需物质,因此,其发酵原料往往比较广泛。原料通常是以糖蜜、淀粉等碳水化合物为主的农副产品,也可以是工业废水或可再生资源,如植物秸秆、木屑等。

④ 容易合成复杂的化合物,能高度选择性地在复杂化合物的特定部位进行氧化、还原、官能团引入等反应。

⑤ 发酵过程中需要防止杂菌污染。生产设备及其附件需要进行严格的冲洗、灭菌,空气需要过滤除菌等。

发酵过程的这些特征体现了发酵工程的种种优点。在目前能源、资源紧张,人口、粮食及污染问题日益严重的情况下,发酵工程作为现代生物技术的重要组成部分之一,得到越来越广泛的应用。

1.2　发酵工程发展简史

1.2.1　传统发酵技术

人类利用自然发酵现象生产食品已有几千年的历史。酿酒是最传统的发酵技术之一。大约在 9000 年前,就有人开始用谷物酿造啤酒。在 4000 年前的龙山文化时期,我国就出现了黄酒酿造技术。豆酱、醋、豆腐乳、酱油、泡菜、奶酪等传统食品的生产历史也均在 2000 年以上。这些产品都是数千年来人类凭借智慧和经验,在没有亲眼见到微生物的情况下巧妙地利用微生物所获得的。当时,人们不知道发酵的本质,也就不会人为地控制发酵过程,生产只能凭经验,因此这个时期也称作天然发酵时期。现在,传统发酵技术仍然广泛应用于食品生产。

1.2.2　近代发酵技术

1. 微生物纯培养技术时期

1680 年,荷兰商人、博物学家列文虎克(A. Leeuwenhoek)用自己发明制造的显微镜发现了微生物世界,这是人类第一次看到了微生物。19 世纪中叶,巴斯德(L. Pasteur)通过实验证明了酒精发酵是由活酵母引起的,并指出发酵现象是微生物进行的化学反应。巴斯德通过一系列发酵现象的研究,发明了著名的巴氏消毒法,并因此被后人誉为微生物学鼻祖、发酵学之父。1872 年,布雷菲尔德(Brefeld)创建了霉菌的纯粹培养法,科赫(R. Koch)完成细菌纯粹培养技术,从而确立了单种微生物的纯培养技术,使发酵技术从先前的凭借经验的天然发酵转变为可以靠人类控制和调节的纯培养发酵。

2. 深层发酵技术时期

1928 年,弗莱明(A. Fleming)发现了青霉菌能抑制其菌落周围的细菌生长的现象,并证明了青霉素的存在。20 世纪 40 年代,第二次世界大战爆发,由于前线对抗生素的需求量非常大,从而推动了青霉素的研究进度。青霉素发酵从最初的浅盘培养到深层培养,使青霉素的发酵水平从 40U · mL^{-1} 效价提高到了 200U · mL^{-1}。现在常采用通气搅拌深层液体培养,100～200m^3 大型发酵罐的青霉素的发酵水平可达 5×10^4～7×10^4U · mL^{-1}。青霉素发酵技术的迅速发展推动了抗生素工业乃至整个发酵工业的快速发展。1944 年,人们发现了用于治疗结核杆菌引起的感染的链霉素,随后,又陆续发现金霉素、土霉素等抗生素。此阶段的发酵工程表现出的主要特征是微生物液态深层发酵技术的应用。

1.2.3　现代发酵技术

1. 代谢调控技术的应用

随着基础生物科学,如生物化学、酶学、微生物遗传学等学科的飞速发展,再加上新型分析方法和分离方法的发展,发酵工程领域的研究及应用有了显著进步,特别是在微生物酶转化技术、微生物人工诱变育种技术以及微生物代谢调控技术等方面取得了可喜的成果。如采用微生物进行甾体化合物的转化技术,成功地将甾体转化成副肾上腺皮质激素、性激素等。如利用代谢调控为基础的新的发酵技术,使野生的生理缺陷型菌株代谢产生谷氨酸。又如可通过人工诱变育种技术,选育获得谷氨酸高产菌株,从而大大提高了谷氨酸产量,实现了谷氨酸的工业化生产。由此也促进了代谢调控理论的研究,推动了其他氨基酸,如L-赖氨酸、L-苏氨酸等的工业化生产步伐。由氨基酸发酵而开始的代谢控制发酵,使发酵工业进入了一个新的阶段。随后,核苷酸、抗生素以及有机酸等也可通过代谢调控技术进行发酵生产。

2. 基因工程技术的应用

1953 年,沃森(J. Watson)与克里克(F. Crick)提出了 DNA 的双螺旋结构模型,为基因重组奠定了基础。20 世纪 70 年代,人们成功实现了基因的重组和转移。随着重组 DNA 技术的发展,人们可以按预定方案把外源目的基因克隆到容易大规模培养的微生物(如大肠杆菌、酵母菌)细胞中,人为制造我们需要的"工程菌",通过"工程菌"的大规模发酵生产,可得到原先只有动物或植物才能生产的物质,如胰岛素、干扰素、白细胞介素和多种细胞生长因子等。微生物菌种从过去繁琐的随机选育朝着定向育种转变,从而达到定向改变生物性状与功能的目的,通过发酵工业能够生产出自然界微生物所不能合成的产物,大大地丰富了发酵工业的范围,使发酵技术发生了革命性的变化。

1.3 发酵工程的发展前景

生物技术是当前迅速发展的学科产业,世界各国都把它列为发展的重要内容。生物工程包括基因工程、细胞工程、酶工程、蛋白质工程和发酵工程。发酵工程是生物工程的重要内容之一,是生物细胞产物通向工业化生产的必经之路。发酵工程发展至今,经历了半个多世纪,已形成一个产业,即发酵工程产业。当前发酵工程的应用已深入国计民生的方方面面,包括农业生产、轻化业、医药卫生、食品、环境保护、资源和能源开发等领域。随着生物工程技术的发展,发酵工程技术也在不断改进和提高,其应用领域也在不断拓宽,显示出了强大潜力。

我国发酵工程产业的发展除了要引进和消化吸收国外先进技术之外,更需要具有国际竞争力的专业人才及具有自主知识产权的高水平的生产菌种和发酵工艺、产品后处理工艺。具体发展目标和方向有以下几个方面:

① 开发和利用微生物资源。首先是设计和开发更多的自动化、定向化、快速化的菌种筛选技术和模型,筛选更多的新型菌种和代谢产物;其次是利用基因工程等先进技术,进行菌种改良。

② 改进和完善发酵工程技术。例如,为了提高生产能力,将发酵工程与固定化技术相结合是发酵生产的一个趋势。将发酵工程与酶工程相结合,会起到更加有效的催化作用。将发酵与提取相偶合是当今的一个热门课题,例如将萃取与发酵相偶合的萃取发酵。超临界 CO_2 萃取发酵以及将膜过滤与发酵相偶合的膜过滤发酵等都会在发酵过程中把产物提取出来,避免反馈抑制作用,以提高产物的产量。生态发酵技术(混合培养工艺)不但可以提高发酵效率和产品数量、质量,甚至还可以获得新的发酵产品,它是一种不需要进行体外 DNA 重组也能获得类似效果的新型培养技术,它的意义并不逊色于基因工程,其前景也是十分广阔和诱人的。生态发酵技术的类型很多,主要有联合发酵、顺序发酵、共固定化细胞混合发酵、混合固定化细胞发酵等。

③ 研制和开发新型发酵设备。发酵设备正逐步向容积大型化、结构多样化、操作控制自动化的高效生物反应器方向发展。其目的在于节省能源、原材料和劳动力,降低发酵产品的生产成本。

④ 重视中、下游工程的研究。发酵工程的中、下游加工由多种化工单元操作组成。由于生物产品品种多,性质各异,故用到的单元操作很多,如沉淀、萃取、吸附、干燥、蒸馏、蒸发和结晶等传统的单元操作,以及细胞破碎、膜过滤和色谱分离等新近发展起来的单元操作。一些新技术、新工艺、新材料、新设备的使用,大大提高了生物技术产品的产量和质量。但对于高水平的后处理技术和设备的研究还有待加强,尤其是对有关基础理论和应用理论的研

究。例如,絮凝机理、离子交换的动力学和静力学理论、双水相萃取机理、超临界流体萃取原理等,都需要大批生物学家和化学家联合研究,协同作战。此外,对于新型分离介质,如超滤膜、均孔离子交换树脂、大网格吸附剂、无毒絮凝剂、亲和层析中的新型分离母体和配位体等,也应进一步深入研究。

生物工程的迅速发展提供了多种生物细胞,而这些生物细胞必须通过发酵才能转化为商业化的产品。因此,发酵工程是生物技术实现产业化及加快研究成果转化为现实生产力、获得经济效益的必不可少的手段。随着生物技术的快速发展,发酵工程必将发生新的变化,为人类创造出更大的经济效益。

第 2 章

工业微生物菌种选育

工业微生物是指通过工业规模培养能够获得特定产品或达到特定作用效果的微生物。优良的微生物菌种是发酵工业的基础和关键。从土壤中分离得到的野生型菌株很少能按人类的意愿生产所需要的物质或产量很小,因此必须对野生型菌株进行菌种选育,使发酵工业产品的产量和质量都有所提高。

2.1 菌种的来源

微生物是发酵工业生产成败的关键,因此,工业生产用菌种应该满足以下要求:遗传性稳定,可长期保存;对诱变剂敏感;容易产生营养细胞、孢子或其他繁殖体,种子培养时生长旺盛,快速繁殖;能抵抗噬菌体的污染;发酵周期短,毒、副产物少;下游工程易于操作。

具有上述特征的微生物可从自然界中筛选,也可以从有关科研单位或工厂索取。自然界筛选菌种的样品来源主要包括土壤、水、动植物、新鲜或腐烂的食物、昆虫的排泄物等。

2.1.1 菌种类型

工业发酵生产中常用的微生物主要是细菌、放线菌、酵母菌和霉菌四大类。

1. 常见的细菌

(1) 大肠埃希氏杆菌(*Escherichia coli*)

大肠埃希氏杆菌简称大肠杆菌,是最为著名的原核微生物。革兰氏染色阴性,短杆状,大小为$(0.5\sim1.0)\mu m \times 3.0\mu m$;运动或者不运动,运动者周生鞭毛。多数大肠杆菌对人体无害,是常见条件致病菌。大肠杆菌生长迅速,营养要求低,是最早用作基因工程的宿主菌。工业上常将大肠杆菌用于生产谷氨酸脱羧酶、天冬酰胺酶和制备天冬氨酸、苏氨酸及缬氨酸等。此外,一些基因工程表达产物,如干扰素、人胰岛素、人生长激素等,已实现大肠杆菌的高密度发酵生产。

(2) 枯草芽孢杆菌(*Bacillus subtilis*)

枯草芽孢杆菌属于芽孢杆菌属(*Bacillus*)。革兰氏染色阳性,大小为$(0.3\sim2.2)\mu m \times (1.2\sim7.0)\mu m$;周生或侧生鞭毛;无荚膜;芽孢中生或近中生,大小$0.5\mu m \times (1.5\sim1.8)\mu m$。

菌落形态不规则；表面粗糙，不透明，污白色或微黄色。枯草芽孢杆菌是工业发酵的重要菌种之一，可用于生产淀粉酶、蛋白酶、核苷酸酶、氨基酸和核苷等。

（3）北京棒状杆菌（*Corynebacterium pekinensis*）

革兰氏染色阳性，短杆状或小棒状，有时微弯曲，两端钝圆，不分枝，单个或呈"八"字排列，无芽孢，不运动。北京棒状杆菌是我国谷氨酸发酵的主要生产菌种之一。

2. 常见的放线菌

（1）链霉菌属（*Streptomyces*）

菌丝发达无隔膜，直径约 $0.4\sim1\mu m$，长短不一，多核。菌丝体有营养菌丝、气生菌丝和孢子丝之分。链霉菌属是抗生素的主要生产菌。常用的抗生素，如链霉素、土霉素、博莱霉素、丝裂霉素、制霉菌素、卡那霉素、井冈霉素等，都是链霉菌属产生的次级代谢产物。

（2）诺卡菌属（*Nocardia*）

诺卡菌属又称原放线菌属（*Proactinomyces*）。菌丝体能产生横膈膜，多数种只有营养菌丝，没有气生菌丝。菌落一般比链霉菌属小，表面崎岖多皱，致密干燥。诺卡菌主要分布在土壤中，能产 30 多种抗生素，如利福霉素、间型霉素等。此外，有些诺卡菌还用于石油脱蜡、烃类发酵及腈类化合物的转化。

3. 常见的酵母菌

（1）酿酒酵母（*Saccharomyces cerevisiae*）

细胞多为圆形或卵圆形，长宽比约 $1\sim2$。它是发酵工业上最常用的菌种之一。它除了用于传统的酒类（如啤酒、葡萄酒、果酒和蒸馏酒）的生产之外，工业上还用于酒精的发酵。

（2）产朊假丝酵母（*Candida utilis*）

细胞呈圆形、椭圆形或圆柱形，大小为 $(3.5\sim4.5)\mu m\times(7\sim13)\mu m$。它是人们研究最多的生产单细胞蛋白的微生物之一。以无机氮为氮源，以五碳糖或六碳糖为碳源，在培养基中不需添加生长因子，它即可生长。它既能利用造纸工业的亚硫酸废液，也能利用糖蜜、土豆淀粉废料、木材水解液等生产出人畜可食用的单细胞蛋白。

4. 常见的霉菌

（1）毛霉属（*Mucor*）

属接合菌亚门，毛霉目。菌丝无色透明，无横隔，菌落初期为白色，后为灰白色、淡黄色或淡褐色，气生，不产生匍匐菌丝，有孢子囊，能产生孢囊孢子。有性生殖时可形成球形的接合孢子。毛霉中的许多种分解蛋白质能力很强，因此，豆腐乳、豆豉的制作均用毛霉。

（2）根霉属（*Rhizopus*）

属接合菌亚门，毛霉目。菌丝无色透明，无隔膜，不长气生菌丝，只产生弧形的匍匐菌丝，有假根，有子囊，能产生孢囊孢子。根霉可分泌多种酶，如淀粉酶、蛋白酶等。它常用于酿酒业中淀粉的糖化。

（3）红曲霉属（*Monascus*）

红曲霉菌落开始为白色，成熟后变为红紫色，能向培养基中分泌红色色素。红曲霉能产生淀粉酶、麦芽糖酶、蛋白酶、柠檬酸、琥珀酸、乙醇，以及天然食用色素，从而用于黄酒、醋、红腐乳等的制作。

（4）青霉属（*Penicillium*）

青霉在自然界中分布很广,是造成水果腐烂、粮食等工农业产品霉变的主要菌。不同菌种可形成不同的代谢产物,如有产青霉素的菌种,产灰黄霉素的菌种,产柠檬酸、延胡索酸、草酸等有机酸的菌种,产纤维素酶、糖苷酶的菌种。个别青霉菌还能产生致癌的霉菌毒素。

（5）曲霉属（*Aspergillus*）

曲霉为多细胞菌。菌丝有分隔,营养菌丝大多匍匐生长,无假根,能产生分生孢子。此属在自然界分布极广,是引起多种物质霉腐（如面包腐败,煤生物分解及皮革变质等）的主要微生物之一。其中,黄曲霉具有很强毒性。绿色和黑色的具有很强的酶活性,在食品发酵中广泛用于制酱、酿酒。曲霉在现代发酵工业中用于生产葡萄糖氧化酶、糖化酶和蛋白酶等酶制剂。

2.1.2　菌种的分离筛选

微生物是地球上分布最广、种类最丰富的生物种群。为了适应环境压力,微生物常常能产生许多特殊的生理活性物质,所以微生物是人类获取生理活性物质的丰富资源。微生物菌种筛选包括采样、富集培养、纯种分离、初筛和复筛。

1. 采样

采集微生物样品时,材料来源越广泛,越容易获得新的菌种。土壤具备微生物生长所需的营养、水分和空气,是微生物菌种的主要来源。在实际采样过程中,应根据分离筛选的目的,选择不同区域、有机质含量、酸碱度、植被状况的土壤去采集样品。采土样时,先用铲除去表层土,取 5～25cm 深处的土样 10～15g,装入事先准备好的信封或塑料袋,并对其进行编号,记录采样地点、时间、土质等。取样后,应尽早分离,以避免不能及时分离而导致微生物死亡。

同时还可以根据所筛选微生物目的、特殊生理特点等进行采样。如筛选纤维素酶产生菌,可选择有很多枯枝落叶、富含纤维素的森林土;筛选蛋白酶产生菌株,可选择肉类加工厂、饭店排水沟的污泥;筛选淀粉酶产生菌,可选择面粉厂、酒厂、糕点厂等场所的土壤;筛选酵母菌,可选择果园土壤或蜜饯、甘蔗堆积处。在高温、低温、酸性、碱性、高盐、高辐射强度的特殊环境下,往往能筛选到极端微生物。温泉、火山爆发处、堆肥处,往往能筛选到高温微生物;南极、北极地区、冰窖、海洋深处,往往能筛选到低温微生物;海洋底部往往能筛选到耐压菌。

2. 富集培养

在自然界采集的土样,是多种类微生物的混合物,目的微生物通常不是优势菌,数量较少。通过富集培养增加待分离微生物的相对或绝对数量可增加分离成功率。富集培养是根据微生物生理特点,设计一种选择性培养基,将样品加到培养基中,经过一段时间的培养,目的微生物迅速生长繁殖,数量上占了一定的优势,从中可有效分离目的菌株。在富集培养中,既可以通过控制营养和培养条件增加目的微生物的绝对数量,也可通过高温、高压、加入抗生素等方法减少非目的微生物的数量,增加目的微生物的相对数量,从而达到富集的目的。如筛选纤维素酶产生菌,可选择以纤维素为唯一碳源的培养基,使目的菌迅速生长繁殖,而其他不能利用纤维素的非目的菌不能生长或生长缓慢。从土壤中筛选芽孢杆菌时,先将样品在 80℃加热 10min,以杀死不产芽孢的微生物,再进行富集培养,就可以达到目的菌优势生长。

富集培养在那些样品中目的微生物含量较少的情况下是必要的。但是如果样品中已含有较多数量的目的微生物,则不必进行富集培养,将样品稀释后直接在培养基平板上进行纯种分离即可。

3. 纯种分离

纯种分离常采用稀释法和划线法。稀释法是将样品先用无菌水稀释,再涂布到固体培养基平板上,培养后获得单菌落。划线法是用接种环挑取微生物样品在固体培养基平板上划线,培养后获得单菌落。稀释法能使微生物样品分散更加均匀,更容易获得纯种;而划线法更简便、快速。

纯种分离中通常使用分离培养基对微生物进行初步的分离。分离培养基是根据目的微生物的特殊生理特性或其代谢产物的生化反应而设计的培养基,可显著提高目的微生物分离纯化的效率。常用的分离方法包括透明圈法、变色圈法、生长圈法和抑菌圈法等。

4. 初筛和复筛

在纯种分离过程中,对于有些微生物,可通过代谢产物与指示剂、显示剂或底物的生化反应在分离培养基平板上直接定性分离。对于这一类微生物,纯种分离后可直接在琼脂平板上进行初筛。但并不是所有的微生物都可以用琼脂平板定性分离,往往需要采用摇瓶培养法进行初筛,再对生产性能进行测定。初筛要求筛选到尽可能多的菌株,工作量很大,因此,设计一种快速、简便的筛选方法往往会事半功倍。

初筛得到的菌株需要进一步通过复筛,以获得较好的菌株。复筛通常采用摇瓶培养法,产物的检测通常采用更为精确的定量测定方法。

2.2　菌种的选育

要使发酵工业产品的种类、产量和质量有较大的改善,首先必须选取性能优良的生产菌种。菌种选育包括根据菌种的自然变异而进行的自然选育,以及根据遗传学基础理论和方法利用诱变育种技术、原生质体融合技术、基因工程技术而进行的诱变育种、细胞工程育种、基因工程育种等。

2.2.1　诱变育种

诱变育种是利用物理或化学诱变剂处理均匀分散的微生物细胞群,促进其突变率大幅度提高,然后采用简便、快速和高效的筛选方法,从中挑选少数符合育种目的的突变株,以供生产实践或科学研究用。诱变育种操作简单、快速,是目前被广泛使用的育种方法。当前发酵工业所使用的生产菌株,大部分都是通过诱变育种提高了生产性能。

诱变育种的基本过程包括出发菌株的选择、单细胞或单孢子悬浮液的制备、诱变方法的选择、诱变处理、筛选等。

1. 出发菌株的选择

用于诱变处理的起始菌株称为出发菌株。诱变的目的是提高代谢终产物或中间产物的产量、质量，或改变原有代谢途径，产生新的代谢产物。出发菌株的选择直接关系到诱变效果。出发菌株应选择具备一定生产能力或某种优良特性的菌株，其遗传性状应该是纯的，有较高的生产能力，遗传性状稳定，并对诱变剂敏感。

以下几类菌株常用作出发菌株：第一类是从自然界直接分离得到的野生型菌株。这类菌株的特点是酶系完整，对诱变因素敏感，容易发生正突变（即产量和生产性状向好的方向改变），但是他们的生产性能通常较差；第二类是经历过生产条件考验的菌株。这类菌株已有一定的生产性状，对生产环境有较好的适应性，容易发生正突变，在诱变育种中经常采用；第三类是已经历过多次诱变处理的菌株。这类菌株的某些生理功能或酶系统有缺损，产量性状已达到一定的水平，继续诱变容易产生负突变，产量和性状向差的方向改变。在实际生产过程中，一般可选择第一类和第二类菌株，第三类菌株的应用情况比较复杂，如果将每次诱变处理后选出的性状较好的菌株作为出发菌株，继续诱变处理，也有可能得到好的结果。

2. 单细胞或单孢子悬浮液的制备

菌悬液一般要求菌体处于对数生长期，保持悬液的均一性，并采取一定的措施使细胞尽可能处于同步生长状态。为了保证诱变剂与每个细胞机会均等并充分地接触，避免细胞团出现，可用玻璃珠振荡打散细胞团，再用脱脂棉花或滤纸过滤，得到分散的菌体。对产芽孢的细菌最好采用其芽孢制备悬液；对放线菌和霉菌最好采用其孢子。

一般真菌孢子或酵母菌细胞悬液的浓度为 $10^6 \sim 10^{10}$ 个·mL^{-1}，放线菌或细菌为 10^8 个·mL^{-1}。菌悬液一般用生理盐水或缓冲溶液稀释。对于会引起 pH 变化的诱变剂，一般使用缓冲溶液稀释。

利用单细胞或单孢子悬浮液进行诱变处理的优点是能使分散状态的细胞均匀地接触诱变剂，尽可能避免出现表型延迟现象，从而避免出现不纯的菌落或者一些优良的变异菌株在筛选时被错误淘汰。

3. 诱变方法的选择

诱变方法的选择通常是根据经验。对于之前已发生过诱变的菌株，改变诱变剂的种类或许会有较好的效果。在众多的诱变剂中，亚硝酸、硫酸二乙酯等会引起碱基置换，较易发生回复突变；紫外线、^{60}Co 和吖啶类物质等会引起染色体畸变、移码突变，不易回复，可得到突变性状较稳定的菌株。

诱变育种中还常常采取诱变剂复合处理，这种处理方法往往能使它们产生协同效应，一般较单一处理效果好。这是因为每种诱变剂有各自的作用方式，引起的变异有局限性，复合处理则可扩大突变的位点范围，使获得正突变菌株的可能性增大。复合处理可以将两种或多种诱变剂分先后或同时使用，也可重复使用同一诱变剂。

4. 诱变处理

诱变剂的作用一是提高突变的频率，二是扩大产量变异的幅度，三是使产量变异朝正突变或负突变的方向移动。凡是在高突变率基础上既能扩大变异幅度，又能促使变异移向正突变范围的剂量，就是合适的剂量，需多次试验后确定。

不同种类和不同生长阶段的微生物对诱变剂的敏感性不同,所以在诱变处理前,一般应先做诱变剂用量对菌体死亡数量的致死曲线,选择合适的处理剂量。一般以导致微生物的死亡率在70%～80%为最佳诱变剂量。死亡率表示诱变剂造成菌悬液中死亡菌体数占菌体总数的比率。不同诱变剂的剂量有不同表示方法,如紫外线和X射线是以强度来表示,化学诱变剂以在一定温度下诱变剂的浓度和处理时间来表示。但是,仅仅采用理化指标控制诱变剂的用量常会造成偏差,不利于重复操作。例如,同样功率的紫外线照射诱变效应还受到紫外灯的质量及其预热时间,灯与被照射物的距离,照射时间,菌悬液的浓度、厚度及均匀程度等诸多因素的影响。

2.2.2　原生质体融合育种

细胞壁被酶解剥离,剩下的由原生质膜包围的原生质部分称为原生质体。原生质体融合是通过人工方法,使遗传性状不同的两个细胞的原生质体发生融合,并产生全重组子的过程。原生质体融合技术是继转化、转导和接合等微生物基因重组方式之后,又一个极其重要的基因重组技术。原生质体融合技术的运用,使细胞间基因重组的频率大大提高,基因重组亲本的选择范围也得以扩大,可以在不同种、属、科,甚至更远缘的微生物之间进行。这为利用基因重组技术培育更多更优良的生产菌种提供了可能。原生质体融合技术已广泛应用于细菌、放线菌、霉菌和酵母菌的育种。

微生物原生质体融合分为以下五大步骤:

1. 选择亲株

为了能明确检测到融合后产生的重组子并计算重组频率,参与融合的亲株一般都需要带有可以识别的遗传标记。常用营养缺陷型或抗药性作为标记,也可以采用热致死、孢子颜色、菌落形态等作为标记。在进行原生质体融合前,应先测定菌株各遗传标记的稳定性,如果自发回复突变的频率过高,则不宜采用。

2. 原生质体制备

为了制备原生质体,去除细胞壁是关键。去壁的方法有三种:机械法、非酶分离法和酶解法。一般都采用酶解法去壁,根据微生物细胞壁组成和结构的不同,需分别采用不同的酶,如溶菌酶、纤维素酶、蜗牛酶等。一些微生物的去壁方法见表2-1。

表 2-1　一些微生物的去壁方法

微生物	细胞壁主要成分	去壁方法
革兰氏阳性菌 放线菌	肽聚糖	溶菌酶
革兰氏阴性菌	肽聚糖和脂多糖	溶菌酶和 EDTA
霉菌	纤维素和几丁质	纤维素酶或真菌中分离的溶壁酶
酵母菌	葡聚糖和几丁质	蜗牛酶

在菌体生长的培养基中添加甘氨酸,可以使菌体较容易被酶解,甘氨酸渗入细胞壁肽聚糖中代替 D-丙氨酸的位置,影响细胞壁中各组分间的交联度。在菌体生长阶段添加蔗糖,

扰乱菌体的代谢,也能提高细胞壁对溶菌酶的敏感性。因为青霉素能干扰肽聚糖合成中的转肽作用,使多糖部分不能交联,从而影响肽聚糖的网状结构的形成,所以,在菌体生长对数期加入适量青霉素,能使细胞对溶菌酶更敏感。

3. 原生质体融合

聚乙二醇(PEG)能有效地促进原生质体融合。其助融作用可能与下列过程有关:开始时,由于强烈的脱水而使原生质体粘在一起,并形成聚合体。原生质体收缩并高度变形,使原生质体之间的接触面增大。细胞膜结构发生紊乱,加大了细胞膜的流动性,膜内的蛋白质和糖蛋白相互作用和混合,使紧密接触的原生质体相互融合。PEG 对细胞尤其是原生质体也有一定的毒害作用,因此,作用的时间一般不宜过长。PEG 有不同的聚合度。在细菌原生质体融合中,多采用高相对分子质量的 PEG(如 PEG 6000);对放线菌则可采用各种相对分子质量的 PEG。PEG 的使用浓度范围一般在 30%～50%,但随着微生物种类的不同而异。此外,物理融合剂,如电场和激光也能有效促进融合。

4. 融合体再生

融合体再生就是使原生质体融合体重新长出细胞壁,恢复完整的细胞形态结构。能再生细胞壁的原生质体只占总量的一部分。细菌一般再生率为 3%～10%;真菌再生率一般在20%～80%;链霉菌再生率最高可达 50%。若要获得较高的再生率,在实验过程中应避免因强力动作而使原生质体破裂。在将原生质体悬液涂布在再生培养基平板上前,宜预先去除培养基表面的冷凝水。涂布时,原生质体悬液的浓度不宜过高。因为若有残存的菌体存在,它们将会率先在再生培养基中长成菌落,并抑制周围原生质体的再生。另外,菌龄、再生时的温度、溶菌酶用量和溶壁时间等因素都会影响原生质体融合体的再生。

5. 筛选优良性状融合重组子

重组子的检出方法有三种:直接法、间接法和钝化选择法。直接法是将融合液涂布在不补充亲株生长需要的生长因子的高渗再生培养基平板上,直接筛选出原养型重组子。间接法是把融合液涂布在营养丰富的高渗再生平板上,使亲株和重组子都再生成菌落,然后用影印法将它们复制到选择培养基上,检出重组子。钝化选择法是在融合前使亲本中的一方(野生型)原生质体代谢途径中的某些酶钝化不能再生,再与另一方(双缺陷型)原生质体融合,融合体在基本培养基上分离。

以上获得的还仅仅是融合重组子,尚需进行生理生化测定及生产性能的测定,以确定是否符合育种的要求。

2.2.3　基因工程育种

20 世纪 70 年代出现的基因工程技术给微生物育种带来了革命性的变化。基因工程育种是以分子遗传学的理论为基础,综合分子生物学和微生物遗传学的重要技术而发展起来的一门新兴应用科学,是一种自觉的、能像工程一样事先设计和控制的育种技术,可以完成超远缘杂交,是最新最有前途的育种方法,所创造的新物种是自然演化中不可能发生的组合。因为基因工程的实施首先需要对生物的基因结构、顺序和功能有充足的认识,而目前对基因的了解还十分有限,蛋白质类以外的发酵产物(如糖类、有机酸、核苷酸及次级代谢产物)的产生往往受到多个基因的控制,尤其是还有许多发酵产物的代谢途径没有被发现,所以就目前而言,基因工程的应用仍存在着很大的局限性,基因工程产品主要是一些较短的多肽和小分子蛋白质。

基因工程育种的全部过程一般包括目的基因 DNA 片段的取得、DNA 片段与基因载体的体外连接、外源基因转入宿主细胞和目标基因的表达等主要环节。近年来出现的运用基因工程定向育种的新技术主要有以下几种。

1. 基因的定点突变

定点突变(site-specific mutagenesis 或 site-directed mutagenesis)是指在目的 DNA 片断(如一个基因)的指定位点引入特定的碱基对的技术,包括寡核苷酸介导的定点突变、盒式诱变以及以 PCR 为基础的定点突变。PCR 的定点突变技术由于具有突变效率高、操作简单、耗时短、成本低廉等优点而备受关注。因此,近十年来,定点突变技术获得了长足的发展,并且在此基础上又发展了很多新技术,如重叠延伸 PCR 法(overlap extension PCR,简称 EO-PCR)、大引物 PCR 法(megaprimer PCR)、一步重叠延伸 PCR(one-step overlap extension PCR,简称 OOE-PCR)、单管大引物 PCR(single-tube megaprimer PCR)、快速定点诱变法、多位点环状诱变法和 TAMS(targeted amplification of mutant strand)定点诱变技术。在这些技术中,单管大引物 PCR 和 TAMS 定点诱变技术最为简单和适用,并得到广泛的应用。

2. 易错 PCR

DNA 聚合酶在进行扩增目的 DNA 时会以一定的频率发生碱基错配,这一现象恰好提供了一种对特定基因进行随机诱变的可能方法。利用 PCR 过程中出现的碱基错配进行特定基因随机诱变的技术就称为易错 PCR(error-prone PCR,简称 EP-PCR)。此方法的原理与操作如图 2-1 所示,是在 *Taq* DNA 聚合酶催化的 PCR 反应体系中,利用 Mn^{2+} 替代天然的辅助因子 Mg^{2+},使 *Taq* DNA 聚合酶缺乏校对活性,同时使反应体系中各种 dNTP 的比例失衡,因此导致碱基的错配率大大增加,通常约为 0.1%。另外,还可以在该反应体系中加入 dITP 等三磷酸脱氧核苷类似物来控制错配水平。这种方法可以将错配率提高至 20%。从易错 PCR 的操作过程可以看到,此法与传统诱变育种技术之间的差别就在于,前者是基因水平上的随机突变操作,而后者则是细胞水平上的随机诱变技术。此外,易错 PCR 一般只产生点突变,因此其产生的突变体在多样性方面尚有一定缺陷。但作为一种能够从单一基因产生丰富的随机突变体的技术,易错 PCR 仍有广泛的应用领域。

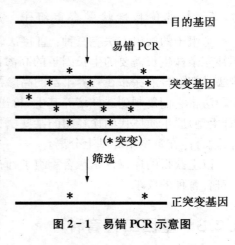

图 2-1　易错 PCR 示意图

3. DAN 重排

DNA 重排(DNA shuffling)技术是一种利用重组文库的体外定向进化技术,是由 Stemmer 于 1993 年首先提出的。DNA 重排的基本原理是,首先将同源基因(单一基因的突变体或基因家族)切成随机大小的 DAN 片段,然后进行 PCR 重聚,那些带有同源性和核苷酸序列差异的随机 DAN 片段在每一轮循环中互为引物和模板,经过多次 PCR 循环后能迅速产生大量的重组 DNA,从而创造出新基因。其操作的原理和步骤如图 2-2 所示。

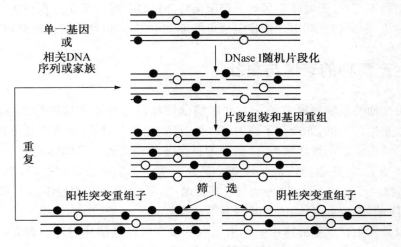

图 2-2　DNA 重排的原理及操作步骤

● 阳性突变表型；○ 阴性突变表型

　　DNA 重排的最大特点是在反复突变过程中引进了重组这一自然进化中最重要的过程,而且其对可操作的靶序列的长度没有任何要求,可以达到几万 kb。通过多轮筛选或选择,可以使有益突变迅速积累,同时还打破了传统物种之间由于生殖隔离导致不能重组的界限。由于可以产生丰富的重组突变体文库,因此该技术已经在许多领域得到广泛应用,其中包括：改善生物分子的活性和稳定性,在非天然环境下改善蛋白质的活性和稳定性,开发酶抑制剂,提高抗生素抗菌活性或开发抗生素新功能,扩大酶作用的底物范围及改变底物特异性,发现新型疫苗和药物分子,提高抗体亲和力,以及开发新的代谢途径等。

　　4. 基因组重排

　　基因组重排(genome shuffling)技术是受 DNA 重排的启发,于 21 世纪出现的全基因组改组技术。这种技术将分子定向进化的对象从单个基因扩展到整个基因组,可以在更为广泛的范围内对菌种的目的性状进行优化组合。首先,利用经典的诱变育种技术获得含有目标性状的基因组库,然后利用原生质体融合技术将这些发生正向突变的菌株的全基因组进行多轮随机重组,从而快速筛选出表型得到较大改进的杂交菌种。该技术巧妙地采用了多轮循环原生质体融合技术(即将各种亲本制成原生质体—融合—再生,再制成原生质体—融合—再生……),即递归原生质体融合(recursive protoplast fusion)的方法。与 DNA 重排技术相比,该法的最大特点是不必了解菌株的遗传背景,在细胞水平上即可进行定向进化。在人们对微生物的遗传特性尚未完全掌握的今天,利用基因组重排技术可快速实现基因的突变与筛选,其有可能成为现代工业微生物育种的一种有效手段。

2.3　生产菌种的保藏

　　菌种是从事微生物学以及生命科学研究的基本资料,特别是利用微生物进行有关生产,如抗生素、氨基酸、酿造等工业,更离不开菌种。因此,菌种保藏是一项重要的工业微生物学基础工作,优良的菌种来之不易,所以在科研和生产中应设法减少菌种的衰退和死亡。其任务首先是使菌种不死亡,同时还要尽可能保证菌种经过较长时间后仍然保持着生活能力,不被其他杂菌污染,形态特征和生理性状应尽可能不发生变异,以便今后长期使用。

2.3.1　生产菌种的衰退与复壮

因自发突变而使某物种原有的一系列生物学性状发生量变和质变的现象称为菌种衰退。衰退可以是生理上的,如产孢子能力、发酵主产物比例下降等,也可以是形态上的,如原有典型性状的消失。就产量性状而言,菌种的负突变就是衰退。具体体现有:① 原有形态性状变得不典型了,如芽孢和伴孢晶体变小甚至丧失等;② 生长速率变慢,产生的孢子变少;③ 代谢产物生产能力下降,这种情况极其普遍;④ 致病菌对宿主侵染力下降;⑤ 抗不良环境条件(抗噬菌体、抗低温等)能力减弱等等。

菌种衰退是发生在细胞群体中一个由量变到质变的逐渐演化过程。首先,在细胞群体中出现个别发生负突变的菌株,这时如不及时发现并采取有效的措施,而一味地移种传代,则群体中这种负突变个体的比例逐渐增大,最后占据了优势,整个群体发生严重的衰退。因此,开始时所谓"纯"的菌株,实际上其中已包含着一定程度的不纯因素;同样,到了后来,整个菌种虽已"衰退",但也是不纯的,即其中还会有少数尚未衰退的个体存在。

定期使菌种复壮(rejuvenation)是防止菌种衰退最有效的方法。菌种复壮就是在菌种发生衰退后,通过纯种分离和性能测定,从衰退的群体中找出尚未衰退的个体,以达到恢复该菌种原有性状的一种措施。

狭义的复壮仅是一种消极的措施,指的是在菌种已发生衰退的情况下,通过纯种分离和测定典型性状、生产性能等指标,从已衰退的群体中筛选出少数尚未衰退的个体,以达到恢复原菌株固有性状的相应措施。而广义的复壮应是一项积极的措施,是在菌种尚未衰退之前定期地进行纯种分离和性能测定,使菌种的生产性能保持稳定。广义的复壮过程有可能利用正向的自发突变,在生产中培育出更优良的菌株。

1. 菌种衰退的防止

微生物都存在着自发突变,而突变都是在繁殖过程中发生或表现出来的,减少传代次数就能减少自发突变和菌种衰退的可能性。因此,不论在实验室还是在生产实践上,必须严格控制菌种的传代次数,以减少细胞分裂过程中所产生的自发突变几率($10^{-9} \sim 10^{-8}$)。

各种生产菌株对培养条件的要求和敏感性不同,培养条件若有利于生产菌株,就可在一定程度上防止衰退。例如,在赤霉素生产菌 G. fujikuroi 的培养基中,加入糖蜜、天冬酰胺、谷氨酰胺、5-核苷酸或甘露醇等丰富营养物时,有防止衰退的效果。

在育种过程中,应尽可能使用孢子或单核菌株,避免对多核细胞进行处理,可以减少分离回复现象。在实践上,若用无菌棉团轻巧地对放线菌进行斜面移种,就可避免菌丝接入。另外,有些霉菌如用其分生孢子传代易于衰退,而改用其子囊孢子接种则能避免衰退。

在用于工业生产的菌种中,重要的性状大多属于数量性状,而这类性状恰是最易衰退的。斜面保藏的时间较短,只能作为转接和短期保藏的种子用,应该在采用斜面保藏的同时,采用沙土管、冻干管和液氮管等能长期保藏的手段。

2. 菌种的复壮

在衰退菌种的细胞群中，一般还存在着保持原有典型性状的个体。通过纯种分离法，设法把这种细胞挑选出来即可达到复壮的效果。纯种分离方法可以分两类：一类是采用平板表面涂布法或平板划线分离法可达到"菌落纯"水平；另一类是用较精致的方法，如用"分离小室"进行单细胞分离，用显微操作器进行单细胞分离，或者用菌丝尖端切割法进行单细胞分离，可达到"菌株纯"的水平。

对于因长期在人工培养基上移种传代而衰退的病原菌，可接种到相应的昆虫或动植物宿主体中，通过各种特殊的活的"选择性培养基"一至多次选择，就可从典型的病灶部位分离到恢复原始毒力的复壮菌株。

2.3.2　生产菌种的常规保藏方法

菌种保藏主要是根据菌种的生理生化特点，人工创造条件，使孢子或菌体的生长代谢活动尽量降低，以减少其变异。一般可通过保持培养基营养成分在最低水平、缺氧状态、干燥和低温，使菌种处于"休眠"状态，抑制其繁殖能力。人们在长期的实践中，对微生物种子的保藏建立了许多方法，一般有下面几种：

1. 定期移植保藏法

将菌种接种于适宜的斜面或液体培养基，待其生长成健壮的菌体后，将菌种放置 4℃ 冰箱保藏，每间隔一定时间需重新移植。定期移植保藏法是最早使用而且至今仍然普遍采用的方法。该法简单易行，但是保藏的时间较短，菌种容易衰退。斜面保藏是一种短期的、过渡的保藏方法，一般保存期为 3～6 个月。

2. 液体石蜡保藏法

在生长良好的斜面表面覆盖一层无菌液体石蜡，液面高出培养基 1cm 左右，然后保存在冰箱中。液体石蜡可以防止水分蒸发，隔绝氧气，所以能延长保藏的时间。此法适用于不能利用石蜡油作碳源的细菌、霉菌、酵母等微生物的保存，保存期约一年左右。

3. 沙土管保藏法

这是国内常采用的一种方法。它的制备方法是，取河沙过 24 目筛，用 10%～20% 的盐酸浸泡除去有机质，洗涤，烘干，分装入安瓿管，加塞灭菌。需要保藏的菌株先斜面培养，再用无菌水制成细胞或孢子悬液，将 10 滴悬液注入装有洗净、灭菌河沙的沙管内，使细胞或孢子吸附在沙上，放到干燥器中吸干沙中的水分，将干燥后的沙管用火焰熔封管口，可以室温或低温保藏。其特点是干燥，低温，隔氧，无营养物。此法保藏的效果较好，制作也简单，比液体石蜡法保藏时间长，适合于产孢子或芽孢的微生物，保藏时间可达数年，甚至数十年。

4. 冷冻干燥保藏法

真空冷冻干燥保藏法是目前常用的较理想的一种方法。该方法保藏效果好，对各种微生物都适用，国内外都已较普遍地应用。该法是将菌液在冻结状态下升华其中水分，最后获得干燥的菌体样品。这种方法的基本操作过程是先将微生物制成悬浮液，再与保护剂混合，然后放在特制的安瓿管内，用低温酒精或干冰使其迅速冻结，在低温下用真空泵抽干，最后将安瓿管真空熔封,并低温保藏。保护剂一般采用脱脂牛奶或血清等。该法同时具备干燥、低温和缺氧的菌种保藏条件,使微生物的生长和代谢都暂时停止,不易发生变异,所以,可使微生物菌种得到较长时间的保存,一般可以保存 5 年左右。这种保藏方法需要一定的设备,技术要求比较严格。

5. 液氮超低温保藏法

液氮超低温保藏技术已被公认为当前最有效的菌种长期保藏技术之一,在国外已普遍采用。它也是适用范围最广的微生物保藏法,尤其是一些不产孢子的菌丝体,用其他保藏方法不理想,可用此法保藏。液氮保藏的另一大优点是可利用各种培养形式的微生物进行保藏,不论孢子或菌体、液体培养物或固体培养物均可使用该法。液氮的温度可达 $-196℃$,远远低于菌种新陈代谢作用停止的温度($-130℃$),所以用液氮能长期保存菌种。

由于液氮保存于超低温状态,所使用的安瓿管需能承受大的温差而不至于破裂,一般用95 料或 GC17 的玻璃管。因为菌种要经受超低温的冷冻过程,常用 10%(体积分数)甘油为保护剂。液氮法的关键是先把微生物从常温过渡到低温。因此,在细胞接触低温前,应使细胞内自由水通过膜渗出而不使其遇冷形成冰晶而伤害细胞。当要使用或检查所保存的菌种时,可将安瓿管从冰箱中取出,室温或 $35\sim40℃$ 水浴中迅速解冻,当升温至 $0℃$ 时即可打开安瓿管,将菌种移到适宜的培养基斜面上培养。

6. 甘油保藏法

甘油保藏法与液氮超低温保藏法类似。菌种悬浮在 10%甘油蒸馏水,置低温($-80\sim$ $-70℃$)保藏。该法较简便,保藏期较长,但需要有超低温冰箱。实际工作中,常将待保藏微生物菌培养至对数期的培养液直接加到已灭过菌的甘油中,并使甘油的终浓度在 10%$\sim$30%左右,再分装于小离心管中,置低温保藏。基因工程菌常采用该法保藏。

2.3.3　国内外菌种保藏机构

菌种保藏机构的任务是在广泛收集、生产和科研菌种、菌株的基础上,把它们妥善保藏,使之达到不死、不衰、不乱和便于交换使用的目的。国际上很多国家都设立了菌种保藏机构。主要的菌种保藏机构介绍如下:

ATCC　American Type Culture Collection. Rockvill, Maryland, USA(美国标准菌种收藏所,美国马里兰洲罗克维尔市)

CSH　Cold Spring Harbor Laboratory. USA(冷泉港研究室,美国)

IAM　Institute of Applied Microbiology, University of Tokyo. Tokyo, Japan(日本东京大学应用微生物研究所,日本东京)

IFO　Institute for Fermentation. Osaka,Japan(发酵研究所,日本大阪)

KCC　Kaken Chemical Company Ltd. Tokyo, Japan(科研化学有限公司,日本东京)

NCTC　National Collection of Type Culture. London, United Kingdom(国立标准菌种收藏所,英国伦敦)

NIH　National Institutes of Health. Bethesda,Maryland,USA(国立卫生研究所,美国马里兰洲贝塞斯达)

　　NRRL　Northern Utilization Research and Development Division, US Department of Agriculture. Peoria, USA（美国农业部，北方开发利用研究部，美国皮奥里亚市）

　　中国微生物菌种保藏管理委员会　成立于 1979 年，它的任务是促进我国微生物菌种保藏的合作、协调与发展，以便更好地利用微生物资源，为我国的经济建设、科学研究和教育事业服务。该委员会下设 9 个菌种保藏管理中心，其负责单位、代号和保藏菌种的性质如下：

　　① 普通微生物菌种保藏管理中心，北京（CCGMC）

　　② 中国科学院微生物研究所，北京（AS）：真菌，细菌

　　③ 中国科学院武汉病毒研究所，武汉（AS‐Ⅳ）：病毒

　　④ 中国农业微生物菌种保藏管理中心，北京（ACCC）

　　⑤ 中国农业科学院土壤肥料研究所，北京（ISF）

　　⑥ 中国工业微生物菌种保藏管理中心，北京（CICC）

　　⑦ 轻工业部食品发酵工业科学研究所，北京（IFFI）

　　⑧ 中国医学细菌保藏管理中心，北京（CMCC）

　　⑨ 抗生素菌种保藏管理中心，北京（CACC）

第 3 章

发酵代谢机制

3.1 微生物的基本代谢及产物

微生物的新陈代谢途径错综复杂,代谢产物多种多样。按照代谢活动与生长繁殖的关系,人们习惯将微生物的代谢分为初级代谢和次级代谢。

3.1.1 初级代谢及产物

细胞主要由 C、H、O、N、S 和 P 六种元素组成,另外细胞还需用于维持酶活和体内平衡所需的微量元素(如 K、Na、Cl、Mg、Ca、Fe、Zn、Mo 等)。细胞的组成分子主要是核酸、蛋白质、多糖、脂质等生物大分子,它们源自一些低相对分子质量的前体(核苷酸、氨基酸、单糖、磷脂等)。除这些生物大分子和前体外,细胞的生长还需要约 20 种辅酶和电子载体。微生物通过各种代谢途径提供细胞生命活动所需要的能量,并利用各种原料构建其细胞组分。

初级代谢是与生物的生长繁殖有密切关系的代谢活动,在细胞生长繁殖期表现旺盛且普遍存在于一切生物中。营养物质的分解和细胞物质的合成构成了微生物初级代谢的两个主要方面。在代谢过程中凡是能释放能量的物质(包括营养和细胞物质)的分解过程被称为分解代谢;吸收能量的物质的合成过程被称为合成代谢。细胞的分解代谢可为微生物提供能量、还原力(NADH、FADH$_2$ 和 NADPH)和小分子前体,用于细胞物质的合成,使细胞得以生长和繁殖。而合成代谢必须与分解代谢相偶联才能满足合成代谢所需的前体和能量。生长和产物合成所需的前体决定了细胞所需养分的种类和数量,细胞生长速率也基本上和生物合成的净速率相等,整个代谢过程呈现出复杂性和整体性。

初级代谢产物是初级代谢生成的产物,如氨基酸、蛋白质、核苷酸、核酸、多糖、脂肪酸、维生素等,它们与微生物的生长繁殖有密切关系。这些代谢产物往往是各种不同种生物所共有的,且受生长环境影响不大。

微生物的初级代谢产物不仅是菌体生长繁殖所必需的成分,同样也是具有广泛应用前景的化合物。例如,氨基酸、核苷酸、脂肪酸、维生素、蛋白质、酶类、多糖、有机酸等被分离精制成各种功能食品、医药产品、轻工产品、生物制剂等。

3.1.2　次级代谢及产物

次级代谢是与生物的生长繁殖无直接关系的代谢活动,是某些生物为了避免初级代谢中间产物的过量积累或由于外界环境的胁迫而产生的一类有利于其生存的代谢活动。例如,某些微生物为了竞争营养物质和生存空间,分泌抗生素来抑制其他微生物的生长甚至杀死它们。次级代谢途径复杂多变,很难进行分类总结。

次级代谢产物是次级代谢合成的产物,如抗生素、生物碱、色素、毒素等,它们与微生物的生长繁殖无直接关系。这些代谢产物往往是特定物种在特定生长阶段产生的,且受生长环境影响很大。

目前,就整体来说,人们对于次级代谢产物的了解远远不及对初级代谢产物的了解那样深入。与初级代谢产物相比,次级代谢产物种类繁多,类型复杂。迄今对次级代谢产物的分类还没有统一的标准。根据结构和生理活性的不同,次级代谢产物可大致分为抗生素、生长刺激素、维生素、色素、毒素、生物碱等不同类型。

1. 抗生素

抗生素是生物在其生命活动过程中产生的(或在生物产物的基础上经化学或生物方法衍生的)在低微浓度下能选择性地抑制或影响其他种生物机能的化学物质。抗生素是生物合成或半合成的次级代谢产物,相对分子质量不大。微生物是抗生素的主要来源,其中以放线菌产生的最多,真菌次之,细菌又次之。虽然目前人们对于抗生素对产生菌本身有无生理作用还不是十分清楚,但它能在细胞内积累或分泌到细胞外,并能抑制其他种微生物的生长或杀死它们,因而这类化合物常被用于防治人类、动物的疾病与植物的病虫害,是人类使用最多的一类抗菌药物。目前医疗上广泛应用的抗生素有青霉素、链霉素、庆大霉素、金霉素、土霉素、制霉素等。

2. 生长刺激素

生长刺激素主要是由植物和某些细菌、放线菌、真菌等微生物合成,并能刺激植物生长的一类生理活性物质。例如,赤霉素是农业上广泛应用的一种植物生长刺激素。赤霉素是某些植物、真菌、细菌分泌的特殊物质,可取代光照和温度,打破植物的休眠,常被用于促进植物迅速生长,提早收获期,增加产量。许多霉菌、放线菌和细菌也能产生类似赤霉素的生长刺激素。

3. 维生素

在这里,维生素是指某些微生物在特定条件下合成远远超过产生菌正常需要的那部分维生素。例如,丙酸菌($Propionibacterium\ freudenreichii$)在培养过程中能积累维生素 B_{12}。某些细菌、酵母菌能够产生大量的核黄素。

4. 色素

色素是指微生物在代谢中合成的、积累在胞内或分泌于胞外的各种呈色次级代谢产物。微生物王国是一个绚丽多彩的世界,许多微生物都具有产生或释放色素物质的能力。例如,红酵母($Rhodotorula$)能分泌出类胡萝卜素,而使细胞呈现黄色或红色。红曲霉($Monascus$)产生的红曲素使菌体呈现紫红色。微生物能产生种类繁多的天然色素,通过微生物生产色素是一种有效的天然色素生产途径,越来越受到人们的重视。

5. 毒素

毒素是指一些微生物产生的对人和动植物细胞有毒杀作用的次级代谢产物。能够产生毒素的微生物类群主要包括细菌和霉菌两大类。微生物在生命活动过程中释放或分泌到周围环境的毒素称为外毒素，主要是一些单纯蛋白质。产生外毒素的细菌主要是革兰氏阳性菌，如白喉杆菌（*Corynebacterium diphtheriae*）、破伤风杆菌（*Clostridium tetani*）、肉毒杆菌（*Clostridium botulinum*）和金黄色葡萄球菌（*Staphyloccocus aureus*），还有少数革兰氏阴性菌，如痢疾杆菌（*Shigella*）和霍乱弧菌（*Vibrio cholera*）等。革兰氏阴性菌细胞壁外壁层上有一种特殊结构，在菌体死亡自溶或黏附在其他细胞上时才表现出毒性，称为内毒素，它是由多糖 O 抗原、核心多糖和类脂 A 组成的复合体。真菌产生的毒素种类也很多，例如黄曲霉（*Aspergillus flavus*）和寄生曲霉（*Aspergillus parasiticus* Speare）所产生的曲霉毒素，青霉（*Penicillium*）和曲霉（*Aspergillus*）产生的展青霉素，镰刀菌属（*Fusarium*）产生的镰刀菌毒素，以及一些大型真菌所产生的毒素等。

6. 生物碱

生物碱是存在于天然生物界中含氮原子的碱性有机化合物，主要存在于植物中，常具有明显的药理学活性。按照生物碱的结构分类，重要的类型有吡啶和哌啶类、莨菪烷类、异喹啉类、有机胺类、吲哚类、萜类、甾体类。目前发现的许多生物碱与植物内生真菌有关。例如，紫杉醇就是一个二萜类的生物碱，该化合物具有独特的抑制微管解聚和促进微管聚合的作用，是一种良好的广谱抗肿瘤药物，目前发现许多植物内生真菌能够产生紫杉醇。

3.1.3　初级代谢与次级代谢的关系

初级代谢和次级代谢是一个相对的概念，两者既有联系又有区别。两者之间的区别主要表现如下：

① 次级代谢存在于一些特定生物中，而且不同生物的次级代谢途径和产物不同。而不同生物的初级代谢产物基本没有差异或差异不大。

② 次级代谢产物对生物本身来说不是其生存所必需的物质，即使某些次级代谢途径出现障碍也不会给机体的生存和生长带来太大危害。而初级代谢产物，如单糖、核苷酸、氨基酸、脂肪酸等单体以及由其组成的各种生物大分子（如多糖、核酸、蛋白质、脂质等）都是机体生存必不可少的物质，只要这些物质的分解或合成过程中任何一个环节出问题，都可能给生命活动带来缺陷，轻则影响生物的生长繁殖，重则导致死亡。

③ 次级代谢在微生物生长特定阶段才出现，它和细胞生长的过程往往不是同步的。例如，青霉素的合成在生产菌的生长速率开始下降时才开始。而初级代谢存在于生命活动的一切过程中，在细胞生长和繁殖时尤其旺盛，因而往往和细胞生长过程同步。

④ 次级代谢产物种类繁多，往往含有不寻常的化学键。每种类型的次级代谢产物常是一群化学结构非常相似而成分不同的混合物。而初级代谢产物的性质和类型在不同生物中基本相同。例如，组成蛋白质的 20 种常见氨基酸、组成核酸的 5 种常见核苷酸在不同生物中都是一样的，在生物生长和繁殖过程中发挥的重要作用也基本类似。

⑤ 机体内两种代谢类型在遗传上的稳定性不同。控制次级代谢产物合成的基因可能不

在染色体 DNA 上,而是存在于游离的环状 DNA 分子(质粒)中,这些质粒可以转移、整合、重组甚至消失。控制初级代谢产物合成的基因一般都存在于染色体 DNA 上,稳定性要高得多。

⑥ 机体内两种代谢类型对环境的敏感性不同。次级代谢对环境条件的变化敏感,往往随着环境的不同而产生不同的产物。而初级代谢对环境变化的敏感性小得多,较稳定。

⑦ 催化次级代谢产物合成的酶专一性较差,往往结构上类似的底物都能够被同一种酶催化。例如,青霉素合成中的酰基转移酶可以将不同的酰基侧链转移到青霉素母核6 - APA的 7 位氨基上,因而天然青霉素发酵形成了五种不同的成分,分别为青霉素 G、V、O、F、X。而催化初级代谢产物合成的酶专一性总是很高,因为差错会导致严重的后果。

虽然初级代谢和次级代谢有诸多不同,但它们之间也有着非常密切的联系,总体表现为初级代谢是次级代谢的基础,初级代谢为次级代谢提供前体或起始物。以 β-内酰胺类抗生素的生物合成为例,青霉素生物合成的起始物是 α-氨基己二酸、L-半胱氨酸、L-缬氨酸。这三种氨基酸都是微生物的初级代谢产物,但是它们又被用来合成青霉素、头孢菌素 L 等次级代谢产物。大环内酯类抗生素——阿维菌素的生物合成以异亮氨酸和缬氨酸为起始物。多肽类抗生素是由氨基酸通过肽键连接而合成的。此外,初级代谢的一些关键中间产物也是次级代谢合成中重要的中间体物质,如乙酰 CoA、莽草酸和丙二酸等是许多次级代谢的中间体物质。

另外,初级代谢的调控影响到次级代谢产物的生物合成。初级代谢往往受到严格的代谢调控。当一些初级代谢产物和次级代谢相关时,初级代谢途径的调控必然影响到相关的次级代谢。例如,在青霉素发酵中,产黄青霉(*Penicillium chrysogenum* Thom)菌株胞内的α-氨基己二酸浓度与青霉素的产量有着直接的关系,向生长菌体或静息细胞的培养液中加入外源的 α-氨基己二酸可有效提高青霉素的产量。再者,初级代谢也是次级代谢主要的能量和还原力来源。例如糖类、脂类、氨基酸的分解代谢产生的能量和还原力也可以用于次级代谢。

3.2　微生物代谢的调控

微生物的生命活动是由各种代谢途径组成的网络相互协调来维持的,每一条代谢途径都由一系列连续的酶促反应构成。在生命活动过程中,微生物能严格控制代谢活动,使之有序地运行,并能快速适应环境,最经济地利用环境中的营养物。

微生物总是尽量不浪费能量去合成那些它们用不着的东西。例如,微生物只有在某些基质(如乳糖)存在的情况下才会合成利用这些基质的酶。微生物如果能从外界获得某一单体化合物,则其自身合成会自动中止。如果环境中存在两种可利用的基质,微生物会先利用那些更易利用的基质,待这种基质耗尽后才开始利用较难利用的基质。微生物所有大分子合成前体(如氨基酸)的合成速率总是和大分子(如蛋白质)的合成速率协调一致。这些事实都证明,微生物的代谢网络是受到严格调控的。

微生物调控代谢的机制可以分为两种类型:酶合成的调节和酶活性的调节。

3.2.1　酶合成的调节

这是通过调节微生物细胞中酶合成的量来控制微生物生长代谢速度的调节机制。这种调节方式虽然相对缓慢,但却是经济的,避免了能量和合成前体的浪费,保证了在任何时刻只有需要的酶才被合成。那些在代谢途径中的主要分支点后的前一、二个酶是最可能的控制位点,因为在这里调控最为经济。

微生物 DNA 上的遗传信息指导着酶的合成。虽然基因型是稳定的,但随着环境的变化,微生物的细胞成分和代谢状况能灵活地做出反应。环境在一定程度上左右着基因的表达,因此微生物通常不会过量合成代谢产物。酶合成的调节主要发生在 RNA 转录水平上,其调节方式可归纳为以下三种:

1. 酶合成的诱导

根据酶的合成方式和存在时间不同,微生物细胞内的酶可分为组成酶和诱导酶。组成酶是指那些微生物细胞中固有的酶。这些酶随着细胞的生长繁殖而被合成,在细胞中的含量相对固定,受环境条件影响很小,只受到遗传基因的控制,例如糖酵解、三羧酸循环中的催化酶。诱导酶是在环境中有某些诱导物存在的情况下,细胞才开始合成的酶,一旦这些诱导物消失,合成就会停止。诱导酶的合成实际上是诱导物和遗传基因共同作用的结果,遗传基因是内因,诱导物是外因。表 3-1 中列举了一些常见的诱导酶以及相对应的诱导物。这种当微生物细胞与培养基中某种基质接触后,出现相应酶合成速率增加的现象称为酶合成的诱导。那些能引起酶合成的诱导的化合物就是诱导物,它们可以是基质本身,也可以是基质转化以后的衍生物,甚至是产物。酶的作用底物或底物的结构类似物常常是良好的诱导物。

表 3-1　常见的诱导酶(参考储炬,2006)

诱导酶	微生物	基质	诱导物
葡糖淀粉酶	黑曲霉(Aspergillus niger)	淀粉	麦芽糖、异麦芽糖
淀粉酶	嗜热芽孢杆菌(Bacillus stearothermophilus)	淀粉	麦芽糊精
葡聚糖酶	青霉属(Penicillium)	葡聚糖	异麦芽糖
支链淀粉酶	产气克氏杆菌(Kelbsiella aerogenes)	支链淀粉	麦芽糖
脂酶	白地霉(Geotrichum candidum)	脂质	脂肪酸
内多聚半乳糖醛酸酶	顶柱霉(Acrocylindrium sp.)	多聚半乳糖醛酸	半乳糖醛酸
色氨酸氧化酶	假单胞菌属(Pseudomonas)	色氨酸	犬尿氨酸
组氨酸酶	产气克氏杆菌(Kelbsiella aerogenes)	组氨酸	尿刊酸
脲羧化酶	酿酒酵母(Saccharomyces cerevisiae)	尿素	脲基甲酸
β-半乳糖苷酶	乳酸克鲁维酵母(Kluyveromyces lactis)	乳糖	异丙基-β-D-硫半乳糖苷
β-内酰胺酶	产黄青霉(Penicillium chrysogenum)	苄青霉素	甲霉素
顺丁烯二酸酶		顺丁烯二酸	丙二酸
酪氨酸酶	彩粪产碱杆菌(Alcaligenes facealis)	酪氨酸	D-酪氨酸,D-苯丙氨酸
脂肪簇酰胺酶		乙酰胺	N-甲基乙酰胺
纤维素酶	绿色木霉(Trichoder-mavirde)	纤维素	2-脱氧葡萄糖-β-葡萄糖苷

　　雅各布(F. Jacob)和莫诺德(J. Monod)等人对大肠杆菌(E. coli)乳糖发酵过程中酶合成的诱导现象进行了深入的研究,并于1960—1961年提出了乳糖操纵子模型(lac operon model),开创了基因表达调节机制研究的新领域,很好地解释了酶合成的诱导现象。该模型已经受到学术界的广泛接受,并得到了许多遗传学和生理学试验数据的支持。所谓操纵子是原核生物在转录水平上控制基因表达的一组协调单位,由启动基因(promoter)、操纵基因(operator)以及在功能上彼此相关的几个结构基因(structural gene)组成。其中结构基因是酶的编码基因,由它转录出的RNA被用于指导蛋白质的合成,从而确定酶蛋白质的氨基酸序列。启动基因位于结构基因的上游,是一种能被依赖于DNA的RNA聚合酶特异性识别的碱基序列,是RNA聚合酶的结合部位,也是转录的起始位点。操纵基因是位于结构基因和启动基因之间的一段碱基序列,通过与阻遏物的结合与否来决定下游的结构基因能否被转录,此外,有些操纵子还有调节基因(regulator gene),是阻遏物的编码基因。

　　下面以大肠杆菌(E. coli)乳糖操纵子为例来具体说明操纵子的作用机制。大肠杆菌(E. coli)的乳糖操纵子是第一个被发现的操纵子,它由启动基因、操纵基因和三个结构基因组成,如图3-1所示。三个结构基因分别是lacZ、lacY和lacA,它们分别编码β-半乳糖苷酶(水解乳糖)、β-半乳糖苷透性酶(吸收乳糖)和β-硫代半乳糖苷乙酰基转移酶(对透性酶输入的某些毒性物质有解毒功能)。启动基因是RNA聚合酶的结合部位和转录的起始位点。在启动基因和结构基因之间存在着操纵基因。操纵基因lacO本身不编码任何蛋白质,它是阻遏蛋白的结合部位。阻遏蛋白是由操纵子附近的调节基因表达产生的一种别构蛋白,它有两个结合位点,一个可以与操纵基因结合,一个可以与诱导物结合。当环境中没有诱导物(乳糖)的时候,阻遏蛋白可以与操纵基因结合,阻挡了RNA聚合酶的向前移动,从而阻断RNA聚合酶对下游结构基因的转录,结果是结构基因不会表达,大

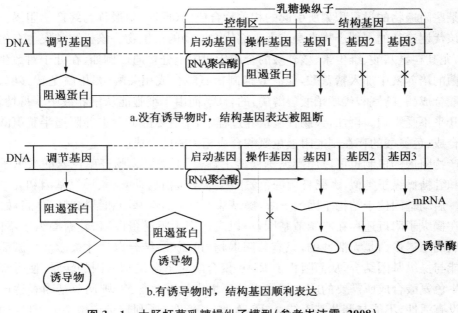

a.没有诱导物时,结构基因表达被阻断

b.有诱导物时,结构基因顺利表达

图3-1　大肠杆菌乳糖操纵子模型(参考岑沛霖,2008)

肠杆菌细胞中没有代谢乳糖的三个酶。当环境中有诱导物（乳糖）存在时，诱导物（乳糖）可与阻遏蛋白结合，导致阻遏蛋白的构象发生变化，构象变化后的阻遏蛋白不能再与操纵基因结合，于是 RNA 聚合酶在结合到启动基因以后可以顺利移动到结构基因部位进行转录，操纵子"开关"被打开，结构基因顺利表达，大肠杆菌细胞中出现了代谢乳糖的三个酶。当乳糖被耗尽以后，阻遏蛋白失去了诱导物的结合，构象又得以恢复，又能重新与操纵基因结合，操纵子"开关"又被关闭，结构基因进入休眠状态，细胞中代谢乳糖的三个酶的含量迅速下降。

如果操纵子中的调节基因发生突变，不能产生阻遏蛋白，或者产生的阻遏蛋白不能与操纵基因结合，则无论是否存在诱导物，细胞都能顺利表达结构基因，原来的调控机制被打破，该诱导酶就变成了组成酶。诱导酶和组成酶在化学本质上是相同的，只是合成过程中的调控方式不同而已。在工业生产应用中，常通过一些微生物育种的方法将一些诱导酶转变成组成酶，以增大这些酶在细胞中的含量，从而提高一些代谢产物的产量。例如，大肠杆菌在低浓度乳糖的恒化器中生长，就可以筛选出没有诱导物存在时也能生产 β-半乳糖苷酶的组成型突变株。此突变株能合成相当于其总蛋白含量 25％的 β-半乳糖苷酶（一种有助于奶制品中乳糖消化的添加剂）。

酶合成的诱导可以分成两种情况：一种是同时诱导。例如上面所述的乳糖操纵子中的三个酶，它们受到同一组启动基因和调节基因的控制，当受到诱导物诱导时同时被合成。另一种是顺序诱导，第一种酶的底物诱导第一种酶的合成，该酶的产物又诱导第二种酶的合成，依此类推合成一系列的酶。例如，乳糖能诱导 β-半乳糖酶的合成，β-半乳糖酶将乳糖水解成半乳糖和葡萄糖，随着细胞内半乳糖含量的逐渐升高，半乳糖作为新的诱导物又可以诱导一系列代谢半乳糖的酶的合成。

2. 终产物阻遏

由某些阻遏物的过量积累所引起的相关酶合成的（反馈）阻遏称为终产物阻遏。阻遏物常常是该代谢途径的末端产物本身或者末端代谢产物的衍生物。该机制常发生在生物合成代谢中，尤其在氨基酸、维生素、核苷酸的合成代谢中十分普遍。例如，在处于对数生长期的大肠杆菌的培养液中加入精氨酸，能有效抑制精氨酸合成相关酶（氨甲酰基转移酶、精氨酸代琥珀酸合成酶、精氨酸代琥珀酸裂解酶）的合成，而由于细胞能从培养液中获得精氨酸，细胞生长几乎不受影响。再如，大肠杆菌培养过程中，半胱氨酸的存在能阻遏半胱氨酸合成相关酶的合成，色氨酸的存在则能阻遏色氨酸合成相关酶的合成。

终产物阻遏的机制也可以用操纵子模型来解释，下面以大肠杆菌色氨酸操纵子为例来说明。和乳糖操纵子类似，大肠杆菌的色氨酸操纵子也由启动基因、操纵基因和几个结构基因组成。启动基因位于结构基因的上游，操纵基因位于启动基因和结构基因之间，如图 3－2 所示。在操纵子附近还存在着调节基因，可以表达产生阻遏蛋白，和乳糖操纵子不同的是，这里生成的阻遏蛋白是无活性的，只有与阻遏物（色氨酸）结合以后才被激活。激活后的阻遏蛋白能与操纵基因结合，从而阻止了 RNA 聚合酶对下游结构基因的转录，使得细胞不能代谢产生色氨酸合成所需的酶。如果生长环境中没有色氨酸，则调节基因表达产生的阻遏蛋白没有活性，不能与调节基因结合，RNA 聚合酶可以顺利转录结构基因，细胞内出现色氨酸合成相关的酶以用于色氨酸的合成。

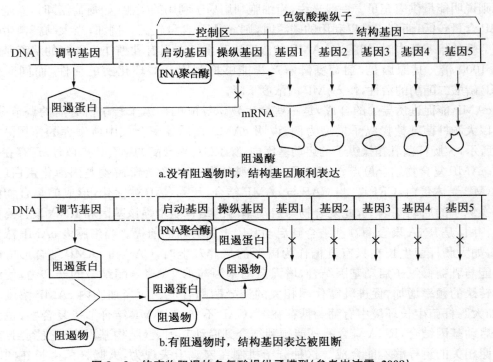

a.没有阻遏物时，结构基因顺利表达

b.有阻遏物时，结构基因表达被阻断

图 3-2　终产物阻遏的色氨酸操纵子模型(参考岑沛霖,2008)

终产物阻遏机制保证了细胞内某些物质维持在适当的浓度。当细胞缺乏某种物质的时候，相关酶被合成出来，用于代谢产生该物质。而当细胞内某种物质的生成量已经很充足，或者细胞可以很容易地从外界环境中获取该物质的时候，则有关酶的合成被阻遏。这样可以有效避免不需要的酶的合成和某些代谢产物或中间物的过量积累，节约了生物体内的能量和物流，在细胞代谢调控中具有十分重要的意义。

对于直线式的代谢途径，终产物阻遏可以引起代谢途径中各种酶合成的终止。对于分支代谢途径，情况则比较复杂。每种末端终产物可专一作用于其分支途径中的酶。对于代谢途径分支点之前的"共同酶"，有些末端终产物可以独立发挥阻遏作用；有些末端终产物不能独立发挥作用，只有当多个末端产物同时存在时，才能发挥阻遏作用。例如，在合成芳香族氨基酸、天冬氨酸族和丙氨酸族的氨基酸时，只有多个末端产物都存在，才能对共同代谢途径中的酶发挥阻遏作用。

3. 分解代谢物阻遏

当细胞生存环境中存在两种可利用碳源时，利用快的底物会阻遏与利用慢的底物有关的酶的合成。这种现象是由利用快的底物的分解代谢所产生的中间产物引起的，所以称为分解代谢物阻遏。由于人们最早发现的分解代谢物阻遏现象是葡萄糖对微生物利用其他碳源的阻遏，因此过去它曾被称为葡萄糖效应。

从分子水平上看，分解代谢物阻遏与细胞内一种叫腺苷-3′,5′-环化-磷酸(cAMP)的物质的含量有关。cAMP 是 ATP 在腺苷酸环化酶的催化下生成的，同时又能在 cAMP 磷酸二酯酶的催化下变成 AMP。cAMP 在细胞内的浓度与 ATP 的合成速率成反比，胞内 cAMP 的水平反映了细胞的能量状况，cAMP 浓度高，说明细胞处于能量供应不足的状态，反之则说明能量供应充足。一般来说，当细胞利用易于利用的碳源（如葡萄糖）时，其胞内的cAMP 含量较低；而利用难以利用的碳源时，则 cAMP 含量较高。例如，当大肠杆菌生长在含葡萄糖的培养基中时，细胞内 cAMP 的浓度比其生长在只有乳糖作为碳源的培养基中时要低 1000 倍。其原因是，葡萄糖降解产物能够抑制腺苷酸环化酶的活性，而同时促进cAMP 磷酸二酯酶的活性，使 cAMP 的浓度下降。

　　cAMP 能促进诱导酶的合成，是一些微生物诱导酶的操纵子转录所必需的调节分子。下面以大肠杆菌乳糖操纵子模型为例，说明 cAMP 在诱导酶合成中所发挥的作用。如图3－3所示，大肠杆菌乳糖操纵子的启动基因内，除 RNA 聚合酶的结合位点以外，还存在一个CAP-cAMP 复合物结合位点。CAP 是一种特殊的蛋白质，称为降解物基因活化蛋白（又称为 cAMP 受体蛋白，CRP）。当 CAP 与 cAMP 结合以后，CAP 被活化，形成的复合物能结合到操纵子的启动基因上，此复合物与启动基因的结合能增强该基因和 RNA 聚合酶的亲和力，并且是 RNA 聚合酶顺利结合到启动基因上所必需的前提。当细胞内 cAMP 浓度较高时，如大肠杆菌生长在只有乳糖作为碳源的培养基上时，CAP 和 cAMP 结合形成的复合物能与乳糖操纵子启动基因结合，增强启动基因与 RNA 聚合酶结合的亲和力，使结构基因转录的频率增加，促进乳糖代谢相关的诱导酶的合成。而当细胞内 cAMP 浓度较低时，如大肠杆菌生长环境中有葡萄糖存在时，CAP 不能和 cAMP 结合形成复合物，也就不能和启动基因结合，RNA 聚合酶不能顺利结合到启动基因上，结构基因表达受到阻遏，乳糖代谢相关的诱导酶不能合成。这种分子机制在宏观上表现为，大肠杆菌生长在同时含有的葡萄糖和乳糖的培养基中时，总是优先利用葡萄糖，只有在葡萄糖耗尽以后才开始利用乳糖。

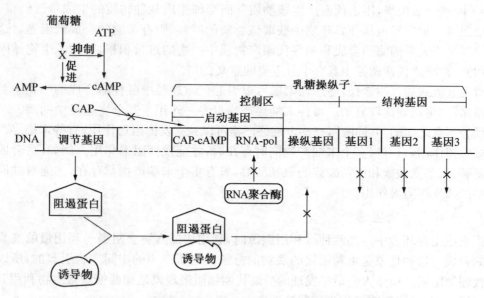

图 3－3　分解代谢物阻遏的乳糖操纵子模型（参考岑沛霖，2008）

注：葡萄糖分解代谢物降低了 cAMP 水平，使 CAP-cAMP 不能形成，从而阻止了
RNA 聚合酶和启动基因的结合，即使有诱导物乳糖存在，结构基因仍然无法表达

　　值得注意的是，一种碳源起分解代谢物阻遏作用的能力取决于它作为碳源和能源的效

率,而不是它的化学结构。由于不同微生物对碳源和能源的偏好不同,分解代谢物阻遏作用在不同微生物中的表现也就不同。同一化合物,可能在一种微生物中起分解代谢物阻遏作用,而在另一种微生物中不起作用。例如,对于大肠杆菌,葡萄糖比琥珀酸更易起分解代谢物阻遏作用;而对恶臭假单胞菌(*Pseudomonas putida*)的作用恰好相反。

3.2.2　酶活性的调节

这是通过改变酶分子的活性来调节代谢速度的一种调节方式。与酶合成的调节相比,这种方式更直接,见效更快。通常酶活性的调节是在一些小分子的影响下进行的。这些小分子存在于细胞内,通过作用于一些代谢途径的关键酶,改变这些关键酶活性的强弱,从而影响整个代谢途径,起到调节新陈代谢的作用。常见的酶活性调节的方式有别构调节、共价修饰等。下面重点介绍这两种方式。

1. 别构调节

酶是一种生物大分子,其化学本质主要是蛋白质。酶的催化活性是由其分子的空间构象决定的。在一些小分子物质或蛋白质分子的作用下,酶分子的空间构象能发生改变,使得其催化活性也发生变化,这种现象称为别构效应(变构效应)。别构调节就是依据酶分子的别构效应来调节酶活性的一种方式。这些具有别构效应的酶称为别构酶(变构酶)。能引起别构效应的小分子物质或蛋白质分子称为别构效应物(变构效应物)。别构效应物对酶活性的改变可以是激活,也可以是抑制。激活过程的效应物称为激活剂;抑制过程的效应物称为抑制剂。而这些效应物常是酶催化的反应途径的上游底物,下游产物,底物、产物的结构类似物和一些调节性代谢物。我们把上游底物对酶活性的调节称为前馈,而把下游产物对酶活性的调节称为反馈。前馈激活和反馈抑制是两种最常见的机制。

别构效应是格哈特(J. Gerhart)和帕迪(A. Pardee)在 1962 年研究胞苷三磷酸(CTP)对其自身合成途径中的第一个催化酶——天冬氨酸转氨甲酰酶(ATCase)的反馈抑制时发现的。别构酶的反应速率和底物浓度的关系曲线与一般酶不同。以 ATCase 为例,该酶催化氨甲酰磷酸和天冬氨酸反应生成氨甲酰天冬氨酸。维持氨甲酰磷酸浓度过量,改变天冬氨酸的浓度[S],分别测定不同天冬氨酸浓度时的 ATCase 酶促反应初速度 v_0,再以 v_0 对[S]作图,所得的曲线为近 S型,而非普通米氏酶所呈现的双曲线型。这种酶促反应动力学特征不是 ATCase 所特有的,许多别构酶都是这样。如果在反应体系中分别加入 CTP 和ATP,再测定得到的动力学曲线,则前者更接近 S型,而后者更接近双曲线型,如图 3-4 所示。CTP作为一种别构抑制剂,抑制了 ATCase 的活力,提高了 K_m 值;ATP 则作为一种别构激活剂,增强了ATCase 的活力,降低了 K_m 值。关于 ATCase 三

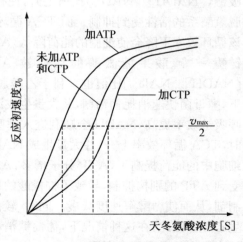

图 3-4　天冬氨酸转氨甲酰酶(ATCase)的动力学曲线

维结构的研究显示,该酶由 6 个亚基组成,亚基分成上下两层,背靠背排列。每个亚基以两种不同的构象态(R 态和 T 态)存在,并且在无任何配体存在时,两种构象态处于平衡中。R 态为松弛态,对底物的亲和力高;T 态为紧张态,对底物的亲和力低。催化部位和调节部位分布在不同的亚基上,催化部位处于催化亚基结合形成的沟内,调节部位则处于调节亚基的外侧表面,此部位是 CTP 和 ATP 的竞争结合位点。当 ATP 与一个调节亚基上的调节部位结合以后,会促使其他亚基的构象由 T 态向 R 态转变,增强酶与底物的亲和力,提高酶活力。CTP 的作用则正好相反,CTP 与调节亚基结合会促使其他亚基的构象由 R 态向 T 态转变,减弱酶与底物的亲和力,降低酶活力。

ATCase 在别构酶中是具有代表性的。别构酶往往都具有调节部位和催化部位,两者是分开的,但可以同时被结合,而且调节位点常可结合不同配体,产生不同的效应。另外,别构酶通常都是寡聚酶,一般具有多个亚基,包括催化亚基和调节亚基。一个亚基上的结合位点与配体的结合会影响到同一分子中另一亚基上的结合位点与底物的结合,这种现象称为协同效应。协同效应分为两种:如果起始的配体结合能促进分子中另一亚基上的结合位点与底物结合,称为正协同效应;如果起始的配体结合能抑制分子中另一亚基上的结合位点与底物结合,称为负协同效应。ATP 对 ATCase 的作用就是一种正协同效应;而 CTP 对 ATCase 的作用则是一种负协同效应。

别构调节是生物体调节新陈代谢的重要方式,特别是在代谢途径的支点和代谢可逆步骤(如糖酵解、糖异生和 TCA 循环)中尤为重要。这些代谢途径的关键酶往往都是别构酶,从而使得一些代谢途径在细胞内同一空间同时发生时能够相互协调,不会彼此干扰。下面以巴斯德效应(Pasteur effect)为例,说明微生物如何利用别构调节来调控糖的分解代谢。巴斯德效应是巴斯德(L. Pasteur)在研究酵母菌的酒精发酵时发现的。酵母菌在厌氧条件下,能分解葡萄糖,产生酒精,而且消耗葡萄糖的速度很快;而如果在发酵液中通入氧,酒精的产量会下降,葡萄糖被消耗的速度也会减慢。这种呼吸抑制发酵的现象,称为巴斯德效应。酵母菌在无氧条件下时,由于呼吸链的效率下降,NADH 不能顺利进入呼吸链,$[NADH]/[NAD^+]$ 比值上升,使得丙酮酸脱氢酶系、异柠檬酸脱氢酶和 α-酮戊二酸脱氢酶系的活性受到抑制。而 TCA 循环是糖类物质分解代谢途径中产生能量的主要步骤,该循环效率下降会使细胞的能荷降低,ATP 分子减少,ADP 和 AMP 分子增多,糖酵解的关键酶——磷酸果糖激酶的活性被 ADP 和 AMP 别构激活,糖酵解加快。较高的 $[NADH]/[NAD^+]$ 比值也有利于乙醇脱氢酶将乙醛转变成乙醇。结果就是,在无氧条件下,酵母菌快速消耗葡萄糖,并大量生成酒精。而如果在发酵体系中通入氧,由于氧的介入,呼吸链效率提高,NADH 会顺利进入呼吸链,产生 ATP,$[NADH]/[NAD^+]$ 比值下降。同时,TCA 循环效率上升,并大量生成 NADH 和 $FADH_2$,通过呼吸链再生成 ATP。结果是,细胞中的能荷提高了,ATP 分子增多,ADP 和 AMP 分子减少。由于异柠檬酸脱氢酶活性受到 ATP 的别构抑制,导致了柠檬酸的积累,而柠檬酸和 ATP 都是磷酸果糖激酶的别构抑制剂,从而使糖酵解速度减慢。同时,较低的 $[NADH]/[NAD^+]$ 比值不利于乙醇脱氢酶产生乙醇。因此,在这种情况下,葡萄糖消耗速度减慢,酒精的产量也下降了。以上对巴斯德效应机理的说明可参考图 3-5。

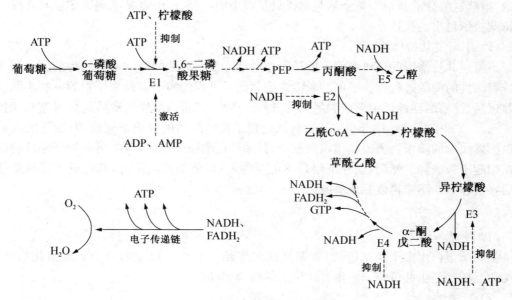

图 3-5　巴斯德效应的机理

E1—磷酸果糖激酶；E2—丙酮酸脱氢酶系；E3—异柠檬酸脱氢酶；
E4—α-酮戊二酸脱氢酶系；E5—乙醇脱氢酶

2．共价修饰

酶分子中的一个或多个氨基酸残基被某些化学基团共价结合或解开，使其活性发生改变的现象称为共价修饰。和别构调节相比，别构调节只改变酶分子的构象，不改变酶分子的共价结构；而共价修饰则改变了酶分子的共价结构。按照此共价结构变化是否可逆，共价修饰可以分为两种：一种是可逆的，称为可逆共价修饰；另一种是不可逆的，称为不可逆共价修饰。

（1）可逆共价修饰

可逆共价修饰可使原本无活性的酶活化，也可使原本有活性的酶钝化。可用于修饰的化学基团有磷酸基、乙酰基、甲基、乙基、腺苷酰基、尿苷酰基等。其中，磷酸基的修饰（即磷酸化）最普遍的。真核细胞中 1/3～1/2 的蛋白质可被磷酸化。组成蛋白质的 Ser、Thr、Tyr 残基，由于其氨基酸侧链上有羟基，常被作为磷酸化的位点。例如，糖原的分解和合成代谢的调控就利用了这种机制。糖原分解的限速酶是糖原磷酸化酶，糖原合成的限速酶是糖原合成酶。这两个酶均具有活性和非活性两种形式（a 型和 b 型）。糖原磷酸化酶的 a 型是被磷酸化的，有活性；而 b 型是去磷酸化的，无活性。糖原合成酶的 a 型是去磷酸化的，有活性；而 b 型是磷酸化的，无活性。当糖原磷酸化酶和糖原合成酶均被磷酸化时，糖原磷酸化酶被活化，而糖原合成酶被钝化，于是，糖原分解代谢加强，糖原合成代谢减弱。当糖原合成酶和糖原磷酸化酶均被去磷酸化时，糖原磷酸化酶被钝化，糖原合成酶则被活化，使得糖原合成代谢加强，糖原分解代谢减弱。这样一来，当糖原磷酸化酶充分活动时，糖原合成酶几乎不起作用；当糖原合成酶活跃时，糖原磷酸化酶又受到抑制。

可逆共价修饰中，酶构型的转变是在另一些酶的催化下完成的，可在很短的时间内触发大量有活性的酶，其作用效率是极高的。并且，这种机制可使一些酶经常在活化与钝化之间来回变换，根据生物体代谢状况的变化随时作出响应。不过，这种变换和响应是需要消耗能量的,虽然这部分能量对于整个细胞来说只是很小的一部分,但也是细胞为实现对其代谢的精密调控所付出的代价。

（2）不可逆共价修饰

不可逆共价修饰的最典型例子就是酶原激活。没有活性的酶的前体称为酶原。酶原转变成有活性的酶的过程称为酶原的激活。酶原激活过程的实质就是酶原中的一些小肽段被切除以后,使酶的活性部位形成和暴露的过程。例如,胰蛋白酶原的激活是其 N 端被切掉了一个己肽(Val-Asp-Asp-Asp-Asp-Lys),该过程是在肠激酶的催化下完成的,少量的肠激酶可以激发大量的胰蛋白酶。在组织细胞中,某些酶以酶原的形式存在,可保护分泌这种酶的组织细胞不被破坏。然而,这种机制是不可逆的,一旦酶原被激活,待其完成了其催化使命以后,便被降解,不能再恢复成酶原。

3．其他调节方式

（1）缔结与解离

某些酶蛋白由多个亚基组成,亚基之间的缔结与解离可以使酶分子实现活化与钝化。这类相互转变是由共价修饰或由若干配基的缔合启动的。

（2）竞争性抑制

一些酶的生物活性受到代谢物的竞争性抑制,其实质是某些代谢物与底物竞争结合酶的催化位点,导致酶活受到抑制。例如,需要 NAD^+ 参与的酶促反应常受到 NADH 的竞争性抑制；需要 ATP 参加的反应可能受 ADP 和 AMP 的竞争性抑制；还有一些酶促反应常受到产物的竞争性抑制。

（3）酶的降解

酶分子被合成出来以后,能够维持一段时间的生物活性,然后被生物降解。不同的酶半衰期不同,短的只有几分钟,长的可以达到几天。调节酶的半衰期长短也是生物体调节酶活性的一种方式。例如当环境突然发生变化时,细胞中的某些代谢途径需要关闭,而此前一些相关的代谢酶已经被合成出来了,细胞需要钝化这些酶,以避免不必要的酶促反应对细胞造成伤害,于是一些蛋白酶会被激活,这些蛋白酶会有选择性地降解一些酶分子,以关闭这些代谢途径。

3.2.3　微生物代谢调节的模式

微生物的物质代谢和能量代谢依靠代谢网络来实现。代谢网络是由许许多多代谢途径组成的整体,既相对稳定,又可以自主调节。前馈和反馈是常见的调节方式,诱导、阻遏、激活、抑制是常见的调节手段。下面将讨论微生物代谢调节的一般模式。

1．直线式途径的调节

直线式途径就是只有一个末端产物的途径。当末端产物积累到一定浓度时,就会反馈阻遏该途径中所有酶的合成,或者反馈抑制该途径中某个关键酶,这个关键酶常是反应途径的第一、二个酶,如图 3-6 所示。

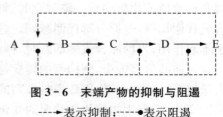

图 3-6　末端产物的抑制与阻遏

——→表示抑制；----●表示阻遏

例如,在谷氨酸棒杆菌(*Corynebacterium glutamicum*)、黄色短杆菌(*Brevibacterium flavum*)、枯草芽孢杆菌(*Bacillus subtilis*)将谷氨酸生物合成精氨酸的代谢途径中,终产物精氨酸对催化 N-乙酰谷氨酸生成 N-乙酰谷氨酰磷酸的关键酶——N-乙酰谷氨酸激酶有反馈抑制作用。而且,精氨酸作为该合成途径的最终产物,其合成途径没有分支,精氨酸自身是其合成代谢的调节因子。

直线式途径还有另一种调节方式,是末端产物阻遏与中间产物诱导的混合形式。如图 3-7 所示,当末端产物 E 浓度升高时,该途径中的第一个酶被阻遏。当末端产物 E 浓度下降时,第一个酶的阻遏被解除,A 被催化反应生成 B,由于 B 的积累,进而诱导了第二、三、四个酶的合成,使该代谢途径逐渐畅通。由于代谢途径畅通,E 又会逐渐积累,再次形成对第一个酶的阻遏,导致 A 不能生成 B,随着 B 逐渐被消耗,便不能再诱导第二、三、四个酶的合成了,此代谢途径又逐渐阻塞。例如,在粗糙链孢霉(*Neurospora crassa*)合成亮氨酸的过

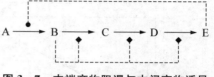

图 3-7　末端产物阻遏与中间产物诱导

----●表示阻遏;----表示诱导

程中,终产物亮氨酸能阻遏合成途径中第一个酶——异丙基苹果酸合成酶的合成,而该酶的产物异丙基苹果酸能诱导反应途径中第二、三个酶的合成。

2. 分支式途径的调节

大多数物质的合成代谢途径都是有分支的,产生的末端代谢物不止一个。对于这样的代谢途径,其调节方式相对比较复杂。下面介绍几种不同的调节方式。

(1) 顺序反馈调节

如图 3-8 所示,在这种调节模式中,反馈抑制第一个酶活性的不是末端产物,而是分支点上的中间产物 C。末端产物 F 和 I 分别抑制其分支途径中的第一个酶的活性。F 浓度较高时,C 向 D 的转化被抑制,此时 C 向 I 的代谢仍能进行;I 浓度较高时,C 向 G 的转化被抑制,C 向 F 的代谢仍能进行;如果 F 和 I 同时过量,则会导致中间产物 C 的积累,C 的积累则会导致 A 向 B 的转化受到抑制,整个代谢途径被阻塞。

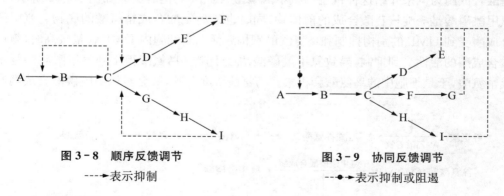

图 3-8　顺序反馈调节

----表示抑制

图 3-9　协同反馈调节

--●表示抑制或阻遏

(2) 协同反馈调节

如图 3-9 所示,在这种调节模式中,只有当几个分支途径上的末端产物同时过量时,该途径的第一个酶才会被抑制或阻遏,单个末端产物的积累对该酶几乎没有影响。例如多黏芽孢杆菌(*B. polymyxa*)在合成天冬氨酸族氨基酸时,天冬氨酸激酶受到赖氨酸和苏氨酸

的协同反馈调节。如果仅是苏氨酸或赖氨酸过量,并不能引起抑制或阻遏作用。

（3）累积反馈调节

如图 3－10 所示,在这种调节模式中,每一个分支途径上的末端产物都能部分地抑制或阻遏第一个酶的活性,只有当所有末端产物都过量时,第一个酶才会被完全抑制或阻遏。这几个末端产物对酶促反应的抑制是累积的,各自按照一定百分比发挥作用,彼此之间既无协同效应,也无拮抗作用。例如,大肠杆菌(*E. coli*)的谷氨酰胺合成酶的活性调节,该酶受八个不同的末端产物的累积反馈抑制,只有这八个终产物同时存在时才能完全抑制其活性。

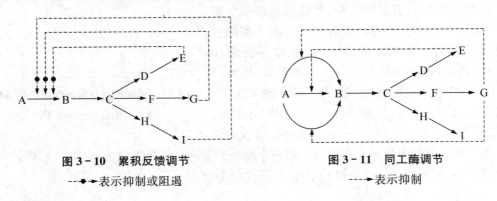

图 3－10　累积反馈调节　　　　　　　　　图 3－11　同工酶调节
--●▶表示抑制或阻遏　　　　　　　　　　----▶表示抑制

（4）同工酶调节

同工酶是指催化相同的化学反应,但存在多种四级缔合形式,并因而在物理、化学和免疫学等方面有所差异的一组酶。它们通常催化各分支途径中的第一个反应,分别受不同的末端产物的反馈调节。典型的例子是在大肠杆菌天冬氨酸族氨基酸的合成中,催化该途径第一个反应的酶——天冬氨酸激酶存在三种同工酶,分别受赖氨酸、苏氨酸、甲硫氨酸的反馈调节,如图 3－11 所示。

（5）联合激活或抑制作用

同一个中间产物同时参与两个代谢途径时,可同时受到两种不同的调节。下面以氨甲酰磷酸合成酶为例来介绍这种机制。氨甲酰磷酸合成酶催化的反应如图 3－12 所示,其产物氨甲酰磷酸是嘧啶核苷酸合成的前体物,同时也是鸟氨酸合成精氨酸的底物。氨甲酰磷酸合成酶受到 UMP 的别构抑制和鸟氨酸的别构激活。当细胞内 UMP 含量较高时,氨甲酰磷酸合成酶的活性受到抑制,导致氨甲酰磷酸浓度下降。鸟氨酸得不到氨甲酰磷酸就不能合成精氨酸,于是细胞中的鸟氨酸会积累。鸟氨酸浓度上升,又会对氨甲酰磷酸合成酶有激

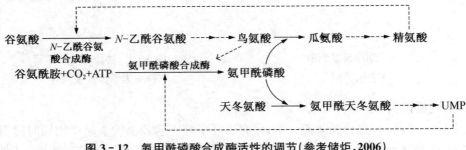

图 3－12　氨甲酰磷酸合成酶活性的调节(参考储炬,2006)
——▶表示抑制;------▶表示激活

活作用,使氨甲酰磷酸再被合成出来,为精氨酸的合成提供底物。当精氨酸的浓度上升到一定水平时,它会反馈抑制 N-乙酰谷氨酸合成酶,使鸟氨酸的合成受阻,浓度下降,氨甲酰磷酸合成酶不再被激活,活性降低。随着精氨酸的消耗,N-乙酰谷氨酸合成酶的抑制被解除,鸟氨酸浓度上升,氨甲酰磷酸合成酶会再次被激活。同时,如果 UMP 含量下降,氨甲酰磷酸合成酶受到的抑制被解除,活性也会上升。这样激活和抑制交错进行,相互制约,对相关的代谢途径发挥调节作用,就是联合激活或抑制作用。

3.2.4　代谢调控在发酵工业中的应用

1. 营养缺陷型突变株的应用

营养缺陷型突变株由于发生了丧失某种酶合成能力的突变,因而只能在加有该酶合成产物的培养基中才能生长。用这种菌株在一定条件下培养,可以有目的地积累一些中间产物或末端代谢物。对于直线式代谢途径,选育末端代谢物营养缺陷型菌株可以积累中间产物。如图 3-13a 所示,由于菌株丧失了将化合物 C 转化为 D 的能力,所以细胞不能产生 E,而 E 作为细胞生长的必需物质是不可缺少的,所以培养该菌株时需要在培养基中补充 E。同时,E 是该代谢途径的反馈调节物质,能反馈抑制 A 向 B 的转化。因此,只要在培养基中限量供应 E,使其维持在不影响菌株生长的最低水平,就能消除其对代谢途径的反馈调节,使得从 A 到 C 的代谢途径始终保持高效运行,于是细胞就能大量积累 C 物质了。例如,可用酮戊二酸短杆菌(*Brevibacterium ketoglutamicum*)精氨酸营养缺陷型菌株来生产 L-鸟氨酸。

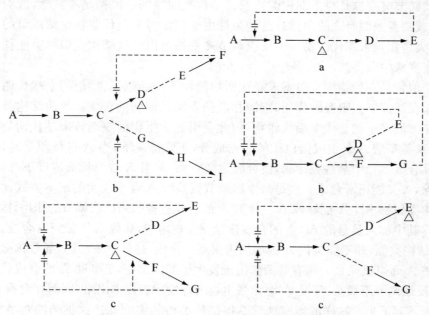

图 3-13　利用营养缺陷型突变株积累目的产物

- - - - 表示营养缺陷突变位置;△表示大量积累的目的产物;
———→表示反馈调节;╢━►表示反馈调节解除

对于分支式代谢途径,情况比较复杂,可以根据分支途径的代谢调节模式和目的产物在代谢途径中位置来选育不同的营养缺陷型菌株。例如,对于顺序反馈调节的途径,如图3－13b所示,如果目的产物是D,可以选育F和I双重营养缺陷型突变株,使其同时丧失D向E和C向G的转化能力,在限量补充F和I的培养基中,该突变株可以积累D。对于协同反馈调节的途径,如图3－13c所示,如果目的产物是C,可以选育E营养缺陷型突变株,使其丧失C向D的转化能力,由于G的积累会抑制C向F的转化,只需限量供应E,就会造成中间产物C的积累。对于累积反馈调节的途径,如图3－13d所示,如果目的产物是D,选育E和G双重营养缺陷型突变株,使D向E和C向F的转化能力同时丧失,在限量供应E和G的情况下,能积累中间产物D。营养缺陷型菌株也可以用于积累末端代谢物,如图3－13e所示,E、G对于A向B的转化过程具有协同反馈抑制作用,如果目的产物是E,则可选育G营养缺陷型突变株,使其丧失C向F的转化能力,再限量供应G,由于G含量很低,仅仅E的积累不会对代谢途径产生反馈抑制,故能大量积累目的产物E。

目前,营养缺陷型突变株的应用十分广泛,尤其是在氨基酸、核苷酸等初级代谢产物的发酵生产中。另外,营养缺陷型突变株在一些次级代谢产物的发酵生产中也有应用。例如,利用赖氨酸营养缺陷型菌株来生产青霉素。由于青霉素合成的底物——α-氨基己二酸也是赖氨酸合成的底物,赖氨酸的积累会反馈抑制α-氨基己二酸的合成,从而影响到青霉素的合成。可以选育赖氨酸营养缺陷型菌株,使其丧失利用α-氨基己二酸合成赖氨酸的能力,再通过限量供应赖氨酸以控制细胞中赖氨酸的浓度,解除其对α-氨基己二酸合成的反馈抑制,使大量生成的α-氨基己二酸被用于青霉素的合成,从而使青霉素的产量得以提高。

2. 抗反馈调节突变株的应用

抗反馈调节突变株是对末端代谢物及其结构类似物的反馈抑制不敏感,或对其反馈阻遏有抗性,或两者兼而有之的菌株。这种菌株由于代谢时末端代谢物反馈调节的功能丧失了,故而能大量积累末端代谢物。抗反馈调节突变株可以从抗结构类似物突变株或营养缺陷型回复突变株中获得。

结构类似物是一种结构类似于末端代谢物的物质,能够对其类似的末端代谢物的合成代谢途径起反馈抑制或阻遏的作用,抑制相应的末端代谢物的合成。然而结构类似物在其他生物功能方面又不能替代末端代谢物,因此会引起微生物因缺乏该末端代谢物而饥饿死亡。例如,某氨基酸A是组成蛋白质的必需成分,正常情况下,当A过量积累时,能反馈抑制或阻遏其合成途径中某些关键酶,使合成途径阻塞,而当A被消耗而浓度下降时,抑制或阻遏被解除,A又能正常合成。这是微生物调节氨基酸A合成代谢的基本方式。氨基酸A有一种结构类似物A′,A′能够像A一样对A的合成途径起到反馈调节的作用,因此只要在微生物培养基中加入足量的A′,A的合成途径就会被阻塞,导致A不能正常合成。然而,A′虽然和A结构类似,却不能替代A去参加蛋白质的合成,这样一来,就会导致该微生物因为缺乏氨基酸A而饥饿死亡。而有些菌株由于发生了基因突变,氨基酸A的合成代谢的关键酶对A′的反馈调节不敏感,于是A′对该微生物的毒性就表现不出来,因而在含有足量A′的培养基中能幸存下来。这样的突变株就是抗结构类似物突变株。这类菌株对A′的毒性不敏感,对A的正常反馈调节也不敏感,因此在其代谢过程中很容易大量积累A,有望成为A的生产菌株。许多氨基酸、维生素、嘌呤碱、嘧啶碱的结构类似物已用于氨基酸、维生素、核苷、核苷酸生产菌株的育种工作中。例如,乙硫氨酸作为甲硫氨酸的结构类似物,常被用来选育抗结构类似物突变株,该菌株可大量合成 L-甲硫氨酸。

从一些营养缺陷型回复突变株中也可能获得抗反馈调节突变株。机制如下:先用诱导方法除去对末端产物反馈抑制或阻遏敏感的酶 E(该代谢途径中的某个关键酶),使菌株成为营养缺陷型突变株。营养缺陷型突变株的形成是由于酶 E 的基因发生突变,导致该酶基因没有表达,或者表达的酶结构发生了变化,该变化可能发生在催化亚基上,也可能同时发生在催化亚基和调节亚基上。然后,对这些营养缺陷型突变株再进行诱变选育,使之发生回复突变,从中选出酶 E 的活性恢复的菌株。由于酶 E 的活性恢复了,说明回复突变之后该酶的基因表达了,而且酶催化亚基的活性得到恢复。而调节亚基的活性变化则存在三种情况:一是调节亚基的活性在两次诱导突变过程中始终未变;二是调节亚基的活性在第一次诱导时突变了,第二次诱导时活性仍然没有恢复;三是调节亚基的活性在第一次诱导时发生突变,第二次诱导时活性又恢复了。这三种情况只有两个结果:一是酶 E 的调节亚基活性还在;二是酶 E 的调节亚基活性已经丧失。如果酶 E 的调节亚基活性丧失,催化亚基活性恢复,那么这个菌株就会对末端产物的反馈抑制或阻遏不敏感。只要用酶 E 的产物结构类似物去筛选,从这些营养缺陷型回复突变株中选出的抗结构类似物突变株就是酶 E 调节亚基活性已经丧失了的抗反馈调节突变株。

3. 组成型突变株和超产突变株的应用

微生物总是在需要某一种酶的时候才合成该酶,这是微生物固有的代谢调节方式。对于一些诱导酶的生产而言,就是要设法打破这种调节机制,使得诱导酶在没有诱导物诱导的情况下也能合成。可以采用诱变方法,使诱导酶的基因发生突变,如果突变不是发生在结构基因上,而是发生在调节基因或操纵基因上,从而导致调节基因表达产生的阻遏蛋白无活性或操纵基因对阻遏蛋白的亲和力减退,使阻遏蛋白不能和操纵基因结合,诱导酶的结构基因就可以顺利表达,而无需诱导物的诱导。这种突变株就是组成型突变株,它使得一些诱导酶变成了组成酶。

少数情况下,组成型突变株甚至可能产生大量的、比亲本多得多的酶,这种特殊的组成型突变株称为超产突变株。

组成型突变株和超产突变株常被用于诱导酶的发酵生产。例如,利用肠膜明串珠菌(*Leuconostoc mesenteroides*)组成型突变株来生产葡聚糖蔗糖酶。

4. 其他代谢调控方法的应用

(1) 添加前体,绕过反馈调控点

根据目的代谢物的合成途径,适当的添加一些前体物,绕过反馈调节的步骤,能提高目的代谢物的产量。如图 3-14 所示,由于 C 物质作为前体被直接添加到培养基中,因而 F 对上游途径的反馈调节便不能影响到细胞中 C 的含量,C 向 F 的转化效率不会受到反馈调节的影响,同时,随着一部分 C 被转化成 D 和 E,E 的浓度会逐渐增大,进而形成对 C 向 D 转化过程的反馈抑制或阻遏,使得更多的 C 能向 F 转化,由此可以实现将 C 大

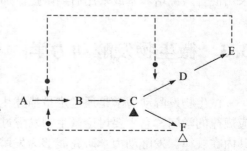

图 3-14　添加前体,绕过反馈调控点

--●→表示抑制或阻遏;▲表示添加的前体;△表示大量积累的目的产物

量转化为 F 的目的。

（2）添加诱导剂

一般情况下，诱导酶的合成离不开诱导物的诱导，因而在培养基中添加适量的诱导剂对于合成这类酶无疑是有益的。底物及其衍生物可作为诱导剂。但是，当底物浓度较高时，底物利用速度较快，会产生分解代谢物阻遏作用，因此目的产物的产量反而不高。而用底物的衍生物作为诱导剂，效果会好很多，因为由于被利用的速度缓慢，可以消除分解代谢物阻遏作用，显著提高酶的产量。例如，在大肠杆菌 β-半乳糖苷酶的合成中，异丙基-β-D-硫代半乳糖苷（IPTG）是最有效的诱导剂。

（3）控制细胞膜的通透性

在发酵生产中，目的代谢物在微生物细胞内的大量积累，会增加细胞的负担，加强反馈调节的力度。因此，如果微生物将这些代谢物及时转移到细胞外，就能消除反馈调节，使细胞更好地生产目的产物。微生物对代谢物的跨膜运输，与细胞膜的通透性有着直接关系，因此调节细胞膜的通透性能促进这个过程，进而有利于发酵生产。

生物素是脂肪酸生物合成中乙酰 CoA 羧化酶的辅酶，该酶是脂肪酸合成的限速酶。因此，通过限制细胞中生物素的含量，可以影响到细胞膜的组成成分，改变细胞膜的通透性。例如，在谷氨酸发酵中，生物素的浓度至关重要，一般生物素浓度为 $2.5 \sim 5 \ \mu g \cdot L^{-1}$，当浓度提高到 $15 \mu g \cdot L^{-1}$ 时，菌生长速率大大增加，谷氨酸的分泌会减少，其他有机酸积累。甘油缺陷型菌株也被用来生产谷氨酸，可通过限制甘油的供应量来改变细胞膜的通透性。另外，一些抗生素也可被用于此，例如利用青霉素抑制细菌细胞壁的合成，造成细胞壁缺损，进而也能影响到细胞膜透性。

（4）发酵与分离过程偶合

反馈调节是在末端代谢物浓度达到一定值以后才发挥作用的，因此，如果能够在微生物发酵过程中不断将末端代谢物移走，使发酵体系中末端代谢物的浓度总是很低，那么相关代谢途径就能一直保持畅通，对末端代谢物的生产大大有利。将发酵和生物分离过程偶合可以达到这个目的。

（5）控制培养基成分

次级代谢产物的生成大多与快速利用碳源的消耗密切相关，分解代谢物阻遏作用表现得十分明显，因此控制培养基成分就显得尤为重要。在一些次级代谢产物的发酵生产中，常采用混合碳源培养基或采用后期限量流加等方式来控制培养基中快速利用碳源的量。

3.3　微生物发酵动力学

微生物发酵动力学是通过定量描述生物过程的速率及影响速率的因素，来研究生物反应规律的学问。它主要讨论微生物发酵过程中菌体生长、基质消耗、产物生成的动态平衡及其内在规律。发酵动力学研究能够为发酵生产工艺的调节控制提供依据，也是发酵过程的合理设计和优化的基础，更为发酵过程的比拟放大和分批发酵向连续发酵的过渡提供了理论支持。

3.3.1　微生物发酵动力学一般描述

1. 菌体生长速率

微生物发酵动力学对菌体的描述是采用群体来表示的。菌体的生长速率反应的是微生物群体生物量的变化，而不是个体大小的变化。微生物群体生物量即菌体量，用 x 表示，指的是菌体干重，单位为 g；菌体浓度用 c_x 表示，指的是单位体积培养液中的菌体量，单位为 $g \cdot L^{-1}$；菌体生长速率是单位体积、单位时间内，由于生长而新增加的菌体量，用 v_x 表示，单位为 $g \cdot L^{-1} \cdot g^{-1}$。

$$v_x = dc_x/dt \tag{3-1}$$

式中：t 为时间，单位为 h。

由于菌体的生长速率除了和细胞生长繁殖快慢有关外，还和细胞大小、细胞数量有关，细胞数量基数越大，则生长速率越大。那么仅仅用 dc_x/dt 还不能准确反应细胞生长繁殖的快慢，因而，比生长速率的概念被建立。比生长速率是单位质量的菌体在单位时间内引起菌体量的变化，即菌体的生长速率除以菌体浓度，用 μ 表示，单位为 h^{-1}。

$$\mu = \frac{dc_x/dt}{c_x} = \frac{v_x}{c_x} \text{或} \mu = \frac{dx/dt}{x} \tag{3-2}$$

菌体比生长速率 μ 反映细胞生长繁殖的快慢。它除了受细胞自身遗传信息的影响外，还受到生长环境的影响。

2. 基质消耗速率

基质消耗速率是单位时间内培养液中基质（碳源、氮源等）浓度的变化量，用 v_s 表示，单位为 $g \cdot L^{-1} \cdot h^{-1}$。

$$v_s = dc_s/dt \tag{3-3}$$

式中：c_s 为基质浓度，单位为 $g \cdot L^{-1}$。

基质消耗速率反映微生物群体对基质消耗的总速率，不能反映单位菌体消耗基质的速率。单位菌体的基质消耗速率称为基质比消耗速率，以 Q_s 表示。

$$Q_s = \frac{v_s}{c_x} = \frac{dc_s/dt}{c_x} \text{或} Q_s = \frac{ds/dt}{x} \tag{3-4}$$

式中：s 为基质的量，单位为 g。

菌体比生长速率和基质比消耗速率之间的关系是以得率系数为媒介建立的。得率系数是两种物质的得失之间的计量比。菌体生长量对基质消耗量的得率系数，反映每消耗单位浓度的基质时菌体浓度的变化量，用 $Y_{x/s}$ 表示。

$$Y_{x/s} = -\frac{\mu}{Q_s} \text{或} -Q_s = \frac{\mu}{Y_{x/s}} \tag{3-5}$$

当基质成分（氮源、维生素、无机盐等）只用来构建菌体细胞组成成分，而不作为能源时，$Y_{x/s}$ 近于恒定，公式（3-5）基本成立。如果基质成分（碳源）既作为细胞组分，又作为能源，则公式（3-5）不能成立，需要根据作为能源消耗的基质的量做出修正。细胞为维持能量代谢而消耗基质的能力,可以用基质维持代谢系数来表示。基质维持代谢系数表示单位菌体在单位时间内为维持能量代谢而消耗的基质的量,用 m 表示,单位为 $mol \cdot g^{-1} \cdot h^{-1}$。据此而修正以后的关系式为(3-6)。

$$-v_s = \frac{v_x}{Y_G} + mc_x \qquad (3-6)$$

式中:Y_G 为菌体生长得率系数。

$Y_{x/s}$ 是对基质总消耗而言,Y_G 是对用于生长形成所消耗的基质而言的。

将公式(3-6)两边同时除以 c_x,得

$$-\frac{v_s}{c_x} = \frac{v_x/c_x}{Y_G} + m$$

整理得

$$-Q_s = \frac{\mu}{Y_G} + m \qquad (3-7)$$

公式(3-7)适用于既作为细胞组分又作为能源的基质的代谢。

从公式(3-5)和(3-7)可以看出,基质比消耗速率 Q_s 和菌体比生长速率 μ 是线性相关的,其线性关系与两个参数有关——菌体生长量对基质消耗量的得率系数 $Y_{x/s}$ 和基质维持代谢系数 m。

3. 产物生成速率

与基质消耗速率类似,产物生成速率是单位时间内培养液中产物浓度的变化量,用 v_p 表示,单位为 $g \cdot L^{-1} \cdot h^{-1}$。

$$v_p = dc_p/dt \qquad (3-8)$$

式中:c_p 为产物浓度,单位为 $g \cdot L^{-1}$。

值得一提的是,由于微生物代谢产物多种多样,有些代谢产物能被分泌到培养液中,有些则保留在细胞内,公式(3-8)的前提假设是统一将所有产物都看作分散在培养液中。产物生成速率反映微生物群体生成产物的总速率。

产物比生成速率是单位菌体的产物生成速率,用 Q_p 表示。

$$Q_p = \frac{v_p}{c_x} = \frac{dc_p}{c_x} \text{ 或 } Q_p = \frac{dp/dt}{x} \qquad (3-9)$$

式中:p 为基质的量,单位为 g。

产物生成量对菌体生长量的得率系数,用 $Y_{p/x}$ 表示。

$$Y_{p/x} = \frac{Q_p}{\mu} \text{ 或 } Q_p = \mu Y_{p/x} \qquad (3-10)$$

产物生成量对基质消耗量的得率系数,用 $Y_{p/s}$ 表示。

$$Y_{p/s} = -\frac{Q_p}{Q_s} \text{ 或 } Q_p = -Q_s Y_{p/s} \qquad (3-11)$$

需要指出,公式(3-10)和(3-11)都只有在特定条件下才能成立,不具有普遍性。一般情况下,Q_p 是 μ 的函数,考虑到生长偶联和非生长偶联两种情况,它们的关系可写成公式(3-12)。

$$Q_p = A + B\mu \tag{3-12}$$

作为更一般的形式,可认为是二次方程,即

$$Q_p = A + B\mu + C\mu^2 \tag{3-13}$$

式中:A、B、C 为常数。

另外,在分析好氧微生物代谢过程时常用到一个特殊的得率系数——呼吸熵,它是释放出的 CO_2 的物质的量与消耗的 O_2 的物质的量之比,常用 RQ 表示,有公式(3-14)。

$$RQ = \frac{Q_{CO_2}}{Q_{O_2}} \tag{3-14}$$

式中:Q_{CO_2} 为 CO_2 比生成速率;Q_{O_2} 为 O_2 比消耗速率。

3.3.2 微生物发酵动力学分类

发酵过程中产物合成与细胞生长之间的动力学关系取决于产物在细胞活动中的地位,一般根据细胞生长与产物形成的关系归纳为三类:生长偶联型、非生长偶联型、混合型。

1. 生长偶联型

在生长偶联型关系中,产物形成的速率和细胞生长的速率有密切联系。这类产物常常是基质分解代谢的产物或细胞初级代谢的中间产物。例如,葡萄糖厌氧发酵生产乙醇,葡萄糖好氧发酵生产氨基酸等。生长偶联型的代谢产物的生成速率和细胞生长速率之间的关系如公式(3-15)所示。

$$\frac{dc_p}{dt} = \frac{dc_x}{dt} Y_{p/x} \tag{3-15}$$

公式(3-15)两边同时除以 c_x 得

$$\frac{dc_p/dt}{c_x} = \frac{dc_x/dt}{c_x} Y_{p/x}$$

整理得

$$Q_p = \mu Y_{p/x} \tag{3-10}$$

也就是说,公式(3-10)在生长偶联型产物形成中是成立的。

2. 非生长偶联型

在非生长偶联型关系中,产物生成的速率和细胞生长的速率没有直接关系。这种代谢类型的特点是细胞处于生长阶段时没有或很少有目的产物生成,而当细胞生长停止以后却开始了目的产物的积累。例如,大多数抗生素的发酵都是非生长偶联型。非生长偶联型的产物形成速率只和菌体量有关,而和菌比生长速率没有直接关系。产物形成和菌体量的关系如公式(3-16)所示。

$$\frac{dc_p}{dt} = \beta c_x \text{ 或 } \beta = \frac{dc_p/dt}{c_x} \tag{3-16}$$

式中:β 为非生长偶联的比生产速率,单位为 h^{-1}。

3. 混合型

在混合型关系中,产物生成的速率和细胞生长的速率部分相关。例如乳酸、柠檬酸等的发酵属于这种类型。混合型的产物形成和菌体生长的关系如公式(3-17)所示。

$$\frac{dc_p}{dt} = \alpha \frac{dc_x}{dt} + \beta c_x \qquad (3-17)$$

公式(3-17)两边同时除以 c_x 得

$$\frac{dc_p/dt}{c_x} = \alpha \frac{dc_x/dt}{c_x} + \beta$$

整理得

$$Q_p = \alpha\mu + \beta \qquad (3-18)$$

式中:α 为生长偶联型的产物生成系数,单位为 h^{-1};β 为非生长偶联型的产物生成系数,单位为 h^{-1}。

3.3.3 微生物发酵动力学模型

微生物发酵过程根据微生物生长和培养方式不同可分为分批发酵、补料分批发酵和连续发酵三种类型,下面分别介绍这三种发酵过程的产物合成动力学。

1. 分批发酵

分批发酵是指在一个密闭容器中投入有限数量的营养物质后,接入微生物进行培养,在特定的条件下只完成一个生长周期的微生物培养方法。在整个培养过程中,除供应的 O_2、排出的尾气、添加的消泡剂和控制 pH 需加入的酸和碱外,培养系统和外界没有其他物质交换。由于营养物质不断被消耗,微生物的生长环境也随之发生变化,因此,分批发酵实际上是一种非稳态的培养方法。

根据分批发酵过程中菌体量的变化,可以将发酵过程分为四个时期:延迟期、对数生长期、稳定期和衰亡期。图 3-15 为不同生长阶段菌体量的变化。

延迟期(lag phase)是微生物进入新的培养环境以后表现出来的一段适应期。在这段时期,微生物细胞数量变化不大,处于一个相对停滞的状态。然而,细胞内的代谢状况却在发生着变化,新的营养物质运输系统被诱导产生,新的营养物质相关的代谢酶被合成。另外,在细胞进入新的培养环境时,许多基本的辅助因子会扩散到细胞外而流失,导致细胞不得不重新积累这些小分子,以用于酶活的调节。

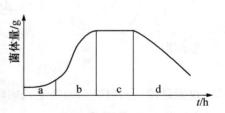

图 3-15 分批发酵中微生物的生长曲线

a—延迟期;b—对数生长期;
c—稳定期;d—衰亡期

延迟期的长短与菌种特性、种龄、接种量大小以及新旧培养环境的差异等因素都有关系。繁殖快的菌种延迟期较短,如细菌和酵母菌的延迟期短,而霉菌次之,放线菌较长。对数生长期的菌种延迟期会较短,甚至没有延迟期,进入稳定期以后的菌种延迟期较长。相同种龄,接种量越大延迟期越短。新的培养环境和种子培养环境越相近,延迟期越短。营养丰富的天然培养基比营养单调的合成培养基延迟期短。

对数生长期(exponential growth)是微生物细胞数量快速增长的时期。在这段时期,细胞生长速率大大加快,细胞浓度随时间呈指数增长,其生长速率可用公式(3-19)表示。

$$\frac{dc_x}{dt} = \mu c_x \tag{3-19}$$

将公式(3-19)整理得

$$\frac{dc_x}{c_x} = \mu dt$$

两边同时求积分

$$\int_{c_{x0}}^{c_x} \frac{dc_x}{c_x} = \int_0^t \mu dt$$

整理得

$$\ln\frac{c_x}{c_{x0}} = \mu t \text{ 或 } c_x = c_{x0} \exp(\mu t) \tag{3-20}$$

式中:c_x 为培养时间 t 后的细胞浓度;c_{x0} 为初始细胞浓度。

由式(3-20)可以看出,细胞浓度随时间的变化呈现指数增长。当 $c_x = 2c_{x0}$ 时,细胞浓度增长一倍,此时所需要的时间 t 称为倍增时间或世代时间,用 t_d 表示。

$$t_d = \ln2/\mu \approx 0.693/\mu \tag{3-21}$$

不同细胞的比生长速率不同,倍增时间也不同,微生物细胞倍增时间多在 $0.5\sim5h$。另外,需要特别指出的是,不是所有微生物的生长方式都符合对数生长规律。例如,丝状真菌的生长方式是顶端生长,繁殖不是以几何级数倍增,所有没有对数生长期,只有迅速生长期。再例如,当用碳氢化合物为微生物的营养物质时,营养物质从油滴表面扩散的速率限制了微生物的生长,使其生长方式也不符合对数生长规律。

在对数生长期末,由于培养基中营养物质的消耗和代谢产物的积累,菌体生长速率逐渐下降,而细胞死亡速率逐渐上升,当繁殖速率和死亡速率趋于平衡时,活菌体数目维持基本稳定,这一时期称为稳定期。此时,$\mu = 0$。由于这一时期菌体代谢十分活跃,许多次级代谢产物在此时期合成。该时期的长短与菌种和培养条件有关,若生产需要,可在菌种或发酵工艺上采取措施,延长稳定期。

当微生物细胞将培养基中的营养物质和胞内所储存的能量基本耗尽时,细胞开始大量死亡,并在自身所含的酶的作用下发生自溶,这一时期称为衰亡期。在此时期,有些微生物还能继续产生次级代谢产物。此时,μ 为负值。衰亡期往往比其他各期时间更长一些,而且时间长短取决于菌种及环境条件。

在指数生长期,比生长速率与菌体浓度无关,保持最大的比生长速率。当某种基质浓度下降到一定程度,成为限制性基质时,比生长速率下降,对数生长期结束。自 20 世纪 40 年代以来,人们提出了许多描述比生长速率和基质浓度的关系式,其中 1942 年莫诺(J. Monod)提出的方程最著名。莫诺指出,在特定的培养基成分、基质浓度、培养条件下,微生物细胞的比生长速率和限制性基质的浓度之间的关系如公式(3-22)所示,该公式被称为 Monod 方程。

$$\mu=\frac{\mu_{\mathrm{m}}c_{\mathrm{s}}}{K_{\mathrm{s}}+c_{\mathrm{s}}} \tag{3-22}$$

式中：μ_{m} 为微生物的最大比生长速率，单位为 h^{-1}；c_{s} 为限制性基质的浓度，单位为 $\mathrm{g \cdot L^{-1}}$；K_{s} 为饱和常数，单位为 $\mathrm{g \cdot L^{-1}}$。

K_{s} 的物理意义为当比生长速率 μ 为最大比生长速率 μ_{m} 的一半时的限制性基质浓度。它的大小反映了微生物对该基质的吸收亲和力。K_{s} 越小表明亲和力越大；K_{s} 越大表明亲和力越小。对于多数微生物而言，K_{s} 值是很小的，一般为 $0.1\sim120\mathrm{mg \cdot L^{-1}}$ 或 $0.01\sim3.0\mathrm{mmol \cdot L^{-1}}$。

当 $c_{\mathrm{s}}\ll K_{\mathrm{s}}$ 时，公式（3-22）可写为 $\mu\approx\dfrac{\mu_{\mathrm{m}}c_{\mathrm{s}}}{K_{\mathrm{s}}}$，微生物的比生长速率和限制性基质浓度之间为线性关系；当 $c_{\mathrm{s}}\gg K_{\mathrm{s}}$ 时，按照公式（3-22）应该是 $\mu\approx\mu_{\mathrm{m}}$，然而实际情况往往不是这样，由于浓度过高的基质或代谢产物对菌体生长产生了抑制作用，使得比生长速率随基质浓度增大而逐渐下降，这种情况下的比生长速率可用公式（3-23）表示。

$$\mu=\frac{\mu_{\mathrm{m}}K_{\mathrm{I}}}{K_{\mathrm{I}}+c_{\mathrm{s}}} \tag{3-23}$$

式中：K_{I} 为抑制常数。

因此，综合公式（3-22）和（3-23），微生物的比生长速率和限制性基质浓度的关系如图3-16所示。Monod方程是基于经验观察得出的，只有当微生物生长受一种限制性基质制约，而且其他基质浓度没有过高时，该方程才近似成立。

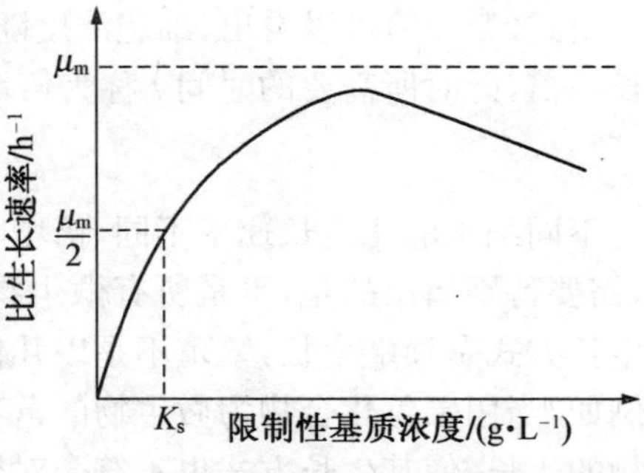

分批发酵中，如果限制性基质只作为构建细胞组分的原料，不作为能源，基质比消耗速率和菌体比生长速率的关系符合公式（3-5）。如果限制性基质是碳源，消耗的碳源中一部分形成细胞物质，一部分形成产物，一部分作为能源，则有公式（3-24）。

图3-16　比生长速率与限制性基质浓度的关系

$$-\frac{\mathrm{d}c_{\mathrm{s}}}{\mathrm{d}t}=\frac{\mu c_{\mathrm{x}}}{Y_{\mathrm{G}}}+mc_{\mathrm{x}}+\frac{Q_{\mathrm{p}}c_{\mathrm{x}}}{Y_{\mathrm{p}}} \tag{3-24}$$

式中：Y_{p} 为产物形成的得率系数。$Y_{\mathrm{p/s}}$ 是对基质总消耗而言，Y_{p} 是对用于产物形成所消耗的基质而言的。

公式（3-24）两边同时除以 c_{x} 得

$$-\frac{\mathrm{d}c_{\mathrm{s}}/\mathrm{d}t}{c_{\mathrm{x}}}=\frac{\mu}{Y_{\mathrm{G}}}+m+\frac{Q_{\mathrm{p}}}{Y_{\mathrm{p}}}$$

整理得

$$-Q_{\mathrm{s}}=\frac{\mu}{Y_{\mathrm{G}}}+m+\frac{Q_{\mathrm{p}}}{Y_{\mathrm{p}}} \tag{3-25}$$

若产物可忽略，则公式（3-25）可写成

$$-Q_{\mathrm{s}}=\frac{\mu}{Y_{\mathrm{G}}}+m \tag{3-26}$$

公式(3-26)两边同时除以 μ 得

$$-\frac{Q_s}{\mu} = \frac{1}{Y_G} + \frac{m}{\mu}$$

整理得

$$\frac{1}{Y_{x/s}} = \frac{1}{Y_G} + \frac{m}{\mu} \tag{3-27}$$

在微生物的分批发酵中,产物形成与细胞生长的关系有以下三种情况:

① 生长偶联型:产物形成速率和细胞生长速率的关系符合公式(3-15)和(3-10);

② 非生长偶联型:产物形成速率和细胞生长速率的关系符合公式(3-16);

③ 混合型:产物形成速率和细胞生长速率的关系符合公式(3-17)和(3-18)。

2. 补料分批发酵

补料分批发酵又称半连续发酵,是指在分批发酵过程中,间歇或连续地补加营养物质但不同时放出发酵液的培养方法。如果补料操作直到培养液达到特定量为止,培养过程中不放出发酵液,这种发酵方法称为单一补料分批发酵。如果补料到一定阶段以后,放出部分发酵液,剩下的发酵液继续进行补料,反复多次进行补料和放料操作,这种发酵方法称为重复补料分批发酵。补料分批发酵是介于分批发酵和连续发酵之间的一种发酵方法,由于可以有效控制发酵液的基质浓度,提高发酵产率,因而应用十分广泛,尤其是在以下几种情况中:

① 细胞的高密度发酵:通过流加高浓度的营养物质,可以使细胞浓度达到很高的水平,进行高密度发酵。

② 基质对微生物生长有抑制作用时:例如一些微生物能利用甲醇、乙醇、芳香族化合物,但若这些基质浓度较高,会对微生物生长造成抑制,采取补料分批发酵可以限制基质中这些化合物的浓度,解除抑制作用。

③ 基质对目的产物合成有抑制或阻遏作用时:在某些微生物发酵过程中,高浓度的基质会抑制或阻遏一些目的产物的合成,例如快速利用碳源的分解产物对一些酶有阻遏作用。采用补料分批发酵可以使这些基质的浓度保持在较低的水平,降低抑制或阻遏作用。

④ 营养缺陷型菌株的培养:营养缺陷型菌株的培养需要添加其自身不能代谢合成的生长因子,而这些生长因子往往对目的产物的合成有反馈调节作用,因而限制这些生长因子的浓度是提高目的产物产量的调节手段,采用补料分批发酵是一种行之有效的方法。

⑤ 前体的补充:在某些发酵过程中加入前体,可使产物的生成量大大增加,然而如果前体对细胞有毒害作用,就不能一次性大量加入,补料分批发酵可以解决这一矛盾。

补料分批发酵的补料操作可以连续进行,也可以间歇进行。下面以单一补料分批发酵中的连续补料操作为重点来说明补料分批发酵的动力学。

在补料操作中,补料培养基的流量用 F 表示,单位为 $L \cdot h^{-1}$;发酵容器内培养基的体积用 V 表示,单位为 L;培养基流量 F 与培养基体积 V 的比值称为稀释度,用 D 表示,单位为 h^{-1}。

$$D = \frac{F}{V} \tag{3-28}$$

按流量 F 的定义,则有

$$F = \frac{dV}{dt} \qquad\qquad (3-29)$$

微生物菌体量和培养基体积之间有如下关系：

$$x = c_x V \qquad\qquad (3-30)$$

则有

$$dx = d(c_x V)$$

则有

$$\frac{dx}{dt} = \frac{d(c_x V)}{dt} = V\frac{dc_x}{dt} + c_x\frac{dV}{dt} \qquad\qquad (3-31)$$

又因为

$$\frac{dx}{dt} = \mu x = \mu c_x V$$

则有

$$\mu c_x V = V\frac{dc_x}{dt} + c_x\frac{dV}{dt}$$

整理可得

$$\frac{dc_x}{dt} = (\mu - F/V)c_x = (\mu - D)c_x \qquad\qquad (3-32)$$

对于限制性基质而言

$$\frac{ds}{dt} = Fc_s^* + Q_s x \qquad\qquad (3-33)$$

式中：c_s^* 为补加培养基中基质浓度，单位为 $g \cdot L^{-1}$。

由公式(3-33)得

$$\frac{ds}{dt} = Fc_s^* - \frac{\mu}{Y_{x/s}}x$$

则有

$$\frac{ds}{dt} = Fc_s^* - \frac{dx/dt}{Y_{x/s}} \qquad\qquad (3-34)$$

则有

$$\frac{d(c_s V)}{dt} = Fc_s^* - \frac{dx/dt}{Y_{x/s}}$$

则有

$$\frac{dc_s}{dt}V + \frac{dV}{dt}c_s = Fc_s^* - \frac{\mu x}{Y_{x/s}}$$

则有

$$\frac{dc_s}{dt}V + Fc_s = Fc_s^* - \frac{\mu c_x V}{Y_{x/s}}$$

整理可得

$$\frac{dc_s}{dt} = \frac{F}{V}(c_s^* - c_s) - \frac{\mu c_x}{Y_{x/s}} \qquad (3-35)$$

公式(3-32)和(3-35)描述了补料分批发酵中菌体浓度和限制性基质浓度的变化规律。从公式(3-32)可以看出,只要发酵液的稀释度 $D \equiv \mu$,就可以使得菌体浓度维持不变。如果同时限制性基质浓度也维持不变,也就是说,$\frac{dc_x}{dt} \approx 0$,$\frac{dc_s}{dt} \approx 0$,这种发酵状态称为拟稳态。此时,基质消耗速率和补料速率正好平衡,培养液基质浓度不变;稀释度 D 与菌体比生长速率 μ 数值相等,菌体浓度也不变;细胞总量 x 则随着培养液体积 V 的增加而增大。这些都可以通过控制补料的流量 F 和补加培养基中基质浓度 c_s^* 来实现。

由公式(3-35)可知,要使 $\frac{dc_s}{dt} \approx 0$,则需要

$$\frac{F}{V}(c_s^* - c_s) = \frac{\mu c_x}{Y_{x/s}}$$

整理可得

$$F = \frac{\mu c_x V}{Y_{x/s}(c_s^* - c_s)} \qquad (3-36)$$

将公式(3-20)代入公式(3-36)得

$$F = \frac{\mu c_{x0} V}{Y_{x/s}(c_s^* - c_s)} \exp(\mu t) \qquad (3-37)$$

从公式(3-37)可以看出,由于菌体浓度随时间变化呈指数增长,要使培养液中基质浓度不变,补料速率也需要呈指数增长,而不是采取恒速补料。然而,问题还并没有结束,公式(3-37)中的 V 并不是一个常量,而是一个随着时间 t 的变化而增大的变量,V 和 t 关系如下:

$$V = V_0 + Ft \qquad (3-38)$$

式中:V_0 为补料开始时的培养液体积,单位为 L。

将公式(3-38)代入公式(3-37)可得

$$F = \frac{\mu c_{x0}(V_0 + Ft)}{Y_{x/s}(c_s^* - c_s)} \exp(\mu t) \qquad (3-39)$$

进一步整理可得

$$F = \frac{V_0 \mu c_{x0} \exp(\mu t)}{Y_{x/s}(c_s^* - c_s) - \mu c_{x0} \exp(\mu t) t} \qquad (3-40)$$

从公式(3-40)可看出,要使该公式成立,有一隐含条件,即

$$Y_{x/s}(c_s^* - c_s) > \mu c_{x0} \exp(\mu t) t$$

如果菌体比生长速率 μ 不变,那么随着时间的变化,$\mu c_{x0} \exp(\mu t) t$ 的数值会越来越大,最终会使公式(3-40)不可能成立。这也就是说,在补料分批发酵时,通过单一补料的方式来维持发酵处于拟稳态,只能是暂时的,不可能持久。

以上考虑的限制性基质是完全用于构建微生物细胞组分的。如果限制性基质除了用于构建细胞组分以外，还用于维持能量代谢和产物合成，那么公式(3-34)就需要改写成公式(3-41)了。

$$\frac{\mathrm{d}s}{\mathrm{d}t} = Fc_s^* - \frac{\mathrm{d}x/\mathrm{d}t}{Y_G} - mx - \frac{Q_p x}{Y_P} \tag{3-41}$$

在补料分批发酵中，产物浓度一方面随着产物合成而增加，另一方面又随着培养基体积的增大而被稀释，其变化可用公式(3-42)简单描述。

$$\frac{\mathrm{d}c_p}{\mathrm{d}t} = Q_p c_x - c_{p0} D \tag{3-42}$$

式中：c_{p0} 为开始补料时的产物浓度，单位为 $g \cdot L^{-1}$。

将式(3-42)变形，可得

$$\mathrm{d}c_p = Q_p c_x \mathrm{d}t - c_{p0} D \mathrm{d}t$$

则有

$$\mathrm{d}c_p = Q_p c_x \mathrm{d}t - c_{p0} \frac{F}{V} \mathrm{d}t$$

两边同时积分

$$\int_{c_{p0}}^{c_p} \mathrm{d}c_P = \int_0^t Q_p c_x \mathrm{d}t - \int_0^t c_{p0} \frac{F}{V} \mathrm{d}t$$

整理可得

$$c_s - c_{p0} = \int_0^t Q_p c_x \mathrm{d}t - c_{p0} \frac{\Delta V}{V}$$

式中：ΔV 为由补料而增加的培养基体积，单位为 L。

进一步整理可得

$$c_p = \frac{c_{p0} V_0}{V} + \int_0^t Q_p c_x \mathrm{d}t \tag{3-43}$$

如果单一补料分批发酵的补料方式采用间歇式进行，则可将补料期看成连续补料，将补料间期看成分批发酵。对于重复补料分批发酵，培养液体积、稀释度、菌体比生长速率以及其他有关的参数都发生周期性变化，可将每一个补料周期(不包括放料期)当成单一补料分批发酵中的连续补料操作看待。

3. 连续发酵

连续发酵是指以一定的速度向发酵系统中添加新鲜的培养液，同时以相同的速度放出初始的培养液，从而使发酵系统中的培养液的量维持恒定，使微生物能在近似恒定的状态下生长的发酵方式。在连续发酵中，微生物细胞所处的环境可以自始至终保持不变，甚至可以根据需要来调节微生物的比生长速率，从而稳定、高效地培养微生物细胞或生产目的产物。常见的连续发酵方式有三种：单级连续发酵、带有细胞再循环的单级连续发酵、多级连续发酵。下面分别介绍它们的发酵动力学。

（1）单级连续发酵

单级连续发酵是最简单的一种连续发酵方式，即在一个发酵容器中一边补加新的培养液，一边以相同的速度放出初始的培养液，放出的培养液不再循环利用。对发酵容器来说，细胞浓度平衡可表示为公式（3－44）。

$$\frac{\mathrm{d}c_x}{\mathrm{d}t}=\mu c_x-\frac{Fc_x}{V}=c_x(\mu-D) \tag{3－44}$$

将公式（3－22）代入（3－44）得

$$\frac{\mathrm{d}c_x}{\mathrm{d}t}=c_x\left(\frac{\mu_m c_s}{K_s+c_s}-D\right) \tag{3－45}$$

当发酵处于稳态时，$\frac{\mathrm{d}c_x}{\mathrm{d}t}=0$，故有

$$D=\frac{\mu_m c_s}{K_s+c_s} \tag{3－46}$$

将公式（3－46）变形可得

$$c_s=\frac{DK_s}{\mu_m-D} \tag{3－47}$$

公式（3－47）反映了限制性基质浓度 c_s 是由稀释度 D 决定的，也就是说，在一定范围内，通过控制补料培养基的流量 F 就可以控制稀释度 D，进而控制限制性基质浓度 c_s。由于在一定范围内，限制性基质浓度直接决定着细胞的比生长速率 μ，因此调节补料培养基的流量 F 还能控制细胞的比生长速率 μ。

再看看限制性基质物料衡算：

$$\frac{\mathrm{d}c_s}{\mathrm{d}t}=\frac{Fc_s^*}{V}-\frac{Fc_s}{V}-\frac{\mu c_x}{Y_{x/s}} \tag{3－48}$$

当发酵处于稳态时，$\frac{\mathrm{d}c_s}{\mathrm{d}t}=0$，故有

$$\frac{Fc_s^*}{V}-\frac{Fc_s}{V}=\frac{\mu c_x}{Y_{x/s}}$$

则有

$$D(c_s^*-c_s)=\frac{\mu c_x}{Y_{x/s}}$$

再由公式（3－44）可知，发酵处于稳态时，$\frac{\mathrm{d}c_x}{\mathrm{d}t}=0$，则有 $\mu=D$，于是

$$c_x=Y_{x/s}(c_s^*-c_s) \tag{3－49}$$

将公式（3－47）代入公式（3－49）可得

$$c_x=Y_{x/s}\left(c_s^*-\frac{DK_s}{\mu_m-D}\right) \tag{3－50}$$

由公式（3－50）可知，在补料培养基浓度 c_s^* 不变的情况下，当稀释度 D 很小时，$c_x\approx Y_{x/s}c_s^*$；

随着稀释度 D 的增大,在 $D \rightarrow \mu_m$ 的过程中,必然存在 D 取某个值的时候,使得 $c_s^* = \dfrac{DK_s}{\mu_m - D}$,此时 $c_x = 0$,这意味着在这种情况下细胞会不断被流动的培养液"清洗"出去,无法在发酵系统中存留。人们通常将 $D = \mu_m$ 称为临界稀释度,用 D_{crit} 表示,此时的菌体比生长速率 μ 称为临界比生长速率,用 μ_{crit} 表示。从式(3 - 46)也可以看出,在稳态时的 D 是不可能大于 μ_m 的,换句话说,如果 D 大于 μ_m,发酵系统就不可能进入稳态。而且,当稀释度 D 只稍稍低于 μ_m 的时候,整个发酵系统对外界环境会表现得非常敏感:随着 D 的微小变化,c_x 将会发生巨大变化。

(2) 带有细胞再循环的单级连续发酵

带有细胞再循环的单级连续发酵是将连续发酵中放出的发酵液加以浓缩,然后再送回发酵罐中,形成一个循环系统。这样可以增加系统的稳定性,提高发酵系统中的细胞浓度。设回流比(再循环的培养基流量与新补充的培养基流量的比值)为 α,再循环的发酵液浓缩倍数为 C,则细胞浓度的平衡如公式(3 - 51)所示。

$$\frac{dc_x}{dt} = \mu c_x + \frac{\alpha F C c_x}{V} - \frac{(1+\alpha) F c_x}{V} \tag{3 - 51}$$

整理可得

$$\frac{dc_x}{dt} = \mu c_x + \alpha D C c_x - (1+\alpha) D c_x$$

当发酵处于稳态时,$\dfrac{dc_x}{dt} = 0$,则有

$$\mu c_x + \alpha D C c_x = (1+\alpha) D c_x$$

整理可得

$$\mu = D(1 + \alpha - \alpha C) \tag{3 - 52}$$

由于发酵液浓缩倍数 C 总是大于 1,故而 μ 恒小于 D。这说明,在带有细胞再循环的单级连续发酵中,有可能达到很高的稀释度,但细胞没有被"清洗"的危险。

再看看限制性基质的物料衡算:

$$\frac{dc_s}{dt} = \frac{F c_s^*}{V} + \frac{\alpha F c_s}{V} - \frac{(1+\alpha) F c_s}{V} - \frac{\mu c_x}{Y_{x/s}}$$

整理可得

$$\frac{dc_s}{dt} = D c_s^* - D c_s - \frac{\mu c_x}{Y_{x/s}} \tag{3 - 53}$$

当发酵处于稳态时,$\dfrac{dc_s}{dt} = 0$,则公式(3 - 53)可整理为

$$c_x = \frac{D}{\mu} Y_{x/s} (c_s^* - c_s) \tag{3 - 54}$$

将公式(3 - 52)代入公式(3 - 54)可得

$$c_x = \frac{1}{(1+\alpha - \alpha C)} Y_{x/s} (c_s^* - c_s) \tag{3 - 55}$$

比较公式(3-49)和(3-55)可知：由于$(1+\alpha-\alpha C)$总是小于 1，所以该系统有利于增加菌体浓度。从公式(3-52)和(3-55)还能看出，回流比α越大，则比生长速率μ就越小，而细胞浓度c_x会越大。

将 Monod 方程即公式(3-22)变形可得

$$c_s=\frac{K_s\mu}{\mu_m-\mu}\tag{3-56}$$

将公式(3-52)代入公式(3-56)可得

$$c_s=\frac{K_sD(1+\alpha-\alpha C)}{\mu_m-D(1+\alpha-\alpha C)}\tag{3-57}$$

再将公式(3-57)代入公式(3-55)可得

$$c_x=\frac{Y_{x/s}c_s^*}{(1+\alpha-\alpha C)}-\frac{Y_{x/s}K_sD}{\mu_m-D(1+\alpha-\alpha C)}\tag{3-58}$$

公式(3-57)和(3-58)是带有细胞再循环的单级连续发酵中基质浓度和菌体浓度的表达式。

(3) 多级连续发酵

多级连续发酵是将几个发酵罐串联起来，第一个发酵罐放出的发酵液作为第二个发酵罐的补料培养基，第二个发酵罐放出的发酵液作为第三个发酵罐的补料培养基……以此类推。在多级连续发酵中，第一个发酵罐中的发酵与单级连续发酵相同。下面对第二个发酵罐中的发酵过程进行探讨，可分成两种情况：一是不向第二个发酵罐中补加新鲜的培养基；二是同时向第二个发酵罐中补加新鲜的培养基。

先看第一种情况——不向第二个发酵罐中补加新鲜的培养基，这时的细胞浓度的平衡可用公式(3-59)表示。

$$\frac{dc_{x2}}{dt}=\mu_2c_{x2}+\frac{F_2c_{x1}}{V_2}-\frac{F_2c_{x2}}{V_2}\tag{3-59}$$

式中：c_{x1}为第一个发酵罐放出的发酵液的菌体浓度，单位为$g\cdot L^{-1}$；c_{x2}为第二个发酵罐中的发酵液的菌体浓度，单位为$g\cdot L^{-1}$；μ_2为第二个发酵罐中的菌体比生长速率，单位为h^{-1}；F_2为第二个发酵罐中的补料培养基流量，单位为$L\cdot h^{-1}$；V_2为第二个发酵罐中的培养基体积，单位为 L。

将公式(3-59)整理可得

$$\frac{dc_{x2}}{dt}=\mu_2c_{x2}+D_2c_{x1}-D_2c_{x2}$$

式中：D_2为第二个发酵罐中的稀释度。

当第二个发酵罐中的发酵处于稳态时，$\dfrac{dc_{x2}}{dt}=0$，则有

$$\mu_2=D_2\left(1-\frac{c_{x1}}{c_{x2}}\right)\tag{3-60}$$

由公式(3-60)可看出，只要$\mu_2\neq0$，c_{x1}就不会等于c_{x2}，一定有$c_{x2}>c_{x1}$，又因c_{x1}不可能为零，所以$\mu_2\neq D_2$。

限制性基质浓度衡算为

$$\frac{dc_{s2}}{dt} = \frac{F_2 c_{s1}}{V_2} - \frac{F_2 c_{s2}}{V_2} - \frac{\mu_2 c_{x2}}{Y_{x/s}} \tag{3-61}$$

式中：c_{s1} 为第一个发酵罐中的限制性基质浓度，单位为 $g \cdot L^{-1}$；c_{s2} 为第二个发酵罐中的限制性基质浓度，单位为 $g \cdot L^{-1}$。

当第二个发酵罐中的发酵处于稳态时，$\dfrac{dc_{s2}}{dt} = 0$，则有

$$c_{x2} = \frac{D_2 Y_{x/s}}{\mu_2}(c_{s1} - c_{s2}) \tag{3-62}$$

将公式(3-60)代入公式(3-62)可得

$$c_{x2} = c_{x1} + Y_{x/s}(c_{s1} - c_{s2}) \tag{3-63}$$

再由公式(3-49)可知

$$c_{x1} = Y_{x/s}(c_s^* - c_{s1})$$

再代入公式(3-63)可得

$$c_{x2} = Y_{x/s}(c_s^* - c_{s2}) \tag{3-64}$$

由于 $c_{x2} > c_{x1}$，所以 $Y_{x/s}(c_s^* - c_{s2}) > Y_{x/s}(c_s^* - c_{s1})$，即 $c_{s2} < c_{s1}$。这是很好理解的，随着菌体的继续生长，基质会继续被消耗，第二个发酵罐中的基质浓度一定小于第一个发酵罐中的。在实际情况中，往往是 c_{s2} 远小于 c_{s1}，基质被利用得比较完全，而 μ_2 的值非常小，第二个发酵罐中的菌体生长速率十分缓慢。

再看第二种情况——同时向第二个发酵罐中补加新鲜的培养基，设新鲜培养基的流量为 F_2^*，单位为 $L \cdot h^{-1}$，新鲜培养基的基质浓度为 c_{s2}^*，单位为 $g \cdot L^{-1}$。这时的细胞浓度的平衡可用公式(3-65)表示。

$$\frac{dc_{x2}}{dt} = \mu_2 c_{x2} + \frac{F_2 c_{x1}}{V_2} - \frac{(F_2 + F_2^*) c_{x2}}{V_2} \tag{3-65}$$

当第二个发酵罐中的发酵处于稳态时，$\dfrac{dc_{x2}}{dt} = 0$，整理可得

$$\mu_2 = D_2 - \frac{F_2 c_{x1}}{V_2 c_{x2}} \tag{3-66}$$

比较公式(3-66)和(3-60)可看出：由于 $D_2 = \dfrac{(F_2 + F_2^*)}{V_2} > \dfrac{F_2}{V_2}$，所以此时的 μ_2 大于不补加新鲜培养基时的 μ_2，也就是说，向第二个发酵罐中补加新鲜培养基有利于促进细胞生长，提高菌体比生长速率。

限制性基质浓度衡算为

$$\frac{dc_{s2}}{dt} = \frac{F_2 c_{s1}}{V_2} + \frac{F_2^* c_{s2}^*}{V_2} - \frac{(F_2 + F_2^*) c_{s2}}{V_2} - \frac{\mu_2 c_{x2}}{Y_{x/s}}$$

则有

$$\frac{dc_{s2}}{dt} = \frac{F_2 c_{s1}}{V_2} + \frac{F_2^* c_{s2}^*}{V_2} - D_2 c_{s2} - \frac{\mu_2 c_{x2}}{Y_{x/s}}$$

当第二个发酵罐中的发酵处于稳态时，$\dfrac{\mathrm{d}c_{s2}}{\mathrm{d}t}=0$，则有

$$c_{x2}=\frac{Y_{x/s}}{\mu_2}\left(\frac{F_2 c_{s1}}{V_2}+\frac{F_2^* c_{s2}^*}{V_2}-D_2 c_{s2}\right) \tag{3-67}$$

比较公式(3-67)和(3-62)可知，在第二个发酵罐补料培养基的总流量不变的情况下，只要 $c_{s2}^*>c_{s1}$，即新鲜培养基基质浓度大于第一个发酵罐放出的培养基基质浓度，那么补充新鲜培养基就能够提高菌体浓度。

第 4 章

发酵培养基

　　培养基是人们提供微生物生长繁殖和生物合成各种代谢产物需要的多种营养物质的混合物。培养基的成分和配比,对微生物的生长、发育、代谢及产物合成,甚至对发酵工业的生产工艺都有很大的影响。

　　培养基可以按照不同的分类标准进行分类,通常按照培养基的原料成分、物理状态、用途以及所培养的对象的种类等标准来划分。发酵培养基一般含有碳源、氮源、无机盐及微量元素、生长因子、水等菌体生长所必需的元素以及合成产物所需的前体和促进剂等,由此可以看出培养基成分是非常复杂的。此外,还要考虑各种营养成分之间的配比及相互作用。针对某种特定的微生物,人们总是希望找到一种最适合其生长及发酵的培养基,以期达到生产最大发酵产物的目的。发酵培养基的优化在微生物产业化生产中举足轻重,是从实验室到工业生产的必要环节。能否设计出一个好的发酵培养基,是一个发酵产品工业化成功与否的关键一步。

4.1　发酵培养基的类型及功能

　　发酵培养基种类繁多,通常根据其成分、物理状态、用途、微生物种类等不同划分标准可将培养基分成多种类型。不同种类的培养基有其自身的特点和功能。

4.1.1　按成分不同划分

　　按照培养基原料的来源不同,发酵培养基可分成天然培养基、合成培养基和半合成培养基。

　　1. 天然培养基

　　天然培养基含有化学成分还不清楚或化学成分不恒定的天然有机物,也称非化学限定培养基。天然有机物主要是一些动、植物组织或微生物的浸出物、水解液等。常用的天然有机营养物质包括牛肉浸膏、蛋白胨、酵母浸膏、豆芽汁、玉米粉、土壤浸液、麸皮、牛奶、血清、稻草浸汁、羽毛浸汁、胡萝卜汁、椰子汁等。常用的牛肉膏蛋白胨培养基、麦芽汁培养基以及基因克隆技术中常用的 LB 培养基都属于天然培养基,这类培养基的优点在于营养丰富,价格低廉,取材方便,适用范围广,所以常被采用;但天然培养基同时也存在原料质量不稳定、批次间差异大、不利于发酵控制等缺点。

2. 合成培养基

合成培养基是由化学成分完全了解、稳定的化学物质配制而成的培养基,也称化学限定培养基。高氏Ⅰ号培养基和查氏培养基就属于此种类型。合成培养基中各成分含量完全清楚,使用该培养基的发酵便于控制,重复性强;但与天然培养基相比,其成本较高,营养单一,微生物在其中生长速率较慢,适用范围较窄,一般适于在实验室用来进行有关微生物营养需求、代谢、分类鉴定、生物量测定、菌种选育及遗传分析等方面的研究工作。

3. 半合成培养基

半合成培养基是在合成培养基中加入某些天然成分的培养基。如培养真菌的 PDA 培养基就属于此种类型。实际发酵时,使用完全天然培养基和完全合成培养基的情况较少,多数情况是使用半合成培养基。

4.1.2　按物理状态不同划分

根据培养基物理状态的不同,发酵培养基划分为固体培养基、半固体培养基和液体培养基三种类型。

1. 固体培养基

固体培养基是指外观呈固体状态的培养基。根据固体的性质不同,它分为四种类型:

(1) 凝固培养基

如在液体培养基中加入 1%～2% 琼脂或 5%～12% 明胶作凝固剂,就可以制成遇热可融化、冷却后则凝固的固体培养基,此即凝固培养基。它在各种微生物学实验工作中有极其广泛的用途。常用的凝固剂有琼脂、明胶和硅胶。琼脂具有一系列优良性能(表 4-1),因此从 20 世纪 80 年代初开始被用于配制微生物培养基后,立即取代了明胶作为凝固剂使用。

表 4-1　琼脂与明胶主要特征比较

主要特征	琼　脂	明　胶
化学成分	多聚半乳糖硫酸酯	蛋白质
常用浓度	1.5%～2%	5%～12%
融化温度	96℃	25℃
凝固温度	40℃	20℃
pH	微酸	酸性
透明度	高	高
黏着力	强	强
耐加压灭菌	强	弱
生物利用能力	绝大多数微生物不能利用	许多微生物能利用

（2）非可逆性凝固培养基

它是指由血清凝固成的固体培养基或由无机硅胶配成的当凝固后就不能再融化的固体培养基。其中的硅胶平板是专门用于化能自养微生物分离、纯化的固体培养基。

（3）天然固体培养基

它是由天然固体状基质直接制成的培养基，例如培养各种真菌用的由麸皮、米糠、木屑、纤维、稻草粉等配制成的固体培养基，由马铃薯片、胡萝卜条、大米、麦粒、面包、动物或植物组织制备的固体培养基等。

（4）滤膜

它是一种坚韧且带有无数微孔的醋酸纤维素薄膜，如果把它制成圆片状覆盖在营养琼脂或浸有培养液的纤维素衬垫上，就形成了具有固体培养基性质的培养条件。滤膜主要用于对含菌量很少的水中微生物的过滤、浓缩，然后揭下滤膜，把它放在含适当培养液的衬垫上进行培养，待长出菌落后，可计算出单位水样中的含菌量。

固体培养基常用来进行微生物的分离、鉴定、活菌计数及菌种保藏等，在科学研究和生产实践上有非常广泛的应用。

2. 半固体培养基

半固体培养基是指培养基中凝固剂的含量低于正常量，呈现出在容器倒放时不致流下，但在剧烈振荡后则能破散的状态。一般半固体培养基中琼脂含量为 $0.2\%\sim0.7\%$。半固体培养基常用来观察微生物的运动特征、分类鉴定，噬菌体效价滴定，厌氧菌的培养保藏等。

3. 液体培养基

当培养基中未加任何凝固剂而呈液体状，称液体培养基。在用液体培养基培养微生物时，通过振荡或搅拌可以增加培养基的通气量，同时使营养物质分布均匀。液体培养基常用于大规模工业生产以及在实验室进行微生物的基础理论和应用方面的研究。

4.1.3　按用途不同划分

培养基在实验室和发酵生产中按其用途可以有不同的分类方法。

1. 实验室常用培养基

（1）基础培养基

不同微生物的营养需求各不相同，但大多数微生物所需的基本营养物质一致。基础培养基就是含有一般微生物生长繁殖所需的基本营养物质的培养基。牛肉膏蛋白胨培养基是最常用的基础培养基，广泛用于细菌的增菌、检验中。

（2）加富培养基

加富培养基也称营养培养基，即在基础培养基中加入某些特殊营养物质制成的一类营养丰富的培养基，这些特殊营养物质包括血液、血清、酵母浸膏、动植物组织液等。加富培养基一般用来培养营养要求比较苛刻的异养型微生物，如培养百日咳博德氏菌（*Bordetella pertussis*）需要含有血液的加富培养基。加富培养基还可以用来富集和分离某种微生物，这是因为加富培养基含有某种微生物所需的特殊营养物质，该种微生物在这种培养基中较其他微生物生长速率快，并逐渐富集而占优势，逐步淘汰其他微生物，从而容易达到分离该种微生物的目的。

（3）鉴别培养基

鉴别培养基是用于鉴别不同类型微生物的培养基。在培养基中加入某种特殊化学物质，某种微生物在培养基中生长后能产生某种代谢产物，而这代谢产物可以与培养基中的特殊化学物质发生特定的化学反应，产生明显的特征性变化，根据这种特征性变化，可将该种微生物与其他微生物区分开来。鉴别培养基主要用于微生物的快速分类鉴定，以及分离和筛选产生某种代谢产物的微生物菌种。常用的鉴别培养基有伊红美蓝乳糖（EMB）培养基、明胶培养基、淀粉培养基、H_2S 试验培养基等，它们的一些特性见表 4 - 2。其中，EMB 培养基是最常用的鉴别培养基，它在饮用水、牛奶的大肠菌群数等细菌学检查和在 *E. coli* 的遗传学研究工作中有着重要的用途。

表 4 - 2　常用的鉴别培养基

培养基名称	加入化学物质	微生物代谢产物	培养基特征性变化	主要用途
酪素培养基	酪素	胞外蛋白酶	蛋白水解圈	鉴别产蛋白酶菌株
明胶培养基	明胶	胞外蛋白酶	明胶液化	鉴别产蛋白酶菌株
油脂培养基	食用油、土温中性红指示剂	胞外脂肪酶	由淡红色变成深红色	鉴别产脂肪酶菌株
淀粉培养基	可溶性淀粉	胞外淀粉酶	淀粉水解圈	鉴别产淀粉酶菌株
H_2S 试验培养基	醋酸铅	H_2S	产生黑色沉淀	鉴别产 H_2S 菌株
糖发酵培养基	溴甲酚紫	乳酸、醋酸、丙酸等	由紫色变成黄色	鉴别肠道细菌
远藤氏培养基	碱性复红、亚硫酸钠	酸、乙醛	带金属光泽深红色菌落	鉴别水中大肠菌群
伊红美蓝培养基	伊红、美蓝	酸	带金属光泽深紫色菌落	鉴别水中大肠菌群

（4）选择培养基

选择培养基是根据某微生物的特殊营养要求或其对某些物理、化学因素的抗性而设计的培养基，用来将某种或某类微生物从混杂的微生物群体中分离出来，具有使混合菌样中的劣势菌变成优势菌的功能，广泛用于菌种筛选等领域。

混合菌样中数量很少的某种微生物，如直接采用平板划线或稀释法进行分离，往往因为数量少而无法获得。选择性培养的方法主要有两种：一种是依据某些微生物的特殊营养需求设计选择培养基。例如，缺乏氮源的选择培养基可用来分离固氮微生物；利用以蛋白质作为唯一氮源的选择培养基，可以从混杂的培养基中分离出产胞外蛋白酶的微生物。另一种是在培养基中加入某种化学物质，这种化学物质可以抑制或杀死其他微生物，而对所需分离的微生物无害。例如，分离放线菌时，在培养基中加入数滴 10% 的苯酚，可以抑制霉菌和细菌的生长；在分离酵母菌和霉菌的培养基中，添加青霉素、四环素和链霉素等抗生素可以抑制细菌和放线菌的生长；在筛选含有重组质粒的基因工程菌株过程中，利用质粒上具有的对某种（些）抗生素的抗性选择标记，在培养基中加入相应抗生素，就能比较方便地淘汰非重组菌株，以减少筛选目标菌株的工作量。

　　选择培养基与鉴别培养基的功能往往结合在同一种培养基中。例如上述 EMB 培养基既有鉴别不同肠道菌的作用，又有抑制 G^+ 菌和选择性培养 G^- 菌的作用。

　　2. 发酵生产常用培养基

　　（1）孢子培养基

　　孢子培养基是供菌种繁殖、形成孢子的一种常用固体培养基。对这种培养基的要求是能使菌体迅速生长，产生较多优质的孢子，并要求这种培养基不易引起菌种变异。因此，孢子培养基的基本配制要求有：第一，营养不要太丰富（特别是有机氮源），否则不易产孢子。如灰色链霉菌在葡萄糖-硝酸盐-其他盐类的培养基上都能很好地生长和产孢子，但若加入0.5%酵母膏或酪蛋白后，就只长菌丝而不长孢子；第二，所用无机盐的浓度要适量，不然也会影响孢子量和孢子颜色；第三，要注意孢子培养基的 pH 和湿度。生产上常用的孢子培养基有麸皮培养基，小米培养基，大米培养基，玉米碎屑培养基和用葡萄糖、蛋白胨、牛肉膏和食盐等配制成的琼脂斜面培养基。大米和小米常用作霉菌产孢子培养基，因为它们含氮量少，疏松，表面积大，所以是较好的孢子培养基。大米培养基的水分需控制在21%～50%，而曲房空气湿度需控制在90%～100%。

　　（2）种子培养基

　　种子培养基是供孢子发芽、生长和大量繁殖菌丝体，并使菌体长得粗壮、成为活力强的"种子"的营养基质。因此，种子培养基的营养成分要求比较丰富和完全，氮源和维生素的含量也要高些，但总浓度以略稀为好，这样可有较高的溶解氧，供大量菌体生长繁殖。种子培养基在微生物代谢过程中能维持稳定的 pH，其组成还要根据不同菌种的生理特征而定。一般种子培养基都用营养丰富而完全的天然有机氮源，因为有些氨基酸能刺激孢子发芽，但无机氮源容易较快被利用，有利于菌体迅速生长，所以在种子培养基中常包括有机及无机氮源。最后一级的种子培养基的成分最好能较接近发酵培养基，这样可使种子进入发酵培养基后能迅速适应，快速生长。

　　（3）发酵培养基

　　发酵培养基是供菌种生长、繁殖和合成产物之用。它既要使种子接种后能迅速生长，达到一定的菌丝浓度，又要使长好的菌体能迅速合成所需产物。因此，发酵培养基的组成除有菌体生长所必需的元素外，还要有合成产物所需的特定元素、前体和促进剂等。当菌体生长和产物合成所需要的总的碳源、氮源、磷源等的浓度过高，或生长和合成两阶段各需的最佳条件要求不同时，可考虑用分批补料的方式来加以满足。

4.1.4　按微生物种类不同划分

　　培养基根据微生物的种类不同可分为细菌培养基、放线菌培养基、酵母菌培养基和霉菌培养基等。

　　常用的异养型细菌培养基为牛肉膏蛋白胨培养基；常用的自养型细菌培养基是无机的合成培养基；常用的放线菌培养基为高氏一号合成培养基；常用的酵母菌培养基为麦芽汁培养基；常用的霉菌培养基为察氏合成培养基和马铃薯蔗糖培养基。

4.2 发酵培养基的成分及来源

微生物生长所需要的营养物质主要是以有机物和无机盐的形式提供的，小部分由气体物质供给。发酵培养基的组成和配比由所培养的菌种、利用的设备、采用的工艺条件以及原料来源和质量不同而有所差别。因此，需要根据不同要求和情况，考虑所用培养基的成分与配比。但是综合所有培养基的营养成分，发酵培养基的成分中必须包含碳源、氮源、无机盐及微量元素、生长因子、前体和产物促进剂、水六大类营养要素。

4.2.1 碳源

凡是能够提供微生物细胞物质和代谢产物中碳素来源的营养物质称为碳源。它是组成培养基的主要成分之一，主要功能有两个：一是提供微生物菌体生长繁殖所需的能源以及合成菌体所需的碳骨架；二是提供菌体合成目的产物的原料。碳源分有机碳源和无机碳源。在各种碳源中，糖类是微生物最好、应用最广泛的碳源，如葡萄糖、糖蜜和淀粉等；其次是醇类、有机酸类和脂类等。在各种糖类作为碳源使用时，单糖优于双糖，己糖优于戊糖，淀粉优于纤维素，纯多糖优于杂多糖和其他聚合物。

实验室内常用的碳源主要有葡萄糖、蔗糖、淀粉、甘露醇、有机酸等。工业发酵中利用碳源主要是糖类物质，如饴糖、玉米粉、甘薯粉、野生植物淀粉，以及麸皮、米糠、酒糟、废糖蜜、造纸厂的亚硫酸废液等。

1. 淀粉水解糖

淀粉是由葡萄糖组成的生物大分子。大多数的微生物都不能直接利用淀粉，如氨基酸的生产菌、酒精酵母等。因此，在氨基酸、抗生素、有机酸的生产中，都要求将淀粉进行糖化，制成淀粉水解糖使用。

淀粉水解常用的有酸解法、酶解法、酸酶结合法。在淀粉水解糖液中，主要糖分是葡萄糖；另外，根据水解条件的不同，尚有数量不等的少量麦芽糖及其他一些二糖、低聚糖等复合糖类；除此以外，原料带来的杂质（如蛋白质、脂肪等）及其分解产物也混入糖液中。葡萄糖、麦芽糖和蛋白质、脂肪分解产物（氨基酸、脂肪酸等）等是生产菌的营养物，在发酵中容易被利用；而一些低聚糖类、复合糖等杂质存在，不但降低淀粉的利用率，而且影响到糖液的质量，降低糖液中可发酵成分的利用率。在谷氨酸发酵中，淀粉水解糖液质量的高低往往直接关系到谷氨酸菌的生长速率及谷氨酸的积累。因此，如何提高淀粉的出糖率，保证水解糖液的质量，满足发酵的要求，是一个不可忽视的重要环节。

2. 糖蜜

糖蜜也是工业发酵常用的碳源，它是制糖工业、甘蔗糖厂或甜菜糖厂的一种副产品。糖蜜含有相当数量的发酵性糖，而且成本低，是生物工业大规模生产的良好原料。

糖蜜原料中，有些成分不适用于发酵，所以在使用糖蜜原料时，一般要先进行预处理，以满足不同发酵产品的需求。例如，在使用糖蜜原料发酵生产谷氨酸时，必须想方设法降低糖蜜中生物素含量，一般用活性炭处理法、树脂法吸附生物素等方法进行预处理。

4.2.2　氮源

凡能提供微生物生长繁殖所需氮素的营养物质皆为氮源。氮源主要用于构成菌体细胞物质和合成含氮代谢物。常用的氮源可分为两大类：有机氮源和无机氮源。

1. 有机氮源

常用的有机氮源有黄豆饼粉、花生饼粉、棉籽饼粉、玉米浆、玉米蛋白粉、蛋白胨、酵母粉、鱼粉、蚕蛹粉、废菌丝体和酒糟等。

有机氮源除含有丰富的蛋白质、多肽和游离氨基酸外，往往还含有少量的糖类、脂肪、无机盐、维生素及某些生长因子。常用的有机氮源的营养成分见表4－3。由于有机氮源营养丰富，因而微生物在含有机氮源的培养基中常表现出生长旺盛、菌丝浓度增长迅速等特点。

表4－3　发酵中常用的一些有机氮源的成分分析(参考俞俊棠等，2003)

成　　分	黄豆饼粉	棉籽饼粉	花生饼粉	玉米浆	鱼粉	米糠	酵母膏
蛋白质(%)	51.0	41	45	24	72	13	50
碳水化合物(%)	/	28	23	5.8	5.0	45	/
脂肪(%)	1	1.5	5	1	1.5	13	0
纤维(%)	3	13	12	1	2	14	3
灰分(%)	5.7	6.5	5.5	8.8	18.1	16.0	10
干物(%)	92	90	90.5	50	93.6	91	95
核黄素(mg/kg)	3.06	4.4	5.3	5.73	10.1	2.64	/
硫胺素(mg/kg)	2.4	14.3	7.3	0.88	1.1	22	/
泛酸(mg/kg)	14.5	44	48.4	74.6	9	23.2	/
尼克酸(mg/kg)	21	/	167	83.6	31.4	297	/
吡哆醇(mg/kg)	/	/	/	19.4	14.7	/	/
生物素(mg/kg)	/	/	/	0.88	/	/	/
胆碱(mg/kg)	2750	2440	1670	629	3560	1250	
精氨酸(%)	3.2	3.3	4.6	0.4	4.9	0.5	3.3
胱氨酸(%)	0.6	1.0	0.7	0.5	0.8	0.1	1.4
甘氨酸(%)	2.4	2.4	3	1.1	3.5	0.9	/
组氨酸(%)	1.1	0.9	1	0.3	2.0	0.2	1.6
异亮氨酸(%)	2.5	1.5	2	0.9	4.5	0.4	5.5
亮氨酸(%)	3.4	2.2	3.1	0.1	6.8	0.6	6.2
赖氨酸(%)	2.9	1.6	1.3	0.2	6.8	0.5	6.5
甲硫氨酸(%)	0.6	0.5	0.6	0.5	2.5	0.2	2.1
苯丙氨酸(%)	2.2	1.9	2.3	0.3	3.1	0.4	3.7
苏氨酸(%)	1.7	1.1	1.4	/	3.4	0.4	3.5
色氨酸(%)	0.6	0.5	0.5	0.2	0.8	0.1	1.2
酪氨酸(%)	1.4	1	/	0.1	2.3	/	4.6
缬氨酸(%)	2.4	1.8	2.2	0.5	4.7	0.6	4.4

　　玉米浆是玉米淀粉生产中的副产物,是一种很容易被微生物利用的良好氮源。它含有丰富的氨基酸、还原糖、磷、微量元素和生长素。其中玉米浆中含有的磷酸肌醇对红霉素、链霉素、青霉素和土霉素等的生产有积极促进作用。此外,玉米浆还含有较多的有机酸,如乳酸等,所以玉米浆的 pH 在 4.0 左右。

　　尿素也是常用的有机氮源,但它成分单一,不具有上述有机氮源成分复杂、营养丰富的特点,但在青霉素和谷氨酸等发酵生产中也常被采用。尤其是在谷氨酸生产中,尿素可使α-酮戊二酸还原并氨基化,从而提高谷氨酸的生产。有机氮源除了作为菌体生长繁殖的营养外,有的还是产物的前体。例如,缬氨酸、半胱氨酸和α-氨基己二酸是合成青霉素和头孢菌素的主要前体;甘氨酸可作为 L-丝氨酸的前体等。

　　2. 无机氮源

　　常用的无机氮源有铵盐、硝酸盐和氨水等。微生物对它们的吸收利用一般较快,但无机氮源的迅速利用常会引起 pH 的变化。例如,在制液体曲时,用 $NaNO_3$ 作氮源,菌丝长得粗壮,培养时间短,且糖化力较高。这是因为由 $NaNO_3$ 代谢而得到的 NaOH 可中和曲霉生长中所释放出的酸,使 pH 稳定在工艺要求的范围内。又如,在黑曲霉发酵过程中用硫酸铵作氮源,可使培养基 pH 下降,而这对提高糖化型淀粉酶的活力有利,且较低的 pH 还能抑制杂菌的生长,防止污染。氨水在许多抗生素的生产中普遍使用。如在红霉素的生产工艺中以氨作为无机氮源可提高红霉素的产率和有效组分的比例,但由于氨水碱性较强,需分批次过滤除菌后少量多次地加入,并且应加强搅拌。

4.2.3　无机盐及微量元素

　　微生物在生长繁殖和生产过程中,需要某些无机盐和微量元素。无机盐和微量元素是指除碳、氮元素外其他各种重要元素及其供体。它们在机体中的生理功能主要是作为酶活性中心的组成部分,维持生物大分子和细胞结构的稳定性,调节并维持细胞的渗透压平衡,控制细胞的氧化还原电位和作为某些微生物生长的能源物质等。

　　无机盐和微量元素根据微生物对其需求量的大小不同,有大量元素和微量元素之分。一般微生物对大量元素的需求浓度为 $10^{-4} \sim 10^{-3} \, mol \cdot L^{-1}$,常以盐的形式加入,如磷酸盐、硫酸盐以及含有钠、钾、钙、镁、铁等金属元素的化合物。微生物的生长还需要某些微量元素,如钴、铜、硒、锰、锌等,这些元素的需要量极其微小,通常在 $10^{-8} \sim 10^{-6} \, mol \cdot L^{-1}$(培养基中含量)。除了合成培养基外,一般在天然培养基中不再另外单独加入无机盐和微量元素。因为天然培养基中的许多动、植物原料(如花生饼粉、黄豆饼粉、蛋白胨等)都含有多种微量元素,但有些发酵工业中也有单独加入微量元素的。例如生产维生素 B_{12} 时,尽管采用天然复合材料做培养基,但因钴元素是维生素 B_{12} 的组成成分,其需求量是随产物量的增加而增加,所以,在培养基中就需要加入氯化钴以补充钴元素的不足。

　　1. 磷酸盐

　　磷是某些蛋白质和核酸的组成成分,也是二磷酸腺苷(ADP)、三磷酸腺苷(ATP)的组成成分,在代谢途径的调节方面起着很重要的作用。一般培养基中磷元素充足能促进微生物的生长。如黑曲霉 NRRL330 菌种生产α-淀粉酶时,若加入 0.2% 磷酸二氢钾,则活力可比低磷酸盐提高 3 倍。但磷元素过量时,有些次级代谢途径也会受到抑制,次级代谢产物的合成常受抑制。例如,在谷氨酸的合成中,磷浓度过高就会抑制 6 -磷酸葡萄糖脱氢酶的活性,使菌体生长旺盛,而谷氨酸的产量却很低,代谢向缬氨酸方向转化。磷元素的主要供体——磷酸盐在培养基中还具有缓冲作用。

微生物对磷的需要量一般为 $0.005\sim0.01\text{mol}\cdot\text{L}^{-1}$。工业生产上常用 $K_3PO_4\cdot3H_2O$、K_3PO_4 和 $Na_2HPO_4\cdot12H_2O$,$NaH_2PO_4\cdot2H_2O$ 等磷酸盐,也可用磷酸(H_3PO_4)。$K_3PO_4\cdot3H_2O$ 含磷 13.55%,当培养基中用量在 $1\sim1.5\text{g}\cdot\text{L}^{-1}$ 时,磷浓度为 $0.0044\sim0.0066\text{mol}\cdot\text{L}^{-1}$。$Na_2HPO_4\cdot12H_2O$ 含磷 8.7%,当培养基中用量在 $1.7\sim2.0\text{g}\cdot\text{L}^{-1}$ 时,磷浓度为 $0.0048\sim0.00565\text{mol}\cdot\text{L}^{-1}$。磷酸含磷 3.16%,当培养基中用量在 $0.5\sim3.7\text{g}\cdot\text{L}^{-1}$ 时,磷浓度为 $0.005\sim0.007\text{mol}\cdot\text{L}^{-1}$。如果使用磷酸,应先用 $NaOH$ 或 KOH 中和后加入。另外,玉米浆、糖蜜、淀粉水解糖等原料中还有少量的磷。

2. 硫酸镁

镁是某些细菌的叶绿素的组成成分,虽不参与任何细胞结构物质的组成,但它的离子状态是许多重要酶(如己糖磷酸化酶、异柠檬酸脱氢酶、羧化酶等)的激活剂。镁离子能提高一些氨基糖苷类抗生素产生菌(如卡那霉素、链霉素、新生霉素等产生菌)对自身所产的抗生素的耐受能力。另外,如果镁离子含量太少,还会影响基质的氧化。一般革兰阳性菌对 Mg^{2+} 的最低要求量是 $25\text{mg}\cdot\text{L}^{-1}$;革兰阴性菌为 $4\sim5\text{mg}\cdot\text{L}^{-1}$。$MgSO_4\cdot7H_2O$ 中含 Mg^{2+} 9.87%,发酵培养基用量 $0.25\sim1\text{g}\cdot\text{L}^{-1}$ 时,Mg^{2+} 浓度 $25\sim90\text{mg}\cdot\text{L}^{-1}$。

硫存在于细胞的蛋白质中,是含硫氨基酸的组成成分和某些辅酶的活性基团,如辅酶 A、硫锌酸和谷胱甘肽等。在某些产物(如青霉素、头孢菌素等分子)中均含硫,所以在这些产物的生产培养基中,需要加入硫酸镁等硫酸盐作为硫源。而如硫化氢、硫化亚铁等还原态的硫化物,对大多数发酵用微生物是有毒的,一般不能作为硫源。

3. 钾、钠、钙、铁盐

钾不参与细胞结构物质的组成,它与细胞渗透压和透性有关,是许多酶的激活剂。钾对谷氨酸发酵有影响;钾盐少,长菌体;钾盐足够,产谷氨酸。菌体生长需钾量约为 $0.1\text{g}\cdot\text{L}^{-1}$ (以 K_2SO_4 计,下同),谷氨酸生成需钾量为 $0.2\sim1.0\text{g}\cdot\text{L}^{-1}$。当培养基中使用 $1\text{g}\cdot\text{L}^{-1}$ $K_3PO_4\cdot3H_2O$ 时,钾浓度约为 $0.38\text{g}\cdot\text{L}^{-1}$。如果采用 $Na_2HPO_4\cdot12H_2O$ 时,应配用 $0.3\sim0.6\text{g}\cdot\text{L}^{-1}$ KCl,此时钾浓度为 $0.35\sim0.7\text{g}\cdot\text{L}^{-1}$。

钠离子与维持细胞渗透压有关,故在培养基中常加入少量钠盐,但用量不能过高,否则会影响微生物生长。

钙离子主要控制细胞透性。常用的碳酸钙本身不溶于水,几乎是中性的,但它能与代谢过程中产生的酸起反应,形成中性化合物和二氧化碳,后者从培养基中逸出,因此碳酸钙对培养液的 pH 有一定的调节作用。在配制培养基时要注意两点:一是培养基中钙盐过多时,会形成磷酸钙沉淀,降低了培养基中可溶性磷的含量,因此,当培养基中磷和钙均要有较高浓度时,可将两者分别灭菌或逐步补加;二是先要将配好的培养基用碱调 pH 近中性,才能将 $CaCO_3$ 加入培养基中,这样可防止 $CaCO_3$ 在酸性培养基中被分解,而失去其在发酵过程中的缓冲能力,同时所采用的 $CaCO_3$ 要对其中 CaO 等杂质含量做严格控制。

铁是细胞色素、细胞色素氧化酶和过氧化氢酶的成分,因此铁是菌体有氧氧化必不可少的元素。工业生产上一般用铁制发酵罐,在一般发酵培养基中不再加入含铁化合物。

4. 氯离子

氯离子在一般微生物中不具有营养作用,但对一些嗜盐菌来讲是必需的。此外,在一些产生含氯代谢物(如金霉素和灰黄霉素等)的发酵中,除了从其他天然原料和水中带入的氯离子外,还需加入约 0.1% 氯化钾以补充氯离子。啤酒在糖化时,氯离子含量在 $20\sim60\text{mg}\cdot\text{L}^{-1}$ 范围内能赋予啤酒柔和的口味,并对酶和酵母的活性有一定的促进作用,但氯离子含量过高会引起酵母早衰,使啤酒带有咸味。

5. 微量元素

微量元素大部分作为酶的辅基和激活剂。例如,锰是某些酶的激活剂,羧化反应必须有锰参与;在谷氨酸生物合成途径中,草酰琥珀脱羧生成 α-酮戊二醛是在 Mn^{2+} 存在下完成的。一般培养基配用 $2\text{mg}\cdot\text{L}^{-1}\ MnSO_4\cdot4H_2O$。

4.2.4　生长因子

从广义上讲,凡是微生物生长不可缺少的微量有机物质,如氨基酸、嘌呤、嘧啶、维生素等,均称生长因子。生长因子不是对于所有微生物都必须的,它只是对于某些自己不能合成这些成分的微生物才是必不可少的营养物。如目前所使用的赖氨酸产生菌几乎都是谷氨酸产生菌的各种突变株,均为生物素缺陷型,需要生物素作为生长因子。又如肠膜状明串珠菌的生长需要补充 10 种维生素、19 种氨基酸、3 种嘌呤以及尿嘧啶。绝大多数生长因子以辅酶或辅基的形式参与代谢过程中的酶促反应(表 4-4)。

表 4-4　几种生长因子的主要功能

生长因子	主要功能
维生素 B_1	脱羧酶、转醛酶、转酮酶的辅基
维生素 B_2	黄素蛋白的辅基,与氢的转移有关
维生素 B_6	辅基,与氨基酸的脱羧、转氨基有关
生物素	各种羧化酶的辅基
维生素 B_{12}	钴酰胺的辅酶,与甲硫氨酸和胸腺嘧啶核苷酸的合成和异构化有关
叶酸	辅酶 F,与核酸的合成有关
泛酸	乙酰载体的辅基,与酰基转移有关
维生素 K	电子传递
尼克酸	脱氢酶的辅基

有机氮源是这些生长因子的重要来源。多数有机氮源含有较多的 B 族维生素、微量元素及一些微生物生长不可缺少的生长因子。例如,玉米浆和麸皮水解液能提供生长因子,特别是玉米浆,因含有丰富的氨基酸、还原糖、磷、微量元素和生长素,所以是多数发酵产品良好的有机氮源。

4.2.5　前体和产物促进剂

在某些工业发酵过程中,发酵培养基中除了有碳源、氮源、无机盐、生长因子和水分等成分外,考虑到代谢控制,还需要添加某些特殊功用的物质。将这些物质加入到培养基中有助于调节产物的形成,而并不促进微生物的生长。例如某些氨基酸、抗生素、核苷酸和酶制剂的发酵需要添加前体物质、促进剂、抑制剂及中间补料等。添加这些物质往往与菌种特性和生物合成产物的代谢控制有关,目的在于大幅度提高发酵产率,降低成本。

1. 前体

前体指加入到发酵培养基中,能直接被微生物在生物合成过程中结合到产物分子中去,其自身的结构并没有多大变化,但是产物的产量却因其加入而有较大提高的一类化合物。前体最早是在青霉素的生产过程中发现的。在青霉素生产中,人们发现加入玉米浆后,青霉素单位可从 $20U \cdot mL^{-1}$ 增加到 $100U \cdot mL^{-1}$,进一步研究后发现了发酵单位增长的主要原因是玉米浆中含有苯乙胺,它能被优先合成到青霉素分子中去,从而提高了青霉素 G 的产量。在实际生产中,前体的加入不但提高了产物的产量,还显著提高产物中目的成分的比重。如在青霉素生产中加入前体物质苯乙酸增加青霉素 G 产量,而用苯氧乙酸作为前体则可增加青霉素 V 的产量。

大多数前体(如苯乙酸)对微生物的生长有毒性,在生产中为了减少毒性和增加前体的利用率,通常采用少量多次的流加工艺。一些生产抗生素和氨基酸的重要前体见表 4-5。

表 4-5　发酵过程中所用的一些前体物质

产　品	前体物质
青霉素 G	苯乙酸及其衍生物
青霉素 V	苯氧乙酸
金霉素	氯化物
灰黄霉素	氯化物
红霉素	正丙醇
核黄素	丙酸盐
类胡萝卜素	β-紫罗酮
L-异亮氨酸	α-氨基丁酸
L-色氨酸	邻氨基苯基甲酸
L-丝氨酸	甘氨酸

2. 产物合成促进剂

所谓产物合成促进剂,是指那些细胞生长非必需的,但加入后却能显著提高发酵产量的物质。它们常以添加剂的形式加入发酵培养基中。如栖土曲霉 3942 生产蛋白酶时,在发酵 2~8h 时添加 0.1% LS 洗净剂(即脂肪酰胺磺酸钠),就可使蛋白酶产量提高 60%。在生产葡萄糖氧化酶时,加入金属螯合剂乙二胺四乙酸(EDTA)对酶的形成有显著影响,酶活力随

EDTA 用量的增加而递增。又如添加大豆油抽提物后,米曲霉所产蛋白酶的量可提高87%,脂肪酶可提高150%。表 4-6 为一些添加剂对产酶发酵的促进作用。

表 4-6　各种添加剂对产酶的促进作用

添加剂	酶	微生物	酶活力增加倍数
Tween(0.1%)	纤维素酶	许多真菌	20
	蔗糖酶	许多真菌	16
	β-葡聚糖酶	许多真菌	10
	木聚糖酶	许多真菌	4
	淀粉酶	许多真菌	4
	脂酶	许多真菌	6
	右旋糖酐酶	绳状青霉 QM424	20
	普鲁兰酶	产气杆菌 QMB1591	1.5
大豆酒精提取物(2%)	蛋白酶	米曲霉	1.87
	脂酶	泡盛曲霉	2.50
植酸盐(0.01%~0.3%)	蛋白酶	曲霉、橘青霉、枯草杆菌、假丝酵母	2~4
洗净剂 LS(0.1%)	蛋白酶	栖土曲霉	1.6
聚乙烯醇	糖化酶	胁状拟内孢霉	1.2
苯乙醇(0.05%)	纤维素酶	真菌	4.4
醋酸+维生素	纤维素酶	绿色毛霉	2

目前,人们对促进剂提高产量的机制还不完全清楚,原因可能有多种:如在酶制剂生产中,有些促进剂本身是酶的诱导物;有些促进剂是表面活性剂,可改善细胞的透性,改善细胞与氧的接触,从而促进酶的分泌与生产,也有人认为表面活性剂对酶的表面失活有保护作用;有些促进剂的作用是沉淀或螯合有害的重金属离子等等。

各种促进剂的效果除受菌种、菌龄的影响外,还与所用的培养基组成有关,即使是同一种产物促进剂,用同一菌株,生产同一产物,在使用不同的培养基时效果也会不一样。另外,促进剂的专一性较强,往往不能相互套用。

4.2.6　水

水是所有培养基的主要组成成分,也是微生物机体的重要组成成分。对于发酵工厂来说,洁净、恒定的水源是至关重要的,因为在不同水源中存在的各种因素对微生物发酵代谢影响甚大。例如,在抗生素发酵工业中,水质好坏有时是决定一个优良的生产菌种在异地能否发挥其生产能力的重要因素。另外,水中的矿物质组成对酿酒工业和淀粉糖化影响也很大。因此,在决定建造发酵工厂的地理位置时,应考虑附近水源的质量,主要考虑的指标包括 pH 值、溶解氧、可溶性固体、污染程度以及矿物质组成和含量等。

4.3　发酵培养基的设计和优化

　　培养基的设计和优化贯穿于发酵工艺研究的各个阶段,无论是在微生物发酵实验室研究阶段、中试放大阶段,还是在发酵生产阶段,都要对发酵培养基的组成进行设计和优化。培养基的合理设计是一项繁重而细致的工作。

4.3.1　培养基设计原则

　　在培养基的设计优化过程中除了要考虑微生物生长所需的基本营养要素外,还要从微生物的生长、产物合成、原料的经济成本、供应等角度来考虑问题。培养基的种类、组分配比、缓冲能力、灭菌等因素都对菌体的生长和产物合成有影响。

　　1. 选择适宜的营养物质

　　微生物生长繁殖均需要培养基中含有碳源、氮源、无机盐、生长因子等生长要素,但不同微生物对营养物质的具体需求是不一样的,因此首先要根据不同微生物的营养需求配制针对性强的培养基。自养型微生物能从简单的无机物合成自身需要的糖类、脂类、蛋白质、核酸、维生素等复杂的有机物,因此可以(或应该)由简单的无机物组成培养基来培养。例如,培养化能自养型的氧化硫硫杆菌(*Thiobacillus thiooxidans*)的培养基依靠空气中和溶于水中的 CO_2 为其提供碳源,培养基中并不需要加入其他碳源物质。

　　2. 营养物质浓度及配比合适

　　培养基中营养物质浓度合适时微生物才能生长良好;营养物质浓度过低时不能满足微生物正常生长所需;浓度过高时可能对微生物生长起抑制作用。例如高浓度糖类物质、无机盐、重金属离子等不仅不利于微生物的生长,反而具有抑菌或杀菌作用。同时,培养基中各营养物质之间的浓度配比也直接影响微生物的生长繁殖和(或)代谢产物的形成和积累,其中碳氮比(C/N)的影响较大。例如,在利用微生物发酵生产谷氨酸的过程中,培养基碳氮比为 4/1 时,菌体大量繁殖,谷氨酸积累少;当培养基碳氮比为 3/1 时,菌体繁殖受到抑制,谷氨酸产量则大量增加。另外,培养基中速效氮(或碳)源与迟效氮(或碳)源之间的比例对发酵生产也会产生较大的影响。如在抗生素发酵生产过程中,可以通过控制培养基中速效氮(或碳)源与迟效氮(或碳)源之间的比例来控制菌体生长与抗生素的合成协调。

　　3. 控制 pH 条件

　　培养基的 pH 必须控制在一定的范围内,以满足不同类型微生物的生长繁殖或产生代谢产物。各类微生物生长繁殖合成产物的最适 pH 条件各不相同。一般来讲,细菌与放线菌适于在 pH7.0～7.5 范围内生长;酵母菌和霉菌通常在 pH 4.5～6.0 范围内生长。因此,为了在微生物生长繁殖和合成产物的过程中保持培养基 pH 的相对恒定,通常在培养基中加入 pH 缓冲剂。常用的缓冲剂是一氢和二氢磷酸盐(如 KH_2PO_4 和 K_2HPO_4)组成的混合物,但 KH_2PO_4 和 K_2HPO_4 缓冲系统只能在一定的 pH 范围(pH 6.4～7.2)内起调节作用。有些微生物,如乳酸菌能大量产酸,上述缓冲系统就难以起到缓冲作用,此时可在培养基中添加难溶的碳酸盐（如 $CaCO_3$）来进行调节。$CaCO_3$ 难溶于水，不会使培养基 pH 过度升高，而且它可以不断中和微生物产生的酸，同时释放出 CO_2，将培养基 pH 控制在一定范围内。

此外，培养基中还存在一些天然缓冲系统，如氨基酸、肽、蛋白质都属于两性电解质，也可起到缓冲剂的作用。

4. 控制氧化还原电位

不同类型微生物生长对氧化还原电位 φ 的要求不一样，一般好氧微生物在 φ 值为 $+0.1V$ 以上时可正常生长，一般以 $+0.3\sim+0.4V$ 为宜；厌氧性微生物只能在 φ 值低于 $+0.1V$ 条件下生长；兼性厌氧微生物在 φ 值为 $+0.1V$ 以上时进行好氧呼吸，在 $+0.1V$ 以下时进行发酵。φ 值大小受氧分压、pH、某些微生物代谢产物等因素的影响。在 pH 相对稳定的条件下，可通过增加通气量（如振荡培养、搅拌）提高培养基的氧分压，或通过氧化剂的加入，增加 φ 值；在培养基中加入抗坏血酸、硫化氢、半胱氨酸、谷胱甘肽、二硫苏糖醇等还原性物质可降低 φ 值。

5. 原料来源的选择

在配制培养基时应尽量利用廉价且易于获得的原料作为培养基组分。特别是在发酵工业中，培养基用量很大，利用低成本的原料更体现出其经济价值。例如，在微生物单细胞蛋白的工业生产过程中，常常利用糖蜜、乳清（乳制品工业中含有乳糖的废液）、豆制品工业废液及黑废液（造纸工业中含有戊糖和己糖的亚硫酸纸浆）等都可作为培养基的原料。大量的农副产品或制品，如麸皮、米糠、玉米浆、酵母浸膏、酒糟、豆饼、花生饼、蛋白胨等都是常用的发酵工业原料。

6. 灭菌处理

要获得微生物纯培养，必须避免杂菌污染，因此要对所用器材及工作场所进行消毒与灭菌。对培养基而言，更要进行严格的灭菌。一般可以采取高压蒸汽灭菌法进行培养基灭菌，通常在 $1.05kg \cdot cm^{-2}$、121.3℃ 条件下维持 $15\sim30min$ 可达到灭菌目的。某些在加热灭菌中易分解、挥发或者易形成沉淀的物质通常先进行过滤除菌或间歇灭菌，再与其他已灭菌的成分混合。

另外，培养基配制中泡沫的大量存在对灭菌处理极不利，容易使泡沫中微生物因空气形成隔热层而难以被杀死。因而有时需加入消泡剂，或适当提高灭菌温度。

4.3.2　培养基设计步骤

目前还不能完全从生化反应的基本原理来推断和计算出适合某一菌种的培养基配方，只能用生物化学、细胞生物学、微生物学等的基本理论，参照前人所使用的较适合某一类菌的经验配方，再结合所用菌种和产品的特性，采用摇瓶、玻璃罐等小型发酵设备，按照一定的实验设计和实验方法选择出较为适合的培养基。一般培养基设计要经过以下几个步骤：

第一，根据前人的经验和培养要求，初步确定可能的培养基组分用量。

第二，通过单因子实验最终确定最为适宜的培养基成分。

第三，当确定培养基成分后，再以统计学方法确定各成分最适的浓度。常用的实验设计有均匀设计、正交试验设计、响应面分析等。

　　最适培养基的配制除了要考虑到目标产物的产量外,还要考虑到培养基原料的转化率。发酵过程中的转化率包括理论转化率和实际转化率。理论转化率是指理想状态下根据微生物的代谢途径进行物料衡算所得出的转化率的大小。实际转化率是指实际发酵过程中转化率的大小。实际转化率往往由于原料利用不完全、副产物形成等原因比理论转化率要低。

　　1. 理论转化率的计算

　　生化反应的本质也是化学反应,理论转化率可以通过反应方程式的物料衡算来计算。但是,生化反应有其复杂性,要给出反应物和产物之间的定量的总代谢反应式,就需要对生物代谢过程的每一步反应进行深入的研究,只有一些代谢途径比较清楚的产物,可以对其理论转化率进行计算。例如,在酒精生产中葡萄糖转化为酒精的理论转化率计算如下:

　　葡萄糖转化为酒精的代谢总反应式为

$$C_6H_{12}O_6 \longrightarrow 2C_2H_5OH + 2CO_2$$

　　葡萄糖转化为酒精的理论转化率为

$$Y = 2 \times 46/180 = 0.51$$

　　在实际过程中,确定培养基组成成分的用量时,既要考虑到用于维持菌体生长所消耗的量,还要考虑前体的实际利用率等等,因而实际转化率要小于理论转化率。但是理论转化率这项指标为确定培养基组成成分浓度时提供了重要的参考。

　　2. 实验设计

　　由于发酵培养基成分众多,且各因素常存在交互作用,很难建立理论模型,培养基的成分和浓度都是通过实验获得的,因此培养基优化工作量大且复杂。一般首先是通过单因子实验确定培养基的组分,然后通过多因子实验确定培养基各组分及其适宜的浓度。目前许多实验技术和方法都在发酵培养基优化上得到应用,如生物模型(biological mimicry)、单次试验(one at a time)、全因子法(full factorial)、部分因子法(partial factorial)、Plackett-Burman 法等,但每一种实验设计都有它的优点和缺点,不可能只用一种试验设计来完成所有的工作。

　　(1) 单次单因子试验

　　实验室最常用的优化方法是单次单因子(one variable at a time)试验。这种方法是在假设因素间不存在交互作用的前提下,通过一次改变一个因素的水平而其他因素保持恒定水平,然后逐个因素进行考察的优化方法。但是由于考察的因素间经常存在交互作用,使得该方法并非总能获得最佳的优化条件。另外,当考察的因素较多时,需要太多的实验次数和较长的实验周期。因此,现在的培养基优化实验中一般不采用或不单独采用这种方法,而采用多因子试验。

　　(2) 多因子试验

　　1) 正交试验

　　正交试验设计是研究多因素多水平的一种设计方法。它是根据正交性从全面试验中挑选出部分有代表性的点进行试验,这些有代表性的点具备了"均匀分散、齐整可比"的特点,通过合理的实验设计,可以较快地取得实验结果。具体可以分为下面四步:第一,根据问题的要求和客观的条件确定因子和水平,列出因子水平表;第二,根据因子和水平数选用合适的正交表,设计正交表头,并安排实验;第三,根据正交表给出的实验方案,进行实验;第四,对实验结果进行分析,选出较优的"试验"条件以及对结果有显著影响的因子。正交试验设计可同时考虑几种因素,寻找最佳因素水平结合,但它不能在给出的整个区域上找到因素和响应值之间的一个明确的函数表达式(即回归方程),从而无法找到整个区域上因素的最佳组合和响应面值的最优值。

2) 均匀设计

均匀设计是中国数学家方开泰和王元于 1978 年首先提出来的。它是一种只考虑试验点在试验范围内均匀散布的试验设计方法。由于均匀设计只考虑试验点的"均匀散布",而不考虑"整齐可比",因而可以大大减少实验次数。均匀设计按均匀设计表来安排试验,均匀设计表在使用时最值得注意的是表中各列的因素水平不能像正交表那样任意改变次序,而只能按照原来的次序进行平滑,即把原来的最后一个水平与第一个水平衔接起来,组成一个封闭圈,然后从任一处开始定为第一个水平,按圈的原方向和相反方向依次排出第二、第三个水平。均匀设计只考虑试验点在试验范围内均匀分布,因而可使所需试验次数大大减少。例如一项 5 因素 10 水平的试验,若用正交设计需要做 102 次试验,而用均匀设计只需做 10 次,随着水平数的增多,均匀设计的优越性就愈加突出,这就大大减少了多因素多水平试验中的试验次数。

3) Plackett-Burman 法

Plackett-Burman 试验主要针对因子数较多,且未确定众因子相对于响应变量的显著影响的试验设计方法。此方法主要是对每个因子取两水平来进行分析,通过比较各个因子两水平的差异与整体的差异来确定因子的显著性,避免在后期的优化试验中由于因子数太多或部分因子不显著而浪费试验资源。理论上,Plackett-Burman 设计法可以达到 99 个因子仅做 100 次试验,因此,它通常作为过程优化的初步实验,用于确定影响过程的重要因子。P. Castro 报道用此法设计 20 种培养基,做 24 次试验,把 γ-干扰素的产量提高了 45%。但该法的缺点是不能考察各因子的相互交互作用。

4) 部分因子设计法

部分因子设计法与 Plackett-Burman 设计法一样是一种两水平的实验优化方法,能够用比全因子法次数少得多的实验,从大量影响因子中筛选出重要的因子。根据实验数据拟合出一次多项式,并以此利用最陡爬坡法确定最大响应区域,以便利用响应面法进一步优化。

5) 响应面分析法

响应面分析(response surface analysis,RSM)法是数学与统计学相结合的产物,和其他统计方法一样,由于采用了合理的实验设计,能以最经济的方式,用很少的实验数量和时间对实验进行全面研究,科学地提供局部与整体的关系。其他试验设计与优化方法未能给出直观的图形,因而也不能凭直觉观察其最优化点,虽然能找出最优值,但难以直观地判别优化区域。响应面分析法以回归方法作为函数估算的工具,将多因子实验中因子与实验结果(响应值)的关系函数化,依此可对函数的面进行分析,研究因子与响应值之间、因子与因子之间的相互关系,并进行优化,运用图形技术将这种函数关系显示出来,以供我们凭借直觉的观察来选择试验设计中的最优化条件。近年来较多的报道都是用响应面分析法来优化发酵培养基,并取得比较好的成果。

RSM 有许多方面的优点,但它仍有一定的局限性。首先,如果将因素水平选得太宽,或选的关键因素不全,将会导致响应面出现吊兜和鞍点。因此事先必须进行调研、查询和充分的论证,或者通过其他试验设计得出主要影响因子;其次,通过回归分析得到的结果只能对该类实验做估计;第三,当回归数据用于预测时,只能在因素所限的范围内进行预测。响应面拟合方程只在考察的紧接区域里才接近真实情形,在其他区域里拟合方程与被近似的函数方程毫无相似之处,几乎无意义。

中心组合设计是一种国际上较为常用的响应面法,是一种五水平的实验设计法。采用该法能够在有限的实验次数下对影响生物过程的因子及其交互作用进行评价,而且还能对各因子进行优化,以获得影响过程的最佳条件。

4.3.3　摇瓶水平到反应器水平的配方优化

从实验室放大到中试规模,最后到工业生产,放大效应会产生各种各样的问题。从摇瓶发酵放大到发酵罐水平,有很多不同之处:

① 消毒方式不同。摇瓶是外流蒸汽静态加热(大部分是这样的);发酵罐是直接蒸汽动态加热,部分是直接和蒸汽混合,因此会影响发酵培养基的质量、体积、pH、透光率等指标。

② 接种方式不同。摇瓶是吸管加入;发酵罐是火焰直接接种(当然有其他的接种方式),要考虑接种时的菌株损失和菌种的适应性等。

③ 空气的通气方式不同。摇瓶是表面直接接触;发酵罐是和空气混合接触,要考虑二氧化碳的浓度和氧气的溶解情况。

④ 蒸发量不同。摇瓶的蒸发量不好控制,湿度控制好的话,蒸发量会少;发酵罐蒸发量大,但是可以通过补料解决。

⑤ 搅拌方式不同。摇瓶是以摇转方式进行混合搅拌,对菌株的剪切力较小;发酵罐是直接机械搅拌,要注意剪切力的影响。

⑥ pH 的控制方法不同。摇瓶一般通过加入碳酸钙和间断补料控制 pH;发酵罐可以直接流加酸碱控制 pH,比较方便。

⑦ 温度的控制方法不同。摇瓶是空气直接接触或者传热控制温度;但是发酵罐是蛇罐或者夹套水降温控制,应注意降温和加热的影响。

⑧ 染菌的控制方法不同。发酵罐根据染菌的周期和染菌的类型等可以采取一些必要的措施减少损失。

⑨ 检测的方法不同。摇瓶因为量小不能方便地进行控制和检测;发酵罐可以取样或者仪表时时检测。

⑩ 原材料不同。发酵罐所用原材料比较廉价而且粗放,工艺控制和摇瓶区别很大等。

由于摇瓶水平和发酵罐水平存在多方面的区别,摇瓶水平的最适培养基和发酵罐水平的培养基往往也是有区别的。摇瓶优化是培养基设计的第一步,摇瓶优化配方一般用在菌种的筛选,以及作为进一步反应器水平上研究的基础,从反应器水平的培养基优化可以得出最终的发酵基础配方。例如,青霉素发酵摇瓶发酵培养基的配方为:玉米浆 4%,乳糖 10%,$(NH_4)_2SO_4$ 0.8%,轻质碳酸钙 1%;优化后发酵罐培养基为:葡萄糖流加控制总量 10%~15%,玉米浆总量 4%~8%,补加硫酸、前体等。

4.4　特殊培养基

4.4.1　大肠杆菌高密度发酵培养基

重组大肠杆菌的高密度培养是增加重组蛋白产率的最有效方法。根据 Riesenberg 的计算,大肠杆菌最高菌体密度理论上可达 400g·L^{-1} 干重(DCW),考虑培养基和其他因素后,最高菌体密度仍可达 200g·L^{-1}(DCW)。重组大肠杆菌高密度培养除与表达系统、培养方式、发酵条件控制等多种因素有关,还与培养基密切相关。在高密度培养中,由于葡萄糖是碳源中最易利用的糖,所以常被作为培养基的碳源。氨水常作为主要氮源,在培养过程中以流加的方式加入,既可充当氮源又可调节反应体系的 pH。想要获得高密度菌体,尚需在培养基中添加能促进细胞的生长和产物形成的有效物质:如少量的酵母粉、蛋白胨等天然物质可加速菌体生长缩短发酵周期;一些盐类,如 $MgSO_4$、$CaCl_2$、$FeSO_4$ 等,与细胞外产物合成的动力学平衡有关,可稳定目的产物;K^+、Cu^{2+}、Co^{2+}、Mn^{2+}、Zn^{2+} 等痕量离子,His、Leu、Trp、Thr、Glu 等氨基酸,维生素 B_1 等维生素可促进菌体细胞的代谢,有利于菌体的高密度和高表达。但这些营养物质的浓度必须保持在合适的范围内,浓度超过一定的限度可使菌体生长受到抑制。Riesenberg 报道,培养基中各种成分抑制菌体生长的限制浓度分别为葡萄糖 50g·L^{-1},氨 3g·L^{-1},铁 1.15g·L^{-1},镁 8.7g·L^{-1},磷 10g·L^{-1} 和锌 0.038g·L^{-1}。

4.4.2　动物细胞培养基

培养基是维持体外细胞生存和生长的基本溶液,是组织细胞培养最重要的条件。用于动物细胞培养的培养基可分为天然、合成和无血清培养基。

1. 天然动物细胞培养基

天然动物细胞培养基主要是从动物体液或从动物组织分离提取而得,主要有血浆凝块、血清、淋巴液、胚胎浸液、羊水、腹水等。它们的主要优点是营养成分丰富,培养效果良好;缺点是成分复杂,个体差异大,来源有限。

2. 合成动物细胞培养基

合成动物细胞培养基的特点是成分组成稳定,可供大量生产。这类培养基多由氨基酸(细胞合成蛋白质的原料)、维生素(维持细胞生命活动的低相对分子质量的活性物质,形成酶的辅基或辅酶)、糖类(碳源)、无机盐(保持细胞的渗透压并参与代谢)或其他物质组成(前体和氧化还原剂)。合成培养基中除了各种营养成分外,还需添加 5%～10% 的小牛血清,才能使细胞很好地增殖。添加小牛血清的作用主要有:① 提供有利于细胞生长、增殖所需的各种生长因子和激素;② 提供有利于细胞贴壁所需的黏附因子和伸展因子;③ 提供可识别金属、激素、维生素和脂类的结合蛋白;④ 提供细胞生长所必需的脂肪酸和微量元素。目前合成培养基的种类已有数十种,大多数培养基都是为适应某种组织细胞的生长而在某种合成培养基的基础上改良而来的,目前较为常用的有 199 培养液、Eagle (MEM、DMEM)培养液、RPMI1640 培养液、HAM 培养液等。

3. 无血清培养基

无血清培养基的优点有：提高了细胞培养的可重复性，避免了血清差异所带来的细胞差异；减少了由血清带来的病毒、真菌和支原体等微生物污染的危险；供应充足、稳定；细胞产品易于纯化；避免了血清中某些因素对有些细胞的毒性；减少了血清中蛋白对某些生物测定的干扰，便于结果分析。无血清培养基在天然或合成培养基的基础上添加激素、生长因子、结合蛋白、促贴壁物质及其他元素。

4.4.3　植物细胞培养基

植物细胞培养基较微生物培养基复杂得多，且工业化培养基又不同于实验室用培养基，即便是工业化培养本身，甚至因培养目的及培养阶段不同而采用不同培养基。Morris 对长春花细胞悬浮培养的培养基进行了组合研究，并考察其蛇根碱、阿玛碱及其他生物碱产量的变化，发现在细胞生长阶段和产物生产阶段采用不同的培养基，各种产物均有不同程度地增加，说明不同培养阶段必须采用不同培养基。但无论培养目标是细胞生长还是代谢产物的积累，培养基均由碳源、有机氮源、无机盐、植物生长激素、有机酸和一些复合物质组成。

（1）碳源

蔗糖或葡萄糖是常用的碳源，果糖的应用比前两者少。其他的碳水化合物不适合作为单一的碳源。通常，增加培养基中蔗糖的含量可增加培养细胞的次级代谢产物量。

（2）有机氮源

通常采用的有机氮源有蛋白质水解物（包括酪蛋白水解物）、谷氨酰胺或氨基酸混合物。有机氮源对细胞的初级培养的早期生长阶段有利。L-谷氨酰胺可代替或补充某种蛋白质水解物。

（3）无机盐

对于不同的培养形式，无机盐的最佳浓度是不相同的。通常在培养基中无机盐的浓度应在 25mmol·L^{-1} 左右。硝酸盐浓度一般采用 25～40mmol·L^{-1}，虽然硝酸盐可以单独成为无机氮源，但是加入铵盐对细胞生长有利，如果添加一些琥珀酸或其他有机酸，铵盐也能单独成为氮源。培养基中必须添加钾元素，其浓度为 20mmol·L^{-1}；磷、镁、钙和硫元素的浓度为 1～3mmol·L^{-1}。

（4）植物生长激素

大多数植物细胞培养基中都含有天然的和合成的植物生长激素。激素分成两类，即生长素和分裂素。生长素在植物细胞和组织培养中可促进根的形成，最有效和最常用的有吲哚丁酸（IBA）、吲哚乙酸和奈乙酸。分裂素通常是腺嘌呤衍生物，使用最多的是 6-苄氨基嘌呤（BA）和玉米素（Z）。分裂素和生长素通常一起使用，促使细胞分裂、生长，使用量为 0.1～10mg·L^{-1}，根据不同细胞株而异。

（5）有机酸

加入丙酮酸或者三羧酸循环中间产物（如柠檬酸、琥珀酸、苹果酸），能够保证植物细胞在以铵盐作为单一氮源的培养基上生长，并且耐受钾盐的能力提高。三羧酸循环中间产物，同样能促使低接种量的细胞和原生质体的生长。

（6）复合物质

复合物质通常作为细胞的生长调节剂,如酵母抽提液、麦芽抽提液、椰子汁和水果汁。目前,这些物质大多已被已知成分的营养物质所替代,仅椰子汁仍在广泛使用,使用浓度是 $1\sim15mmol \cdot L^{-1}$。在许多例子中还发现,有些抽提液对细胞有毒性。

培养基的组成对植物细胞的生长和代谢物质的产生影响极大,目前应用最广泛的基础培养基主要有 M_S、B_5、E_1、N_6、NN 和 L_2 等,其成分组成见表 4-7。

表 4-7　常用植物细胞培养基的组成

单位:$mg \cdot L^{-1}$

成 分	培养基种类					
	M_S	B_5	E_1	N_6	NN	L_2
$MgSO_4 \cdot 7H_2O$	370	250	400	185	185	435
KH_2PO_4	170	/	250	400	68	325
NaH_2PO_4	/	150	/	/	/	85
KNO_3	1900	2500	2100	2830	950	2100
$CaCl_2 \cdot H_2O$	440	150	450	166	166	600
NH_4NO_3	1650	/	600	/	720	1000
$(NH_4)_2SO_4$	/	134	/	463	/	/
H_3BO_3	6.2	3.0	3.0	1.6	10.0	5.0
$MnSO_4 \cdot H_2O$	15.6	10.0	10.0	3.3	19.0	15.0
$ZnSO_4 \cdot 7H_2O$	8.6	2.0	2.0	1.5	10.0	5.0
$NaMoO_4 \cdot 2H_2O$	0.25	0.25	0.25	0.25	0.25	0.4
$CuSO_4 \cdot 5H_2O$	0.025	0.025	0.025	0.025	0.025	0.1
$CoCl_2 \cdot 6H_2O$	0.025	0.025	0.025	/	0.025	0.1
KI	0.83	0.75	0.8	0.8	/	1.0
$FeSO_4 \cdot 7H_2O$	27.8	/	/	27.8	/	/
$Na_2\text{-}EDTA$	37.5	/	/	37.3	/	/
$Na\text{-}Fe\text{-}EDTA$	/	40.0	40.0	/	100	25.0
甘氨酸	2	/	/	40	5	/
蔗糖	30000	20000	25000	50000	20000	25000
维生素 B_1	0.5	10.0	10.0	1.0	0.5	2.0
维生素 B_5	0.5	1.0	1.0	0.5	0.5	0.5
烟酸	0.5	1.0	1.0	0.5	5.0	/
肌醇	100	100	250	/	100	250
pH 值	5.8	5.5	5.5	5.8	5.5	5.8

第 5 章

发酵工程无菌技术

微生物无菌培养直接关系到生产过程的成败。无菌问题解决不好,轻则导致所需要的产品产量减少,质量下降,后处理困难;重则会使全部培养液变质,导致大量的培养基报废,造成经济上的严重损失,这一点在大规模的生产中更为突出。为了保证培养过程的正常进行,防止染菌的发生,所使用的培养基、发酵设备、附属设备及通入罐内的空气均须彻底除菌,这是防止发酵过程染菌、确保正常生产的关键。

5.1 消毒与灭菌

5.1.1 消毒与灭菌的意义和方法

消毒一般指采用较温和的理化因素,仅杀死物体表面或内部一部分对人体有害的病原菌,而对被消毒的物体基本无害的措施。例如,对于皮肤、水果、饮用水、场地、空气等,常用药剂消毒的方法;对于啤酒、果汁、牛奶、酱油等,常进行消毒处理的巴氏消毒法等等。

灭菌是指用物理或化学的方法杀灭或除掉物料及设备等器具中所有生命体的技术或工艺过程。灭菌实质上可分为杀菌和溶菌两种:前者指菌体虽死,但形体尚存;后者则指菌体杀死后,其细胞发生溶化、消失的现象。工业生产中常用的灭菌方法有化学药剂灭菌、热灭菌(包括干热灭菌和湿热灭菌)、辐射灭菌、臭氧灭菌和过滤介质除菌。

1. 化学药剂灭菌

一些化学药物易与微生物细胞中的某些成分产生化学反应,如使蛋白质变性,使酶类失活,破坏细胞膜透性而杀灭微生物。常用的化学药物有甲醛、苯酚、高锰酸钾、洁尔灭、氯化汞等。由于化学药物也会与培养基中的一些成分起作用,而且加入培养基之后很难清除,所以化学物质不适用于培养基的灭菌,只适用于厂房、无菌室等空间的消毒和溶氧电极等器具的消毒。

2. 辐射灭菌

辐射灭菌是利用高能量的电磁辐射和微粒辐射来杀灭微生物,最常用的辐射光源为波长在 2100～3100Å 范围内紫外线(最有效波长是 2537Å)。由于紫外线可诱导胸腺嘧啶二聚体的形成和 DNA 链的交联,从而抑制了 DNA 的复制,最终引起微生物的死亡或突变。另一方面,辐射能使空气中的氧电离成[O],再使 O_2 氧化生成臭氧(O_3)或使水(H_2O)氧化生成过氧化氢(H_2O_2),也有一定的杀菌作用。紫外线由于波长较短,穿透力很低,故只适用于物体表面、局部空间(如更衣室、洁净室、工作台面)的灭菌。

用于灭菌的射线还有 X 射线、γ 射线等。它们均具有极高的能量(波长 $0.1\sim1.4\text{Å}$)。X 射线的致死效应与环境中还原性物质和含硫氢基化合物的存在密切相关。虽然 X 射线的穿透力极强,但其辐射是自一点向四面八方放射,故不适用于大规模生产。

3. 干热灭菌

干热灭菌是利用高温使微生物细胞内的蛋白质凝固变性而达到灭菌的目的。细胞内的蛋白质凝固快慢与其本身的含水量有关:在菌体受热时,环境和细胞内含水量越大,则蛋白质凝固就越快;含水量越小,凝固越慢。干热灭菌时含水量较少,所需温度较高,一般工业生产中采用的条件是 $160\sim170℃,1\sim2h$。干热灭菌主要用于需要保持干燥的器械、容器的灭菌。干热灭菌的适用对象为玻璃、陶瓷、金属等能够耐高温的物品。

4. 湿热灭菌

湿热灭菌是指用煮沸或饱和水蒸气等含水量较高的热空气进行灭菌或消毒的方法。当蒸汽冷凝时,释放大量潜热,并具有强大的穿透力,在高温和水存在时,微生物细胞中的蛋白质极易发生不可逆的凝固性变性,致使微生物在短时间内死亡。与干热灭菌相比,湿热灭菌所用温度较低,灭菌时间较短,灭菌效果较好。一般常用的灭菌条件是 $121℃,20\sim30min$。湿热灭菌广泛用于培养基、发酵罐体、附属设备(油罐、糖罐等)、管道以及耐高温物品的灭菌。

5. 过滤介质除菌

过滤介质除菌是指用适当的过滤介质对热敏性的液体或气体进行过滤,去除微生物的方法。处理液体时最常用的是微孔滤膜,孔径一般为 $0.22\mu m$ 或 $0.45\mu m$。滤膜的材质有醋酸纤维素、尼龙、聚醚砜或聚丙烯等。对于气体而言,可借助较大孔隙的纤维介质等滤材来捕捉极微小的悬浮微生物。常用的材质有棉花、玻璃纤维、粉末烧结金属或聚四氟乙烯薄膜等。

5.1.2　消毒与灭菌在发酵工业中的应用

自从发酵技术应用于纯种培养后,要求发酵的全过程只能有生产菌,不允许其他微生物存在,如污染上其他微生物,则这种污染微生物称为"杂菌"。为了保证纯种培养,在生产菌接种培养之前,不仅要对培养基、空气系统、消泡剂、流加料、设备、管道等进行灭菌,还要对生产环境进行消毒,防止杂菌和噬菌体大量繁殖。只有不受污染,发酵才能正常进行。

5.2　培养基和设备灭菌

5.2.1　加热灭菌的原理

1. 微生物的热阻

微生物的生命活动都是由一系列生物化学反应组成的,而这些反应受温度的影响极其明显,因此温度是影响微生物生长繁殖的最重要因素之一。微生物的生长存在三个基准点,即最低生长温度、最适生长温度和最高生长温度。当温度超过最高生长温度后,则微生物很容易死亡,超过的温度越高或在同一温度下处理的时间越长,微生物死亡得越快。一般来说,无芽孢杆菌在 80～100℃时,几分钟内几乎全部死亡;在 70℃时需10～15min 才能致死;而在 60℃必须 30min 以上才有效。霉菌的孢子通常在 86～88℃加热30min 即可死亡。但是,有些细菌的芽孢耐热性很强,在 100℃ 加热 30min 后还有活力。因此,一般以杀死细菌的芽孢为标准来判断灭菌的彻底与否,常用对照菌株为嗜热脂肪芽孢杆菌。

高温之所以能灭菌,最主要的原因是因为高温能使原生质中的蛋白质变性或凝固。同时,高温也能破坏酶的活性,使微生物死亡。另外,高温灭菌还与微生物的种类、数量、菌龄、芽孢的有无、温度、介质成分以及 pH 值等因素密切相关。

微生物对热的抵抗能力常用"热阻"来表示,即指微生物在某一特定条件下(主要是温度)的致死时间。杀死微生物的极限温度称为致死温度,在致死温度下杀死全部微生物所需的时间称为致死时间。在致死温度以上,温度越高,致死时间越短。相对热阻指某一微生物在某一条件下的致死时间与另一微生物在相同条件下的致死时间之比。

2. 对数残留定律

在灭菌过程中,微生物由于受到不利环境条件的作用,随时间增加而逐渐死亡,其减少的速率(dN/dt)与一瞬间残留的微生物数量成正比,这就是"对数残留定律",用公式(5-1)表示。

$$\frac{dN}{d\tau} = -kN \qquad (5-1)$$

式中:N 为培养基中菌的残留个数,单位为个;τ 为灭菌时间,单位为 s;k 为反应速率常数(或称比死亡速率),与灭菌温度、菌种特性有关,单位为 s^{-1};$dN/d\tau$ 为菌的瞬时变化速率,即死亡速率,单位为个·s^{-1}。

将式(5-1)移项积分得

$$\int_{N_0}^{N_\tau} \frac{dN}{N} = -k \int_0^\tau dt \qquad (5-2)$$

进一步转化方程式得

$$\ln \frac{N_0}{N_\tau} = k\tau \qquad (5-3)$$

$$\tau = \frac{1}{K} \cdot \ln \frac{N_0}{N_\tau} = \frac{2.303}{k} \cdot \lg \frac{N_0}{N_\tau} \qquad (5-4)$$

式中:N_0 为灭菌开始时原有的菌数,单位为个;N_τ 为灭菌结束时残留的菌数,单位为个。

根据上述的对数残留方程式,如果要求达到彻底灭菌,即 $N_\tau = 0$,则所需的灭菌时间 τ 为无限长,这在生产上是不可行的。因此,实际设计时常采用 $N_\tau = 0.001$(即在 1000 批次灭菌中只有 1 批是失败的)作为灭菌完全的标准。如以菌的残留数的对数与灭菌时间 t 的实测数在半对数坐标纸上绘图,得出的残留曲线为一直线,见图 5-1,其斜率为 $-k$。

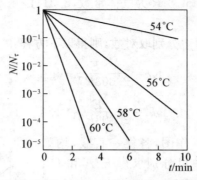

图 5 - 1　大肠杆菌在不同温度下的残留曲线（参考俞俊棠，1997）

除了用比死亡速率 k 来表示微生物的耐性之外，还可用在残存活细胞曲线（图 5 - 2）中，使微生物数目降低至最初的十分之一所需时间 D 或用在加热致死时间曲线（图 5 - 3）中，加热时间缩短 90% 所需升高的温度 Z 来表示。

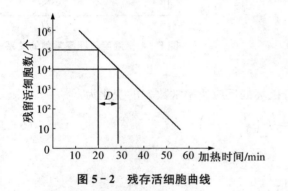

图 5 - 2　残存活细胞曲线　　　　**图 5 - 3　加热致死时间曲线**

3. 灭菌温度的选择

在培养基灭菌过程中，除了微生物被杀死以外，还有营养成分被破坏。要做到既达到灭菌效果，又尽量减少营养成分的破坏，必须选择一个合适的温度。

前已述及在培养基灭菌过程中，杂菌的死亡属于一级动力学类型，即符合对数残留定律。在灭菌的同时，营养成分的破坏也属于一级动力学类型，同样适合对数残留定律：

$$\frac{dc}{dt} = -k'c \qquad (5-5)$$

式中：c 为反应物的浓度，单位为 $mol \cdot L^{-1}$；t 为反应时间，单位为 min；k' 为化学反应速率常数（随温度及反应类型变化），单位为 min^{-1}。

杂菌比死亡速率 k 及营养成分破坏的反应速率常数 k' 与温度的关系均可用阿仑尼乌斯（Arrhenius）方程表示。

$$k = A e^{\frac{-E}{RT}} \qquad (5-6)$$

$$k' = A' e^{\frac{-E'}{RT}} \qquad (5-7)$$

式中：A' 为比例常数；E 为杀死微生物所需的活化能，单位为 $J \cdot mol^{-1}$；E' 为营养成分破坏反应所需活化能，单位为 $J \cdot mol^{-1}$；R 为气体常数，$8.314J \cdot mol^{-1} \cdot K^{-1}$；$T$ 为绝对温度，单位为 K。

将公式(5-6)和(5-7)两边分别取对数，则得以下方程：

$$\lg k = \frac{-E}{2.303RT} + \lg A \tag{5-8}$$

$$\lg k' = \frac{-E'}{2.303RT} + \lg A' \tag{5-9}$$

分别以 $\lg k$ 和 $\lg k'$ 对 $1/T$ 作图，各得一直线，均如图 5-4 所示，从斜率和截距中可分别求得 E、A 和 E'、A' 值。

当灭菌时，温度由 T_1 升至 T_2，杂菌比死亡速率 k 的变化为

$$k_1 = A e^{\frac{-E}{RT_1}} \tag{5-10}$$

$$k_2 = A e^{\frac{-E}{RT_2}} \tag{5-11}$$

两式相除得

$$\ln \frac{k_2}{k_1} = \frac{E}{R} \left(\frac{1}{T_1} - \frac{1}{T_2} \right) \tag{5-12}$$

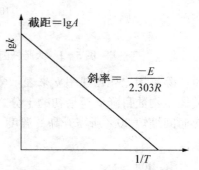

图 5-4　温度与速率常数的关系

同理，当温度由 T_1 升至 T_2，营养成分破坏的反应速率常数 k' 的变化为

$$\ln \frac{k_2'}{k_1'} = \frac{E'}{R} \left(\frac{1}{T_1} - \frac{1}{T_2} \right) \tag{5-13}$$

将公式(5-12)和(5-13)相除得

$$\frac{\ln \frac{k_2}{k_1}}{\ln \frac{k_2'}{k_1'}} = \frac{E}{E'} \tag{5-14}$$

由表 5-1、5-2 可知，一般情况下，由于微生物细胞死亡的活化能 E 大于培养基营养成分破坏所需的活化能 E'，因此，$\ln \frac{k_2}{k_1} > \ln \frac{k_2'}{k_1'}$，即随着温度的升高，杂菌比死亡速率增加的倍数大于培养基中营养成分破坏的反应速率常数增加的倍数。在热灭菌的过程中，温度均能加速两者进行的速率，当温度升高时，微生物死亡的速率更快。因此，可以采用较高的温度，较短的时间进行灭菌以减少培养基营养成分的破坏，即"瞬时超高温灭菌法(UHT)"。

表 5-1　常见的微生物被灭活所需活化能

微生物	$E/(kJ \cdot mol^{-1})$
嗜热脂肪芽孢杆菌	284
枯草芽孢杆菌	318
肉毒梭菌	343
腐败厌气菌 NCA3679	303

表 5 - 2　常见的培养基营养成分被破坏所需活化能

名　称	$E'/(\text{kJ} \cdot \text{mol}^{-1})$
叶酸	70.3
泛酸	89.7
维生素 B_{12}	96.7
维生素 B_1 盐酸盐	92.1

5.2.2　影响灭菌的因素

影响培养基灭菌的因素除了所污染杂菌的种类和数量、灭菌温度和时间外,培养基成分、pH 值、培养基中的颗粒、泡沫等对培养基灭菌效果也有很大影响。

1. 培养基成分

油脂、糖类及一定浓度的蛋白质能增加微生物的耐热性。高浓度有机物会包在细胞的周围,形成一层薄膜,影响热的传递,因此在固形物含量高的情况下,灭菌温度可高些。例如,大肠杆菌在水中加热 60~65℃便死亡;在 10% 糖液中,需 70℃加热 4~6min;在 30% 糖液中,需 70℃加热 30min。但大多数糖类在加热灭菌时均发生某种程度的改变,并且形成对微生物有毒害作用的产物。因此,灭菌时应考虑这一因素。

低质量分数(1%~2%)的 NaCl 溶液对微生物有保护作用。随着质量分数的增加,保护作用减弱,当质量分数达 8%~10%,则减弱微生物的耐热性。

2. pH 值

pH 值对微生物的耐热性影响很大。pH 值在 6.0~8.0,微生物耐热性最强;pH<6.0,氢离子易渗入微生物细胞内,从而改变细胞的生理反应,促使其死亡。因此,培养基的 pH 值越低,灭菌所需的时间越短。

3. 培养基中的颗粒

培养基中的颗粒小,灭菌容易;颗粒大,灭菌难。一般含有小于 1mm 的颗粒对培养基灭菌影响不大;但颗粒过大时,影响灭菌效果,应过滤除去。

4. 泡沫

培养基中的泡沫对灭菌极为不利,因为泡沫中的空气形成隔热层,使传热困难,热难穿透进去杀灭微生物。对于易产生泡沫的培养基,在灭菌时可加入少量消泡剂。对有泡沫的培养基进行连续灭菌时,更应注意消泡。

5. 其他

如培养基中微生物的数量、微生物细胞的含水量、菌龄、微生物的耐热性等,均会影响培养基灭菌的效果。

5.2.3　灭菌时间计算

1. 分批灭菌(实罐灭菌)

将配制好的培养基输入发酵罐内,直接用蒸汽加热,达到灭菌要求的温度和压力后维持一定时间,再冷却至发酵要求的温度,这一工艺称为分批灭菌或实罐灭菌。分批灭菌的优点是不需要其他的附属设备,操作简便;缺点是加热和冷却时间较长,使营养成分有一定损失,罐利用率低,不能采用高温快速灭菌工艺。

由于发酵罐体积过大,培养基在升温和降温阶段也需要一定时间。因此,灭菌时间应该考虑三个时间段:升温阶段、保温阶段和降温阶段。由于升温阶段加热时间较长,有相当大的一部分微生物被杀死,温度越高,作用越显著。而降温阶段虽也有一定杀菌作用,但由于时间较短,所以实际计算时仅考虑升温阶段和保温阶段,而不考虑降温阶段。

$$t = t_{升温} + t_{保温} + t_{降温} \tag{5-15}$$

按比死亡速率的概念及公式(5-2)可知,升温阶段(温度从 T_1 升到 T_2)活菌平均比死亡速率可用下式求得:

$$k_m = \frac{k \int_{T_1}^{T_2} \mathrm{d}T}{T_2 - T_1} \tag{5-16}$$

公式(5-16)中积分值可由图 5-5 求得。

若培养基加热时间 t(一般以从 373K 至保温的升温时间为准)已知,k_m 已求得,则升温阶段结束时,培养基残留活菌数 N 可由对数残留定律求得。

$$N = \frac{N_0}{e^{k_m t}} \tag{5-17}$$

式中:N_0 为灭菌开始时原有的菌数,单位为个;N 为温度从 373K 升至保温时培养基中的活菌数,单位为个;t 为温度从 373K 升至保温时所需时间,单位为 min。

再由公式(5-4)求得保温阶段所需时间:

$$\tau = \frac{2.303}{K} \cdot \lg \frac{N_0}{N_\tau} \tag{5-18}$$

【例题 5-1】有一发酵罐内装 40m³ 培养基,污染程度为每毫升有 2×10^5 个嗜热芽孢杆菌,121℃时的杂菌比死亡速率为 1.8min⁻¹。在灭菌过程中,培养基从 100℃升到 121℃所需时间为 15min。求升温阶段结束时,培养基中的芽孢数,以及灭菌失败概率为 0.001 时所需要的保温时间。

解　已知 $T_1 = 373$,$T_2 = 394$。由图 5-1 及表 5-1 可得

$$A = 1.34 \times 10^{36} \quad E = 2.84 \times 10^5$$

代入公式(5-8)后得

$$\lg k = \frac{-2.84 \times 10^5}{2.303 \times 8.314 T} + \lg 1.34 \times 10^{36} = -\frac{14832}{T} + 36.127 \tag{5-19}$$

根据式(5-19),在 373~394K 间,每隔 3K 求得一 k 值,得若干 k-T 关系,如表 5-3 所示。

表 5 - 3 　k - T 关系表

T/K	373	376	379	382	385	388	391	394
k/s^{-1}	2.31×10^{-4}	4.79×10^{-4}	9.83×10^{-4}	1.99×10^{-3}	4.00×10^{-3}	7.95×10^{-3}	1.56×10^{-2}	3.04×10^{-2}

以 k 对 T 作图,得图 5 - 5。若以横坐标 2K 及纵坐标 $0.002\mathrm{s}^{-1}$ 组成一小方格,总值为 $2\times0.002=0.004$ $(\mathrm{K}\cdot\mathrm{s}^{-1})$。用计数法求得 k - T 曲线以下及 373～394K 范围内的小方格共 32 个,则总面积为 $\int_{373}^{394}k\mathrm{d}T=$ $32\times0.002=0.128(\mathrm{K}\cdot\mathrm{s}^{-1})$。由此可得

$$k_\mathrm{m}=\frac{k\int_{T_1}^{T_2}\mathrm{d}T}{T_2-T_1}=\frac{0.128}{394-373}=0.0061(\mathrm{s}^{-1})$$

根据公式(5 - 17)得升温阶段结束时培养基中残留的芽孢数为

$$N=\frac{N_0}{\mathrm{e}^{k_\mathrm{m}t}}=\frac{40\times10^6\times2\times10^5}{\mathrm{e}^{0.006\times15\times60}}=\frac{8\times10^{12}}{\mathrm{e}^{5.49}}=3.3\times10^{10}(\text{个})$$

根据公式(5 - 18)得灭菌失败概率为 0.001 时所需要的保温时间。

$$\tau=\frac{2.303}{K}\lg\frac{N_0}{N_\tau}=\frac{2.303}{1.8}\lg\frac{3.3\times10^{10}}{10^{-3}}=17.3(\mathrm{min})$$

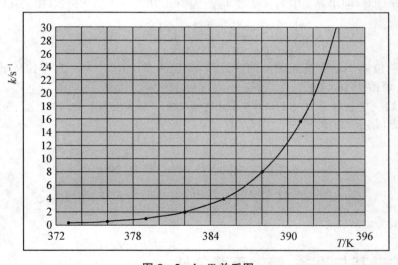

图 5 - 5 　k - T 关系图

2. 连续灭菌

连续灭菌也叫连消,是指将培养基在发酵罐外经过一套灭菌设备连续地加热灭菌、冷却后送入已灭菌的发酵罐内的工艺过程。连续灭菌一般采用高温短时灭菌,培养基受热时间短,营养成分破坏少,有利于提高发酵产率;而且蒸汽负荷均衡,锅炉利用率高;操作方便,适于自动化控制,劳动强度低。但由于设备复杂,投资成本加大且易污染;物料多经管道运输,故不适用于含固形物含量较多的培养基或黏度大的培养基灭菌。常用的连续灭菌装置是由连消塔、维持罐和冷却器组成的连消系统。灭菌工艺流程如图 5 - 6 所示。

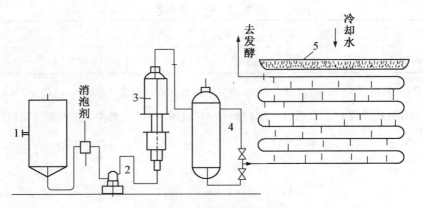

图 5 - 6　连续灭菌工艺流程图

1—料液罐;2—连消泵;3—连消塔;4—维持罐;5—喷淋冷却器

　　为了保证培养基流速稳定,灭菌时要求培养基的输入压力与蒸汽总压力相近。常用灭菌条件是培养基流入连消塔的速率小于 0.1m·min^{-1},灭菌温度为 132℃,在塔内停留时间为20～30s。再送入维持罐保温一段时间,该段时间的长短决定了连续灭菌的效果。维持时间的计算仍可按照公式(5-18)来计算,但培养基中的含菌数,应改为 1mL 培养基中的含菌数,得公式(5-20)。

$$\tau = \frac{2.303}{K} \cdot \lg \frac{C_0}{C_\tau} \qquad\qquad (5-20)$$

式中: C_0 为单位体积培养基灭菌前的含菌数,单位为个· mL^{-1}; C_τ 为单位体积培养基灭菌后的含菌数,单位为个· mL^{-1} 。

　　【例题 5 - 2】　若例题 5 - 1 中的培养基采用连续灭菌,灭菌温度为 131℃,此温度下灭菌速率常数为 15min^{-1},求灭菌所用的维持时间。

　　解　　　　　　　　　　　　　$C_0 = 2 \times 10^5 (\text{个·mL}^{-1})$

$$C_\tau = \frac{1}{40 \times 10^6 \times 10^3} = 2.5 \times 10^{-11} (\text{个·mL}^{-1})$$

　　则　　　　　$\tau = \frac{2.303}{K} \lg \frac{C_0}{C_\tau} = \frac{2.303}{15} \lg \frac{2 \times 10^5}{2.5 \times 10^{-11}} = 0.15 \times 15.8 = 2.37 (\text{min})$

即维持时间为 2.37min。

5.2.4　培养基与设备、管道灭菌条件

　　(1)杀菌锅内灭菌

　　培养基及物品灭菌所需压强均为 0.098MPa。固体培养基维持 20～30min;液体培养基维持 15～20min;玻璃器皿及用具维持 30～60min。

　　(2)种子罐、发酵罐、计量罐、补料罐等的空罐灭菌及管道灭菌

　　从有关管道通入蒸汽,使罐内蒸汽压强达 0.147MPa,维持 45min。灭菌过程从阀门、边阀排出空气,并使蒸汽达到死角。灭菌完毕,关闭蒸汽后,待罐内压力低于空气过滤器压力时,通入无菌空气保持罐压 0.098MPa。

　　(3)空气总过滤器和分过滤器灭菌

　　从过滤器上部通入蒸汽,并从上、下排气口排气,维持压强 0.174MPa,灭菌 2h。灭菌完

毕,通过压缩空气吹干。

(4) 种子培养基实罐灭菌

从夹层通入蒸汽间接加热至 80℃,再从取样管、进风管、接种管通入蒸汽直接加热,同时关闭夹层蒸汽进口阀门,升温到 121℃,维持 30min。谷氨酸发酵的种子培养基实罐灭菌为 110℃,维持 10min。

(5) 发酵培养基实罐灭菌

从夹层或盘管进入蒸汽,间接加热至 90℃,关闭夹层蒸汽,从取样管、进风管、放料管三路进蒸汽,直接加热至 121℃,维持 30min。谷氨酸发酵培养基实罐灭菌为 105℃,维持 25min。

(6) 发酵培养基连续灭菌

一般培养基为 130℃,维持 5min。谷氨酸发酵培养基为 115℃,维持 6～8min。发酵罐需在培养基灭菌之前,直接用蒸汽进行空罐灭菌。空消之后不能立即冷却,先用无菌空气保压,待灭菌的培养基输入罐内后,才可以开冷却系统进行冷却。

(7) 油罐(消泡剂罐)灭菌

一般条件为 0.15～0.18MPa,维持 60min。

(8) 补料实罐灭菌

视物料性质而定,如糖水为 0.1MPa(120℃),保温 30min;淀粉料液为 121℃,维持 5min。

(9) 尿素溶液灭菌

常用灭菌条件为 105℃,维持 5min。

5.2.5　分批灭菌和连续灭菌比较

与分批灭菌相比,连续灭菌具有很多优点,尤其是当生产规模大时,优点更为显著。主要体现在以下几个方面:

① 可采用高温短时灭菌,培养基受热时间短,营养成分破坏少,有利于提高发酵产率。

② 发酵罐利用率高。

③ 蒸汽负荷均衡。

④ 采用板式换热器时,可节约大量能量。

⑤ 适宜采用自动控制,劳动强度小。

但当培养基中含有固体颗粒或培养基有较多泡沫时,连续灭菌容易导致灭菌不彻底,以采用分批灭菌为好。小容积发酵罐连续灭菌的优点不明显,而采用分批灭菌比较方便。

5.3　空气除菌

在微生物的产品(包括初级代谢产物和次级代谢产物)生产中,好氧微生物的使用占很大比例,需要源源不断地提供所需氧气,以保证发酵的顺利进行。因此,无菌空气的获得至关重要。

5.3.1 空气中的微生物与除菌方法

1. 空气中的微生物

空气是一种气态物质的混合物,除含有氧气和氮气外,还含有惰性气体、二氧化碳、水蒸气和灰尘等,同时也含有大量的微生物。空气中微生物的含量和种类与地区、离地面高低、季节、空气中尘埃多少和人类的活动程度密切相关。一般而言,北方比南方含菌量少;离地面越高,含菌量越少;农村比城市含菌量少;雨天比晴天含菌量少。

实际上,空气中并不含有微生物生长所必需的营养物、充足的水分等,且由于太阳光紫外线的存在,更不利于微生物的生存。因此,空气中的微生物多附着在尘埃和雾沫上,且以细菌芽孢和霉菌孢子为主,也有一定量的酵母、放线菌和噬菌体。表 5-4 列出了空气中一些常见的微生物。

表 5-4　空气中常见的一些微生物的种类和大小

微生物	大小(宽×长)/(μm×μm)	微生物	大小(宽×长)/(μm×μm)
产气杆菌	$(1.0\sim1.5)\times(1.0\sim2.5)$	蕈状芽孢杆菌	$(0.6\sim1.6)\times(1.6\sim13.6)$
蜡样芽孢杆菌	$(1.3\sim2.0)\times(8.1\sim25.8)$	枯草芽孢杆菌	$(0.5\sim1.1)\times(1.6\sim4.8)$
变形杆菌	$(0.5\sim1.0)\times(1.0\sim3.0)$	金黄色葡萄球菌	$(0.5\sim1.0)\times(0.5\sim1.0)$
地衣芽孢杆菌	$(0.5\sim0.7)\times(1.8\sim3.3)$	酵母菌	$(3.0\sim5.0)\times(5.0\sim19.0)$
巨大芽孢杆菌	$(0.9\sim2.1)\times(2.0\sim10.0)$	霉状分枝杆菌	$(0.6\sim1.6)\times(1.6\sim13.6)$

2. 空气除菌方法

不同菌种的生长能力的强弱、生长速率的快慢、培养周期的长短及所需培养基的组成各不相同,对空气的要求也各不相同。因此,空气的灭菌情况应视具体情况而定,但仍以小于 10^{-3} 的染菌概率作为空气灭菌彻底的标准,即 1000 次培养中允许 1 次由于空气灭菌不彻底而导致染菌。适用于发酵中大量空气灭菌和除菌的方法常有以下三种:

(1) 加热灭菌

空气进入培养系统前,一般均需用压缩机压缩,提高压力,此时空气的温度可达 200℃ 以上,若能保持一定的时间,可使微生物体内的蛋白质发生变性,从而实现杀菌的目的。

(2) 静电除菌

静电除菌是利用静电引力来吸附带电粒子而达到除尘灭菌的目的。当含有灰尘和微生物的空气通过高压直流电场时,由于正极电场强度在 $1\mathrm{kV \cdot cm^{-1}}$ 以上,使空气分子电离为带正电荷和带负电荷的空气离子,分向两极运动。运动过程中使灰尘和微生物等带上电荷向两极运动。由于电离主要发生在负极周围,因此负离子的移动要比正离子长,且负离子的运动速率比正离子大,使大部分微粒带负电荷而向正极沉降,因此正极称为沉淀电极,负极称为电晕电极。吸附于正极上的颗粒、油滴、水滴等需定期清洁,以保证除尘效率和除尘器的绝缘程度。

(3) 过滤除菌

过滤除菌是让含菌空气通过无菌过滤介质,以除去空气中所含有的微生物,达到无菌的目的。它是目前广泛用来获得大量无菌空气的常规方法。优点是在除菌的同时还可使空气有足够的压力和适宜的温度;缺点是无法去除空气中所含的噬菌体。按照除菌机制的不同,过滤除菌分两种:绝对过滤和介质过滤除菌。绝对过滤指的是空气中的微生物大于介质之间的空隙,当空气通过过滤介质时,空气中的微生物被过滤介质阻拦,从而达到无菌的目的,它一般多在小型发酵罐中使用。介质过滤除菌是指利用孔径较大的过滤介质截留微生物。截留因素有多种,主要有惯性冲击作用、拦截滞留作用、布朗扩散作用、重力沉降作用和静电吸引作用。

5.3.2　介质过滤除菌

介质过滤是将空气通过棉花、玻璃纤维、尼龙等纤维类成分或活性炭等其他材料作介质组成的过滤层,当微粒随气流通过过滤层时,过滤层纤维所形成的网格阻碍气流前进,使气流无数次改变运动速率和运动方向,绕过纤维等介质而前进,而灰尘和微生物因碰撞、阻截、吸附、扩散等作用被截留在介质层内,达到除菌的目的。

1. 惯性冲击作用

当空气高速通过过滤介质时,气流碰到纤维而受阻,迫使空气不断改变运动方向才能绕过纤维,同时运动速率下降。空气中的微生物等颗粒随空气按一定速率运动,当碰到纤维等过滤介质时,在惯性的作用下,离开气流,滞留于纤维表面,从而达到除尘和除菌的目的。空气的流速在惯性冲击作用中起关键作用,当空气流速低于某一数值时,微生物等颗粒不能因惯性碰撞而滞留于纤维上,捕获效率显著下降,此时的流速称为临界速率。

2. 拦截滞留作用

随着气流速率继续降低,纤维对微粒的捕获效率又发生回升,此时拦截滞留作用起主要作用。当气流以低于临界流速的速率慢慢靠近纤维等介质时,在纤维周边形成一层边界滞留区,区内气流速率进一步降低。由于微粒质量很小,在随气流运动时慢慢靠近纤维等介质,在摩擦、黏附等作用下,被滞留于过滤介质表面。拦截滞留作用在空气除菌中并非主要作用。

3. 布朗扩散作用

直径小于 1mm 的微粒在低速运动的气流中可产生布朗运动,把较小的微粒凝聚为较大微粒,质量和体积均显著增大,增加了与介质接触的机会,同时在重力作用下沉降于介质表面。

4. 重力沉降作用

任何有质量的物体在地球表面均有一定重力作用。当重力大于气流对它的拖带力时,微粒就会发生沉降。但这种情况在实际生产中不常发生,因此,重力沉降在空气除菌中起的作用非常微弱。

5. 静电吸引作用

当空气以一定流速通过过滤介质时,由于摩擦作用,会产生诱导电荷。空气中的微生物表面也携带不同程度的电荷。如果微粒所带电荷与过滤介质所带电荷相反,则易于被吸附在介质表面。

随着流速等参数的变化,在介质过滤除菌中,很难分辨是上述各种因素中的哪一种起主导作用。一般认为,当气流速率小时,惯性碰撞作用不明显,以重力沉降和布朗扩散作用为主;气流速率大于临界速率时,以惯性冲击作用为主。

5.3.3 空气过滤器类型

由于被过滤空气需要以一定速率通过过滤介质,因此,过滤介质必须能耐受高温高压,不易被油水污染,除菌效率高,阻力小,成本低,易更换。因此,用于空气过滤的介质主要有两大类:一是以纤维状物(如棉花、玻璃纤维、腈纶、维尼纶等)或颗粒状物(主要是活性炭)为介质所构成的过滤器;二是以微孔滤纸、纸板、滤棒构成的过滤器。

1. 纤维状或颗粒状介质过滤器

(1) 棉花活性炭过滤器

棉花活性炭过滤器是将棉花、玻璃纤维、活性炭或矿渣棉等过滤介质按一定顺序置于上、下孔板间压紧而成,基本结构如图5-7所示。一般棉花置于上、下层,活性炭在中间,也可全部用纤维状介质充填而成。介质充填时应均匀、平整、贴壁,有一定厚度和密度,以防变形。优点是吸油水能力强,一般作为空气总过滤器使用;缺点是使用时体积较大,不易更换,压降较大。

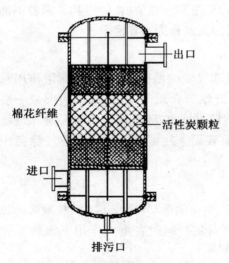

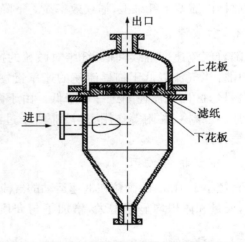

图 5-7 棉花活性炭过滤器　　　图 5-8 旋风式超细纤维过滤器(参考姚汝华,2008)

(2) 平板式超细纤维过滤器

平板式超细纤维过滤器以直径 $1\sim1.5\mu m$ 的玻璃纤维为过滤介质,用造纸方法制成的厚度为 0.25mm 左右的纤维滤纸,3~6 层叠在一起,两面用麻布和细铜丝网保护,同时垫以橡皮圈,再用法兰盘拧紧,以保证过滤器的严密度。优点是占用地方少,装卸方便,除菌效率高,阻力小,压力降小;缺点是过滤介质机械强度差,易破损。平板式超细纤维过滤器多在旋风式过滤器(图5-8)中使用,一般用作分过滤器。

2. 微孔滤纸或滤棒构成的过滤器

（1）套管式过滤器（图 5 - 9）

这种过滤器采用的过滤介质与旋风式一样，为微子滤纸，但因其卷装在孔管上，过滤面积大大增加。但卷装滤纸时要防止空气从纸缝走短路，这种过滤器的安装和检查比较困难。

（2）微孔滤膜过滤器

以超细玻璃纤维（0.5μm）为介质，制成 1mm 以上厚度即可完全滤除细菌和噬菌体。在此基础上研制而成的四氟乙烯薄膜滤材和玻璃纤维浸渍四氟乙烯滤材，不仅增加过滤面积，在流量、压降方面也损失很小，还具有可折叠功能。

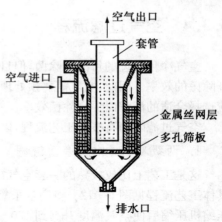

图 5 - 9　套管式空气过滤器
（参考姚汝华，2008）

① Bio-X 空气过滤器：采用直径 0.5μm 的玻璃纤维制成 1mm 厚的滤材，卷成了圈，形成过滤层，被两层粗玻璃纤维无纺布和两层不锈钢冲孔钢包成三明治结构的圆筒型滤芯（图 5 - 10），底物采用 O 形密封圈。可捕获空气中的细菌和噬菌体。优点是纤维仅占滤材的 6% 体积，留有 94% 的过滤空间，是一种大流量、低压降的薄膜过滤器。

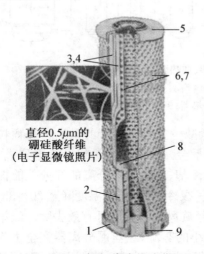

图 5 - 10　Bio-X 滤芯（参考姚汝华，2008）

1—耐高温 Silicon 封胶；2—批号；3,4—内外硼酸纤维支衬；5—不锈钢上盖；6,7—不锈钢内外支衬；8—不锈钢网状里衬；9—Silicon 封环

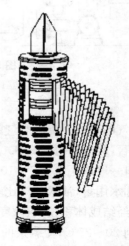

图 5 - 11　折叠式高通量空气过滤器
滤芯（参考储炬，2008）

② 高通量空气过滤器：它是以聚四氟乙烯（PTFE）材料为滤芯（图 5 - 11）的高通量过滤器，孔径在 0.1～0.45μm 左右。其过滤机理和过滤效率均同 Bio-X 过滤器，只是 PTFE 还可做成折叠滤芯，在增加过滤面积的同时减小了体积。

③ 聚乙烯醇（PVA）过滤器：它是以具特殊多孔型结构和耐热性能的聚乙烯醇海绵状物质为介质加工而成的圆筒型和圆板型过滤器。其孔隙为 10～20μm，过滤效率可达 99.9999%，压降为 0.015MPa。

5.3.4　空气过滤流程

空气净化处理的目的是除菌,但目前所采用的过滤介质必须在干燥条件下工作,才能保证除菌的效率。因此,空气需要预处理,以除去油、水和较大的颗粒。除了保证除菌目的,还应选择合适的流程以提高除菌效率。

空气过滤除菌有多种工艺流程,以下三种较常见。

1. 两级冷却、加热除菌流程

这是工艺上比较成熟的一套空气净化系统,常为发酵生产使用,可适应各种气候条件,具体工艺流程见图 5-12。将高空采集的气体,经粗过滤器滤除较大颗粒等杂质后,经空气压缩机压缩后使空气温度升高到 120~150℃,再经两级空气冷却器降温,经两级油水分离器除去空气中的油和水,再加热至一定温度后进入空气过滤器进行除菌,最后获得无菌程度高,温度、压力和流量均符合生产要求的无菌空气。

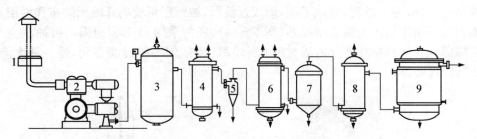

图 5-12　两级冷却、加热除菌流程
1—粗过滤器;2—压缩机;3—贮罐;4,6—冷却器;5—旋风
分离器;7—丝网分离器;8—加热器;9—过滤器

高空采气的目的是提高空气的清洁度,尽量减少空气中夹带的微生物等颗粒的绝对数量。一般而言,吸气口每提高 3.05m,微生物数量会减少一个数量级。考虑到成本、使用等因素,吸气口一般以距地面 5~10m 为宜。两级冷却、两级油水分离的好处是能提高传热系数,节约冷却水用量,油水分离比较彻底。经第一级冷却后,空气温度降至 30~35℃,大部分油和水都已经结成体积较大、浓度较高的雾滴,经旋风分离器后可有效去除。经第二级冷却后,温度降到 20~25℃,使剩余的油和水形成较小的雾滴,经丝网分离器完全去除。除去油污、水滴的空气相对湿度仍为 100%,进入过滤器之前尚需加热,降低空气相对湿度,保证过滤介质不致受潮失效,提高除菌效率。

2. 冷热空气直接混合式空气除菌流程

如图 5-13 所示,压缩空气从空气贮罐出来后分成两部分,一部分进入冷却器,冷却到较低温度,经分离器分离水、油雾后与另一部分未处理的高温压缩空气混合,此时混合空气温度在 30~35℃左右,相对湿度在 50%~60%,再进入过滤器过滤。与两级冷却、加热除菌流程相比,该流程减少了一级冷却设备和加热设备,流程简单,冷却水用量少,节省能源,但不能用于空气中水分含量过高的地区,仅适用于中等湿含量地区。

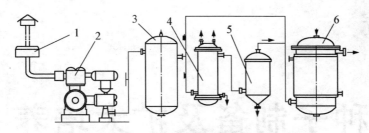

图 5 - 13　冷热空气直接混合式空气除菌流程

1—粗过滤器；2—压缩机；3—贮罐；4—冷却器；5—丝网分离器；6—过滤器

3. 高效前置过滤空气除菌流程

由于粉末烧结金属过滤器、薄膜空气过滤器等的出现，最近几年发展起来了此种新型过滤流程。其主要特点是在空气压缩机前加了高效率的前置过滤设备，利用压缩机的抽吸作用，使空气先经中、高效过滤后，再进入空气压缩机，此时空气的无菌程度已经相当高，空气再经油水分离后进入主过滤器，即可达到无菌水平。优点是通过前置高效过滤器，减轻了主过滤器的负荷，如图 5 - 14 所示。

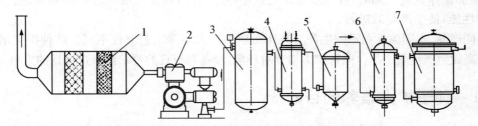

图 5 - 14　高效前置过滤空气除菌流程（参考储炬，2008）

1—高效过滤器；2—空气压缩机；3—贮罐；4—冷却器；5—丝网分离器；6—加热器；7—过滤器

图 5 - 14 中的第一个装置是以折叠式大面积滤芯作为过滤介质的总过滤器，过滤面积大，压力损耗小，在过滤效率和安全使用方面均优于棉花活性炭总过滤器。

第 6 章

种子制备及扩大培养

6.1 种子扩大培养的目的与要求

工业化大规模生产所需要的菌体数量较多,为满足工业化生产需求,必须逐级扩大培养规模,增加菌体数量。同时,在逐步增殖过程中,应通过培养基组成和环境的调控,提升菌种的生产性能,使生产高效进行。

不同产品、不同菌种和不同生产工艺所对应的扩大培养工艺流程不同。菌种扩大培养的目的是高效生产优质产品。菌种扩大培养对环境、设备和流程的要求都以这一目的为出发点。

6.1.1 种子扩大培养的目的

种子扩大培养是指将保存在沙土管、冷冻管、斜面试管中的处于休眠状态的菌种接入试管斜面或液体培养基活化,再经过扁瓶或摇瓶及种子罐、增殖罐等逐级扩大规模培养而获得大量生产性能优良的纯种过程。

种子扩大培养增加菌体的数量,满足工业化生产对菌种大量的需求。菌体达到一定浓度不仅是高效率和高质量生产的保证,而且是缩短发酵周期、降低生产成本的必然要求。因此,在工业化大规模生产中,生物反应器中的菌体必须达到一定的浓度。工业化生产的规模非常大,达到生产工艺所要求的菌体浓度所需要的菌体数量巨大;另一方面,直接保藏的菌体数量较少,远远小于工业化生产规模所需要的菌体数量,所以必须通过种子扩大培养,大幅度增加菌体数量。

种子扩大培养可以提升种子生产性能。首先,通过营养物质的充分供应和适宜环境的控制,可激发菌体的新陈代谢活力,让菌体生长代谢旺盛;其次,在扩大培养过程中通过调节培养基组成、发酵温度、pH 等因素逐步向生产阶段的真实环境逼近,调理菌体的代谢,让菌体在快速增殖的同时使菌体的各项生理性能向最适宜于生产需要的方向趋近。

菌种经过扩大培养后,以优势菌进行生产可以减少杂菌污染几率,减少"倒罐"现象,是成功生产的保证。扩大培养工艺的实施,可以有效缩短生产周期,提高生产效率。

6.1.2 种子的要求

优质种子必须具备五项最基本的条件:① 满足工业化大规模生产的菌体数量;② 菌种

的生长活力高,接种到发酵罐后能迅速生长繁殖;③ 生理和生化性状稳定,生产的产品质量稳定;④ 无杂菌污染;⑤ 有稳定的生产能力,产品的生物合成持续稳定高产。

　　要达到以上要求,必须具备以下条件:① 适宜的菌种复苏方法,使菌种在活化培养基上的菌种存活率达到最大;② 具有无菌操作所需要的环境和设备;③ 具有良好的种子质量检验方法。

6.2　种子制备的技术概要

　　工业化生产中,种子制备的过程实际上就是种子逐步扩大培养的过程。种子的扩大培养是成功进行发酵生产的关键。对于不同的菌种,扩大培养的要求和工艺都不一样。为生产低成本、高质量的产品,需要根据工业化生产需求制定科学的扩大培养工艺,采用科学的手段对扩大培养的整个过程进行监测和控制。

6.2.1　种子制备流程

　　种子制备包括两个阶段:实验室阶段和生产车间阶段。实验室制备阶段一般包括琼脂斜面或液体种子管、茄子瓶固体培养或摇瓶液体培养。生产车间种子制备阶段主要是种子罐的扩大培养,一般在生产现场操作。种子制备的一般流程如下:

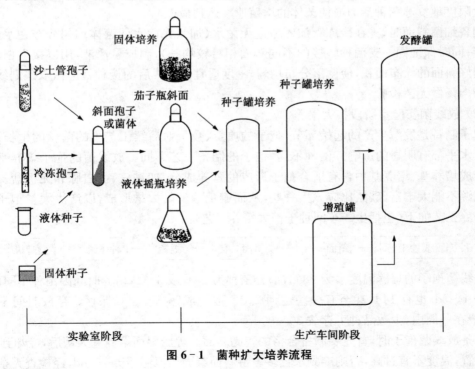

图 6-1　菌种扩大培养流程

1. 实验室阶段

在发酵生产中,各个生产环节环环相扣,任何一个环节达不到生产工艺的要求,都会造成不可逆转的巨大损失,而种子扩大培养又首当其冲,因此必须高度重视种子扩大培养这一环节。不同种子的扩大培养工艺流程总体相似,但是具体的控制条件(如温度、培养时间等)都因种子不同而有一些差别,这些差别往往是种子扩大培养成功与否的关键。因此,在扩大培养特定的种子时,在遵循种子扩大培养的一般原则和一般流程的基础上,应根据种子特性和生产要求做适当调整,也可以进行试验,优化种子扩大培养工艺。

细菌、酵母菌、霉菌和放线菌的生理特性显著不同,种子扩大培养工艺流程差别也较大。实验室种子的制备一般采用两种方式:① 对于产孢子能力强及孢子发芽、生长繁殖快的种子(如霉菌等),可以采用固体培养基培养孢子,孢子直接作为种子罐的种子。这种方法操作简便,不易污染杂菌。② 对于细菌、酵母菌或产孢子能力不强、孢子发芽慢的种子(如链霉菌),采用液体摇瓶培养。

(1) 细菌实验室扩大培养

原种一般保存在冷冻管内,一些产芽孢的细菌(如芽孢杆菌等)可用斜面或沙土管保存。其扩大培养工艺为(包括生产车间种子制备):

$$\boxed{\text{冷冻管或斜面}} \longrightarrow \boxed{\text{斜面}} \longrightarrow \boxed{\text{斜面(二代以上)}} \longrightarrow \boxed{\text{种子罐}} \longrightarrow \boxed{\text{发酵罐}}$$

细菌培养的最适温度一般为37℃(近年来对海洋微生物的研究表明,有许多菌株为低温菌株,最适生长温度在15℃左右),培养时间因菌种而异,达到对数生长期一般要20h左右,有的芽孢需5~6d,甚至20d以上。细菌种子的培养基一般采用碳氮比较小的培养基,氮源供应要相对丰富一些。如牛肉膏、蛋白胨、酵母膏、马丁肉汤等,因为有充足的氮源供应,可以最大限度地复苏菌种活力或使菌体的增殖速率达到最大。

制备细菌斜面时,先在冷冻管加入适量无菌水(加入无菌水使菌体均匀分布在水中,便于转接;同时保证同一支菌种转接的不同斜面相对较均一),制成悬浮液,用以接空白斜面,并控制好斜面的涂布面积,使菌落分布均匀,密度适宜。划线后的接种针应做双碟划线培养或浸入肉汤做无菌检验。

(2) 放线菌实验室阶段扩大培养

孢子制备是发酵生产的起始环节,孢子的质量、数量对后续工艺中的菌丝的生长、繁殖和发酵水平都有明显的影响。菌种不同,孢子的制备工艺不同。放线菌的孢子培养基多采用半合成培养基,培养基中含有适合孢子形成的营养成分,如麸皮、蛋白胨和无机盐。培养基中氮源不能太丰富,碳氮比应该大一些,从而避免菌丝的大量形成,以产生大量孢子。其扩大培养工艺如下(包括生产车间种子扩大培养工艺):

$$\boxed{\text{冷冻管或沙土管}} \longrightarrow \boxed{\text{斜面一代}} \longrightarrow \boxed{\text{斜面二代}} \longrightarrow \boxed{\text{摇瓶}} \longrightarrow \boxed{\text{种子罐}} \longrightarrow \boxed{\text{发酵罐}}$$

放线菌孢子的培养温度多为28℃,部分菌种为30℃或37℃,培养时间因菌种不同而异,一般为4~7d,也有14d,甚至有一些达到21d。孢子成熟后于5℃保存。存放时间不宜过长,一般在一周内,少数品种可存放30~90d。

制备放线菌孢子时,首先要制备合格的琼脂斜面。琼脂斜面培养基灭菌后,冷却到40℃左右放置,温度不宜过高,否则冷凝水较多。待斜面凝固后恒温培养7~8d,经检查无杂菌后于4~6℃冰箱内保存备用,放置时间以不超过30d为宜。使用前在27~30℃恒温箱中培养1d。操作时用灭菌冷却后的接种勺直接从沙土管内取适量沙土孢子(必须使用干接种法),

然后均匀地散布在空白斜面培养基上,使长出的菌落密度分布均匀。沙土管用后可以立即冷藏保存备用,但是为杜绝杂菌污染,一般应考虑废弃。

进行斜面传代,最好不要超过三代,以防衰老和变异,必要时对斜面进行观察。斜面孢子移植时,最好采用点种法。挑选形态正常的单个菌落,用接种针将孢子轻轻沾下,用划线法在空白斜面上划线,在斜面中下段形成单菌落,便于挑选传代的菌种。悬浮液接种要控制浓度,菌落不宜过密或过稀,过密容易把低单位或不正常的菌落掩盖,检查时难以发现;过稀则孢子数量太少,不宜用作种子。划线后的接种针均需浸入肉汤做无菌检查,培养 2d 观察是否污染杂菌。

(3) 酵母菌实验室阶段扩大培养

酵母菌的种子扩大培养工艺(包括生产车间阶段)如下所示,一般采用麦汁培养基进行扩大培养:

```
试管斜面 ──→ 富氏瓶 ──→ 巴氏瓶 ──→ 卡氏罐 ──→ 汉生罐 ──→ 增殖罐 ──→ 发酵罐
```

在有些工业化生产中,菌种生产厂家把酵母菌制备为能长时间保存的固体菌种。生产厂家把固体菌种以较大接种量接种于卡氏罐中,然后逐级扩大培养。这样可以使菌种生产厂家和产品生产厂家各自充分发挥自身优势,提高产品质量,降低设备投入和生产成本等。有些厂家甚至直接把大量的固体菌种在经增殖罐活化增殖后接入发酵罐,这样做可以减少工艺步骤,避免污染。

(4) 霉菌扩大培养工艺

霉菌孢子培养大多采用大米、小米、麦麸等来源丰富、简单易得、价格低廉的天然培养基。天然培养基营养丰富,一般比合成培养基产生孢子的数量多(不同来源的天然培养基,其成分可能相差较大,有时会对菌种扩大培养产生不利影响)。菌种扩大培养工艺(包括生产车间扩大培养工艺)为:

```
沙土管或冷冻管或斜面 ──→ 母斜面 ──→ 子斜面 ──→ 摇瓶 ──→ 种子罐 ──→ 发酵罐
```

首先将保存的孢子接种在斜面进行培养,待孢子成熟后制孢子悬浮液,接种到大米或小米等培养基上,培养成熟成为"亲米",由"亲米"再转到大米或小米培养基上,培养成熟成为"生产米","生产米"接入种子罐。"亲米"和"生产米"的培养温度一般为 $26\sim28℃$,培养时间因菌种不同而异,一般为 $4\sim14d$。为了使通气均匀,菌体分散度大,局部营养供应均一,在培养过程中要注意翻动或搅动培养基。制备好的大米或小米孢子,可放在 $5℃$ 冰箱内保存备用,或将大米或小米孢子的水分去除到含水量在 1% 以下后保存备用。这种干燥孢子可在生产上连续使用 180d 左右。干燥孢子可以保存的时间较长,但是在整个孢子制备过程中要严格控制无杂菌污染,同时保存孢子的环境和设备要绝对保证无杂菌污染的可能性。

制备孢子时要使母斜面生长的菌落尽可能分散,以便挑选理想的单个菌落。接种时应选取中央丰满的孢子,不要触及菌落边缘的菌丝。吸悬浮液时注意吸管上端塞的棉花要紧一些,吸管下口要大些,吸管头不能接触火焰,否则孢子容易烫死或溢出口外,使用后的吸管随即插入肉汤内浸一下做无菌检查。吸取孢子悬浮液体,也可以用移液枪(枪头先灭菌)在无菌环境下直接吸取,该方法方便、快捷。如果用带有过滤膜的移液枪,可以非常好地做到无杂菌污染。

　　孢子进罐的方式分为两种：直接进罐和经过摇瓶扩大培养后间接进罐。直接进罐的优点有：工艺路线较短，容易控制；斜面孢子易于保藏，菌种纯度高，一次操作制备的孢子量较大。因此，直接进罐可节约人力、物力和时间，并减少染菌机会，为稳定生产提供有利条件。某些微生物菌种的孢子发芽和菌丝繁殖速度较缓慢，为了缩短种子培养周期和稳定种子质量，将孢子经摇瓶培养成菌丝后再进罐。摇瓶的培养基配方和培养条件与种子罐近似。制备摇瓶种子的目的是使孢子发芽长成苗壮的菌丝，从而增加菌体的活力和菌体数量，同时可以先对斜面孢子的质量和无菌情况进行考察，然后选择质量较好的作为优秀菌种保留。摇瓶种子进罐常用两级培养的方式：母瓶培养和子瓶培养。母瓶培养基成分比较丰富，易于分解利用，氮源丰富利于菌丝生长。子瓶培养基更接近于种子罐的培养基组成。摇瓶种子进罐的缺点是工艺过程长，操作过程中染菌几率高。摇瓶种子的质量主要以外观颜色、菌丝浓度或黏度、效价以及糖氮代谢、pH 值为指标，符合要求后方可进罐。

　　2. 生产车间阶段

　　实验室制备的孢子或摇瓶菌丝体移到种子罐进行扩大培养，对于不同的菌种，种子罐培养基虽各有不同，但配制原则是基本相同的。好氧种子进罐培养时需要供给足够的无菌空气并不断搅拌，使每部分菌丝体在培养过程中获得相同的培养条件，均匀地获得溶解氧。孢子悬浮液一般采用微孔接种法接种。摇瓶菌丝体种子可采用火焰接种或压差法接种。种子罐之间或发酵罐之间的移种主要采用压差法，由种子接种管道进行移种，操作过程中要防止接受罐的表压降到零，否则会染菌。生产车间制备种子时应考虑三点：种子罐级数、种龄、接种量。

　　种子罐级数是制备种子需逐级扩大培养的次数。种子罐级数通常是根据菌种生长特性、孢子发芽速率、菌体繁殖速率以及发酵的容积而设定的。对于生长较慢的链霉菌，一般采用三级发酸（二级种子罐扩大培养）、四级发酵（三级种子罐扩大培养）。对于生长快的细菌，种子用量比较少，接种的级数相应也少，一般采用二级发酵（一级扩大培养）。种子罐的级数少有利于简化工艺，并可减少由于多次移种而产生的染菌几率。在实际生产中，应该考虑尽量延长发酵时间（如生产产物的时间），缩短由于种子发芽、生长而占用的时间，以提高发酵生产效率，从而降低生产成本。

　　种龄是指种子罐中培养的菌丝体开始移入下一级种子罐或发酵罐时的培养时间。在种子罐中，随着培养时间的延长，菌丝量增加，营养基质逐渐消耗，代谢产物不断积累，导致最后菌丝量不再增加而逐渐趋于老化，因此选择适当的种龄显得十分重要。通常种龄以菌丝处于生命力极为旺盛的对数生长期，培养液中菌体量还未达到顶峰时为宜。若过于年轻的种子接入发酵罐，往往会出现前期生长缓慢，整个发酵周期延长，产物开始形成的时间推迟，甚至会因菌丝量过少而在发酵罐内结球，造成发酵异常的情况。

　　接种量是指移入的种子液体积与接种后培养液总体积的比例。接种量的大小取决于生产菌种在发酵罐中生长繁殖的速率和产品生产的工艺要求。较适宜的接种量可以缩短发酵罐中菌丝繁殖到达顶峰的时间，使其在生产中迅速占据整个培养环境，减少杂菌生长机会，同时也缩短了产品生成时间。相反，接种量过多，使菌丝生长过快，培养液黏度增加，造成溶解氧不足而影响产物的合成。总之，对每一个生产菌种，要进行多次试验后才能决定最适接种量。

6.2.2　影响种子质量的因素及控制方法

高质量的种子是生产顺利进行的关键。种子的质量可以通过种子的多种生理和生化特性体现出来,所以可以通过监测这些特性来判断种子质量的好坏。种子的生产性能除菌种自身的遗传特性外,还取决于种子扩大培养过程中各个要素的控制情况。

1. 影响孢子质量的因素及控制方法

影响孢子种子的质量因素通常有培养基、培养温度、培养湿度、培养时间、冷藏时间和接种量。

培养基的组成对种子质量有非常显著的影响。在生产实践中发现,琼脂品牌不同,对孢子质量的影响也不同。据分析,这是由于不同品牌的琼脂含有不同的无机盐造成的。可先对琼脂用水进行浸泡处理,除去其中的可溶性杂质,从而减少琼脂差异对孢子质量的影响。

培养温度对菌种的质量有显著的影响。有些菌在生长过程中,温度波动稍大就会显著影响孢子的生长。链霉菌($Streptomyces$)产生灰色的斜面孢子,必须在 26.5~27.5℃下培养,超过 28℃,斜面孢子的生长就会异常。龟裂链霉菌($Streptomyces$ $rimosus$)斜面孢子,一般在 36~37℃下培养较为适宜;培养温度高于 37℃,孢子成熟早且易老化,在接入发酵罐后,就会出现菌丝对氨基氮的利用提前回升,糖氮利用缓慢,效价降低等现象;培养温度低则有利于孢子的形成,如斜面先放在 36.5℃下培养 3d,再在 28℃下培养 1d,则所得龟裂链霉菌的孢子数量可比在 36.5℃下培养 4d 所得数量多 3~7 倍。

斜面孢子培养时,培养室的相对湿度是很重要的,它对孢子生长速率和质量均有影响。不同湿度对龟裂链霉菌的孢子产生的影响见下表:

表 6-1　湿度对孢子形成的影响(参考黄方一,2006)

湿度/%	活孢子/(亿/支)	外　观
17	1.1	上部稀薄,下部略黄
25	2.3	上部稀薄,中部均匀发白
42	5.7	全白,孢子多

一个有趣的例子是,在北方气候干燥的地区,冬季斜面孢子长得快,孢子由下向上长,上部长得不好;夏季斜面孢子长得慢,由上向下长,斜面底部有较多的冷凝水,使下部菌落长不好。据分析,这是因为冬季气温低而干燥,斜面水分很快蒸发,斜面上部较干燥,因而菌落长不出来,而夏季温度偏高,相对湿度较大,斜面下部积水较多,不利于菌落生长。试验表明,在一定条件下培养斜面孢子时,若北方相对湿度控制在 40%~46%,南方控制在 35%~42%,则所得的孢子数量适中,较成熟,外观好,进罐后孢子发芽时间早,糖代谢快,发酵单位增长快。在恒温箱培养时,若湿度较低,可放入盛水的平面皿或广口烧杯使相对湿度提高。为了保证新鲜空气的交换,恒温箱每天要开启几次。

孢子过于年轻则经不起冷藏,过于衰老则生产能力又会降低。因此,孢子龄控制在孢子量多、孢子成熟、发酵单位正常的阶段。

冷藏总的原则是宜短不宜长,一般不超过 7d。成熟斜面孢子耐冷藏,但冷藏时间过长,菌种特性也会衰退。如土霉素菌种斜面培养 4d,孢子尚未完全成熟,冷藏 7~8d 后,菌丝即开始自溶；而培养时间延长到 5d,孢子完全成熟后,则冷藏 20d 也不会自溶。

孢子数量的多少也会影响孢子质量。如青霉素产生菌之一的球状菌的孢子数量对发酵单位影响极大。这是因为孢子数量过少,接入罐内长出的球状体过大,影响通气效果;若孢子量过大,则接入罐内后不能很好地维持球状体。实验证明,从冷冻管制备大米孢子时,若能严格控制球状孢子的数量,则既能保证孢子的质量,并能提高青霉素的产量。

斜面孢子质量的控制标准主要以菌落性状和色泽、密度、孢子量及色素分泌为指标。接种摇瓶或进罐的斜面孢子要求菌落密度适中,菌落正常、大小均匀,孢子丰满,孢子颜色及分泌色素正常,孢子量符合要求。为确保孢子质量,还应考察发芽率、变异率和保证无杂菌,必要时还要观察摇瓶发酵单位效价。

2. 影响液体种子质量的因素及控制方法

生产过程中影响液体种子质量的因素通常有培养基、培养条件、种龄和接种量。

液体种子的培养基应满足如下要求：营养成分适宜、充分、易于吸收、适合种子培养的需要,氮源和维生素含量高,且尽可能与发酵培养基相近。

培养条件最主要的因素为温度和通气量。温度升高时,微生物的生物化学反应速率加快,同时细胞中对温度敏感的成分受到不可逆破坏。超过最适温度以后,生长速率随温度升高而迅速下降。从总体上看,微生物适宜生长的温度范围较大,但是具体到某一种微生物,则只能在有限的温度范围内,并且有最低、最适和最高三个临界值。对于在种子罐中培养的种子,除了要保证供应适宜的培养基外,适当的溶解氧供应可以保证种子的质量。溶解氧的供应一般通过通气量来控制。例如,在制备青霉素的生产菌种的过程中,将在通气充足和不足两种情况下得到的种子分别接入发酵罐内,它们的发酵单位效价相差近一倍。

种子培养时间太长,菌种趋于老化,生产能力下降,菌体自溶;种龄过短,发酵前期生长缓慢。不同菌种或同一菌种工艺条件不同,种龄是不一样的,需多次试验确定。

较大的接种量可以缩短发酵罐中菌体繁殖达到高峰的时间,使产物的形成提前,并可减少杂菌生长机会;但过大的接种量也会引起菌种活力不足,影响产物合成,而且代谢副产物相对较多,不利发酵获得高质量或产量的产品。通常情况下,细菌的最适接种量为 1％～5％,酵母菌为 5％～10％,霉菌为 7％～15％。

6.3　种子制备过程举例

6.3.1　啤酒酵母的扩大培养

啤酒酵母的扩大培养分为实验室阶段和生产阶段。

实验室阶段为纯培养的酵母菌种扩大培养至汉生罐,基本流程如下：

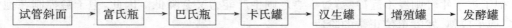

在实验室阶段,纯培养的酵母菌接种于富氏瓶或试管,24～25℃培养 24h,起泡时转接入新的富氏瓶或试管。重复以上操作两三次,可以使酵母充分强壮。25℃培养 2～3d 后,将

酵母液移入加有 500mL 麦芽汁的巴氏瓶,20℃培养 2～3d。在发酵最旺盛的时候移入卡氏罐,加麦芽汁 5L,18℃培养 3～5d,再移入汉生罐。实验室培养工作一般每年仅进行一两次,采用汉生罐保留菌种,于 2～4℃保存,每月换新麦芽汁扩大培养一次。实验室阶段易达到无菌环境,扩大倍数 10 倍左右。培养温度逐步降低,以利于后期的发酵。在巴氏瓶和巴氏瓶前的培养基为 8%～10%麦芽汁;卡氏罐后,培养基为 10%～12%加酒花麦芽汁。

以后为生产阶段,取卡氏罐内增殖的酵母种子液接入装有 180L 麦芽汁的汉生罐内,麦芽汁的温度为 10℃。为保证酵母繁殖需要的氧气,通风 3～5min,10～13℃培养,约 48h 后酵母进入发酵旺盛期。将发酵旺盛的酵母培养液移至增殖罐。为保留酵母种子,20L 母液保留在汉生罐内,加入 10℃无菌麦芽汁 180L。管道和增殖罐严格杀菌后,取 180L 酵母培养液移入增殖罐内,再加 10～12℃的麦芽汁 400～450L。待酵母进入发酵旺盛期后,再加入 10～12℃麦芽汁至 2000～2300L。24h 后,将培养液移入添加罐。移入后加 10～12℃的麦芽汁 2500L。24h 后,再加入 7～8℃的麦芽汁 4500L。24h 后,再加麦芽汁 9000～20000L (有些厂家分两槽,每槽 9000L)。发酵温度8.5～9.5℃,最终控制温度 4～4.2℃,糖度为 4～4.2。经过上述工艺,最终得到约 100L 泥状酵母,这些酵母即为生产用的“零”代酵母。

发酵速率与细胞数成正比,应尽可能得到数量较多的茁壮酵母。在培养过程中,酵母细胞数最大能达到$(54～100)×10^5$ 个 · mL^{-1},培养槽的细胞数可达$(50～65)×10^5$ 个 · mL^{-1}。为得到较多酵母,应注意以下几点:麦芽汁组成适宜;有适宜的溶解氧;严格执行温度控制程序。稀释倍数一般不超过 5 倍,稀释后的细胞数为 $8×10^5$ 个 · mL^{-1}左右。酵母出芽率的高低是酵母菌种茁壮与否的标志。在添加麦芽汁后,若营养物质和溶解氧最适宜,出芽率急剧增加。一般在汉生罐移出时,出芽率为 35%～40%,开放式的繁殖槽倒出时为 20%～30%,糖度为 7.5～8.0,因此一般培养 24h 后添加麦芽汁或倒灌。新培养的酵母死亡率极低,一般要求在 1%以下为最佳。在扩大培养过程中,每次接种完毕后,剩余菌液必须进行镜检,同时接入培养基做保存试验,以检验有无杂菌感染。

6.3.2　谷氨酸生产的种子制备

国内谷氨酸发酵的种子扩大培养普遍采用二级种子扩大培养,流程如下:

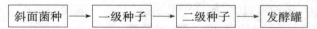

斜面菌种 ⟶ 一级种子 ⟶ 二级种子 ⟶ 发酵罐

菌种的斜面培养必须有利于菌种生长而不产酸,并要求斜面菌种无杂菌和噬菌体污染。培养条件应有利于菌种繁殖。培养基多含有机氮,不含或少含糖。谷氨酸斜面培养基组成为:葡萄糖 0.1%,蛋白胨 1.0%,牛肉膏 1.0%,NaCl 0.5%,琼脂 2.0%～2.5%,pH 7.0～7.2(传代和保藏斜面不加葡萄糖)。

7338、B9 类菌种培养温度为 30～32℃,T6‑13 类菌种培养温度为 33～34℃,培养 18～24h。每批斜面菌种培养完成后,观察菌种生长,颜色和边缘等特征是否正常,有无感染杂菌和噬菌体的征兆,质量有问题的菌种不用于生产,同时查明污染的原因。斜面菌种的培养是生产过程中的重要环节,操作必须严格认真,无菌室的环境和设施要达到无菌控制的要求,同时加强管理,经常打扫和灭菌,防止杂菌和噬菌体的污染。生产中使用的斜面菌种不宜多次移接,一般移接三代,以免菌种衰退。在生产中经常进行菌种的分离纯化,不断提供新的斜面菌株满足生产的需求。

　　一级种子培养的目的在于获得大量繁殖活力强的菌体。为达到此目的,培养基组成应以少含糖分,多含有机氮为主,培养条件有利于菌种快速地增殖。培养基组成为:葡萄糖 2.0%,尿素 0.5%,$MgSO_4$ 0.04%,K_2HPO_4 0.1%,玉米浆 2.5%~3.5%,$FeSO_4$ 0.0002%,$MnSO_4$ 0.0002%,pH 7.0(菌种不同,培养基成分可以适当调整)。培养条件为:1000mL 三角瓶装入培养基 200mL,100r·min^{-1},振荡培养 12h,7338 和 B9 类菌的培养温度为 30~32℃,T6-13 类菌为 33~34℃。

　　一级种子质量要求为:种龄 12h,pH 6.4,无噬菌体污染,菌体生长均匀、粗壮、排列整齐,OD 值净增 0.5 以上,残糖 0.5% 以下,无杂菌污染,革兰氏反应为阳性。某些工厂为了防止感染杂菌和噬菌体,一级种子先做平板检验,确认无杂菌及噬菌体感染后接入二级种子罐。

　　有的工厂一级种子不用三角瓶摇瓶培养,而是培养大型斜面(茄子瓶斜面)作为一级种子使用。一次制备一批一级种子,贮存于冰箱中。这种做法的优点是利用固体培养物比液体培养物容易保存的优点,一次制备一批大型斜面,不用重复制备一级种子。为了获得发酵所需的足够数量的菌体,进行种子罐的二级种子培养。二级种子的培养基,因菌种不同而有较大差异。T6-13 的菌种二级扩大培养基组成为:葡萄糖 3%,玉米浆 2.5%,KH_2PO_4 0.15%,$MgSO_4$ 0.04%,尿素 0.4%,Mn^{2+} 0.0001%,Fe^{2+} 0.0001%。种子罐体积取决于发酵罐的体积和接种比例。在实际生产中,应根据菌体生长情况,调整培养基组成。培养条件为:接种量 0.8%~1.0%;培养温度为 30~32℃(不同菌种温度不同);不同容量的种子罐通风量有所不同,如 50L 种子罐通气量 1:0.5m^3·$(m^3·min)^{-1}$,搅拌转速为 340r·min^{-1},500L 种子罐通风量为 1:0.25m^3·$(m^3·min)^{-1}$,搅拌转速为 230r·min^{-1}。二级种子质量要求为:种龄 7~8h,无噬菌体和杂菌污染,pH 7.2,OD 值净增 0.5,残糖消耗 1% 左右,菌种生长旺盛,排列整齐,革兰氏染色为阳性。

　　影响种子质量的因素共有六项:① 种子培养基要含有充足的氮源和维生素、少量的碳源,以利于菌体生长,如果糖分过多,有机酸使 pH 降低,菌种容易衰老;② 幼龄菌对温度变化敏感,应避免温度急剧变化;③ 开始培养时 pH 不宜过高,培养结束时 pH 不宜过低;④ 菌体生长的最适溶解氧浓度并不是特别高;⑤ 接种量低,菌体增长缓慢,延滞期长,培养时间长影响种子活力,接种量过大,操作中易引起污染,一般接种量以 1% 左右为宜;⑥ 培养时间不宜太长,一般 7~8h,对数期菌种接入发酵罐。

6.3.3　青霉素生产的种子制备

　　国内青霉素的生产菌种按其在深层培养中菌丝的形态分为丝状菌和球状菌两类。丝状菌根据孢子颜色又分为黄孢子丝状菌和绿孢子丝状菌,目前生产上用的菌种是产黄青霉菌(*Penicillium chrysogenum*)的变种——绿色丝状菌。球状菌根据其孢子颜色不同,分为绿孢子球状菌和白孢子球状菌,目前生产上多用白孢子球状菌。不同菌种对原材料、培养条件有一定差别,生产能力存在较大差异。球状菌的生产工艺流程如下所示:

沙土管保藏菌种 → 母瓶斜面 → 大米孢子 → 种子罐 → 繁殖罐 → 发酵罐

丝状菌的生产工艺流程如下所示：

冷冻管 ⟶ 亲米 ⟶ 生产米 ⟶ 种子罐 ⟶ 发酵罐

将沙土管的孢子接入拉氏培养基的母瓶斜面，25℃培养 6～7d，长成绿色孢子。孢子悬浮液接入装有大米的茄子瓶内，25℃，相对湿度 40%～45%，培养 6～7d，制成大米孢子，真空干燥，保存备用。生产时按一定量接入种子罐内，25℃，通气量为 1∶2.0m³·(m³·min)⁻¹，培养40～45h，菌丝浓度达 40%（体积分数）以上，菌丝形态正常。1%～5%的接种量接入繁殖罐内，经过 25℃，通气量为 1∶1.5m³·(m³·min)⁻¹，培养 13～15h，菌丝体积40%以上，残糖在 0.1%左右，无菌检查合格便可作为发酵罐的种子。

冷冻管孢子接入在混有 0.5%～1.0%玉米浆的大米上培养得到原始亲米孢子，然后再移入培养瓶培养成熟得到大米孢子（又称生产米），亲米和生产米均为 25℃静置培养。经常观察生长情况，在培养 3～4h 后，大米表面长出明显小集落时振荡摇匀，使菌丝在大米表面能均匀生长，待 10d 左右形成绿色孢子即可收获。亲米成熟后接入生产米后经过激烈振荡后放置恒温培养，生产米的孢子量要求每粒米 300 万孢子以上，亲米、生产米孢子保存在 5℃冰箱内。

工艺要求将新鲜的生产米（指收获后的孢子在 10d 以内使用），接入含有花生饼粉、玉米胚芽粉、葡萄糖、饴糖的种子罐内，28℃，通气量为 1∶1.5m³·(m³·min)⁻¹，培养 5～6h，pH 由6.0～6.5 下降到 5.0～5.5，菌丝呈菊花团状，平均直径在 100～130μm，菌球浓度为(6～8)×10⁴ 个·mL⁻¹，沉降率在 85%以上，计算接入的体积，移入发酵罐。球状菌以新鲜孢子为佳，其生产水平优于真空干燥的孢子，能使青霉素发酵单位的批次差异减少。

第 7 章

生物反应器

由生物细胞或生物体组成参与的生产过程可统称为生物反应过程。完成生物反应过程的装置就称为生物反应器,生物反应器是实现生物技术产品产业化的关键设备,是连接原料和产物的桥梁。根据生物反应器所需能量的输入方式不同,生物反应器可以分为机械搅拌式和气升式两大类。反应器必须具有适宜于微生物生长和形成产物的各种条件,促进微生物的新陈代谢,使之能在低消耗下获得较高产量。因此,生物反应器必须具备微生物生长的基本条件。例如,需要维持合适的培养温度;保持罐内的无菌状态;保持一定溶解氧的通气装置。另外,由于发酵时采用的菌种不同、产物不同或发酵类型不同,培养或发酵条件又各有不同,还要根据发酵过程的特点和要求来设计和选择发酵反应器的形式和结构。

自 20 世纪 40 年代青霉素大规模生产以来,出现了结构各异、性能和用途不同的生物反应器。为配合生物加工过程和工艺条件,需要对生物反应器的结构进行设计和优化,以获得较高的产率和实现规模化生产。

高效反应器的特点有:设备简单,不易染菌;电耗少,单位时间单位体积的生产能力高;操作控制维修方便;生产安全;易于放大;有良好的传质、传热和动量传递性能;检测功能全面,自动化程度高。

7.1 液体好氧发酵罐

7.1.1 机械搅拌通风发酵罐

机械搅拌通风发酵罐就是利用机械搅拌器的作用,使空气和醪液充分混合,促进氧在醪液中的溶解,以保证供给微生物生长繁殖和产物生成所需要的氧气。机械搅拌通风发酵罐在生物工程工厂中得到广泛使用。无论是用微生物作为生物催化剂,还是有酶或动植物细胞(组织)作为生物催化剂的生物工程工厂,都有此类设备。据不完全统计,它占了发酵罐总数的 70%～80%,故又常称之为通用式发酵罐。

机械搅拌通风发酵罐的基本要求有:发酵罐应具有适宜的径高比,罐身越高,氧的利用率越高;发酵罐能承受一定的压力;能保证发酵过程所必需的溶解氧;发酵罐应具有足够的换热面积;发酵罐内应尽量减少死角,灭菌能彻底,避免染菌;搅拌器的轴封应严密,尽量减少泄漏。

　　机械搅拌通风发酵罐的基本结构如图 7-1 所示,主要包括罐体、搅拌器、挡板、轴封、空气分布器、传动装置、冷却管、消泡器、人孔、视镜等。

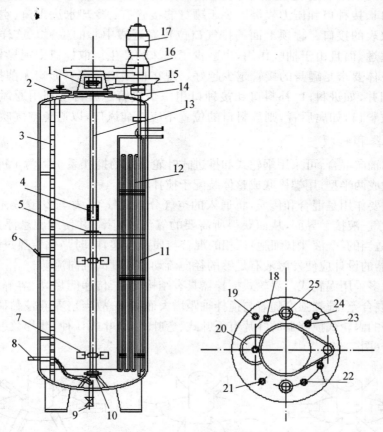

图 7-1　机械搅拌通风发酵罐的基本结构

1—轴封;2、20—人孔;3—梯;4—联轴器;5—中间轴承;6—温度计接口;7—搅拌叶轮;
8—进风管;9—放料口;10—底轴承;11—热电偶接口;12—冷却管;13—搅拌轴;
14—取样管;15—轴承座;16—传动皮带;17—电机;18—压力表;19—取样口;
21—进料口;22—补料口;23—排气口;24—回流口;25—视镜

1. 罐体

　　发酵罐为封闭式,一般都在一定罐压下操作,同时还需用蒸汽进行空罐或实罐灭菌,所以罐体是一个受压容器。要根据最大使用压强(一般采用的最大灭菌蒸汽压强为 0.25MPa)来决定钢板的厚度。罐体是一个圆柱体,罐顶和罐底采用椭圆形或碟形封头,因为与其他形式的封头相比,这种封头在相同压力下可用较薄的钢板。罐体的材料要根据发酵液对钢材腐蚀的程度采用碳钢或不锈钢制造,对于大型发酵罐可用衬不锈钢板或采用复合钢板的办法(衬里厚度为 2~3mm)以节约不锈钢材。罐内焊缝要磨光,以防形成死角。

　　2m³ 以下的小型发酵罐罐顶和罐身采用法兰连接；大中型发酵罐大多是整体焊接。为了便于清洗，小型发酵罐罐顶设有清洗用的手孔；大中型发酵罐则要装设人孔，并在罐内设置爬梯，人孔的大小不但要考虑操作人员能方便进出，还要考虑安装和检修时罐内最大部件能顺利放入或取出。罐顶还装有视镜和灯孔以便观察罐内情况，在视镜和灯孔旁必要时还装设无菌压缩空气或蒸汽的吹管，用以冲洗玻璃。装于罐顶的接管有：进料口、补料口、排气口、接种口和压力表等。装于罐身的接管有：冷却水进出口、空气进口、温度和其他测控仪表的接口。罐顶上面的排气口位置靠近罐中心的位置。这样，不仅防止或减少气泡的逃逸，而且由于抽吸作用，也减少了泡沫的产生。取样口则视操作情况装于罐身或罐顶。总体要求是罐身的接管越少越好。现在很多工厂在不影响无菌操作的条件下将接管加以归并，如进料口、补料口和接种口用一个接管。放料可利用通风管压出，也可在罐底另设放料口，如属后者，则放料口的位置不应对准风口，以避免空气吹入放料管内。

　　2. 搅拌器和挡板

　　为了强化轴向混合，可采用蜗轮式和推进式叶轮共用的搅拌系统。为了拆装方便，大型搅拌叶轮可做成两半型，用螺栓联成整体装配于搅拌轴上。

　　搅拌的主要作用是混合和传质，将通入的空气分散成气泡，并与发酵液充分混合，使气泡破碎以增大气-液接触界面，从而获得所需要的氧传递速率，并使细胞悬浮并分散于发酵体系中，维持适当的气-液-固(细胞)三相的混合与质量传递，同时强化传热过程。为实现这些目的，搅拌器的设计应使发酵液有足够的径向流动和适度的轴向流动。

　　搅拌器大多采用涡轮式。涡轮式搅拌器具有结构简单、传递能量高、溶解氧速率高等优点，但是轴向混合差，搅拌强度随着与搅拌轴距增大而减弱，故当培养液较黏稠时，混合效果就下降。常用的涡轮式搅拌器的叶片有平叶式、弯叶式、箭叶式 3 种，叶片数一般为 6 个，也有 4 个或 8 个(图 7-2)。

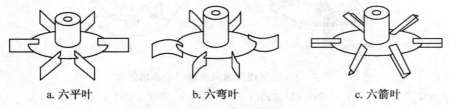

　　a. 六平叶　　　　　　　　b. 六弯叶　　　　　　　　c. 六箭叶

图 7-2　涡轮式搅拌器

　　近些年来国外已开始将轴向流型搅拌器应用到发酵罐上。径向型涡轮搅拌器由于圆盘的存在，使罐内的流动分成上、下两个循环区。虽然区域内能充分混合，但两个区域间则混合不均，而轴向流型搅拌器则不存在分区循环等缺点，能使全罐达到良好的循环状态。实践表明，在保持单罐产量一定的条件下，以三层搅拌器为例，最下层仍采用径向型的涡轮搅拌器，其余两层改用轴向流型搅拌器时，与三层均采用径向流的搅拌器相比，功率消耗可降低15%～30%。在 50m³ 发酵罐内的土霉素发酵试验表明，将上两层改装成轴向流型搅拌器，不但消耗功率下降，发酵指数也提高了近 15%。因此，用轴向流型搅拌器部分替代径向流型搅拌器，对增强罐内物料循环、增加罐内的溶解氧、缩短发酵周期、提高产量以及降低能耗都是有利的。

　　发酵罐内设挡板的作用是防止液面中央形成旋涡流动，增强湍流和溶解氧传质。通常设4～6块挡板,其宽度为(0.1～0.12)D,达到全挡板条件。全挡板条件是达到消除液面旋涡的最低条件,在一定的转速下面增加罐内附件而轴功率保持不变。此条件与挡板数 Z 及挡板宽度 W 与罐径 D 之比有关(式7-1)。挡板的高度自罐底起至设计的液面高度为止,同时挡板应与罐壁留有一定的空隙,其间隙为(1/8～1/5)W,避免形成死角,防止物料与菌体堆积。

$$\left(\frac{W}{D}\right)Z = 0.5 \tag{7-1}$$

由于发酵罐中除了挡板外,冷却器、通气管、排料管等装置也起一定的挡板作用。当设置的换热装置为列管或排管,并且它们足够多时,发酵罐内不另设挡板。

3. 轴封

发酵罐的搅拌轴与不运动的罐体之间的密封很重要,它是确保不泄漏和不污染杂菌的关键部件之一。安装在旋转轴与罐体之间的部件称为轴封。轴封的作用是使罐顶或罐底与轴之间的缝隙加以密封,防止工作介质(液体、气体)沿转动轴伸出设备之处泄漏和污染杂菌。搅拌轴的密封为动密封,这是由于搅拌轴是转动的,而顶盖是固定静止的,两个构件之间具有相对运动,这时的密封要按照动密封原理来进行设计。对动密封的基本要求是密封可靠,机构简单,使用寿命长。

发酵罐中使用最普遍的动密封有两种:填料函轴封和机械轴封(或称端面轴封)。填料函轴封是早期广泛使用的动密封装置,但由于该轴封死角多,很难彻底灭菌,容易渗漏及染菌;轴的磨损较严重,产生大量的摩擦热,增加了摩擦所损耗的功率;寿命较短,需经常更换填料。因此,现在已经很少使用动密封。

现代发酵罐普遍采用的是机械轴封。机械轴封的工作原理是靠弹性元件(弹簧、波纹管)及密封介质压力在两个精密的平面(动环和静环)间产生压紧力,相互贴紧,并做相对旋转运动而达到密封。其主要作用是将较易泄漏的轴面密封改变为较难渗漏的端面(径向)密封。

机械轴封的基本结构(图7-3)由下列元件组成:摩擦副(即动环和静环)、弹簧加荷装置、辅助密封圈(动环密封圈和静环密封圈)。

机械轴封的优点有:① 泄漏量极少,其泄漏量约为填料函密封的1%。这是由于环密封圈与转轴以及静环密封圈与压盖没有相对运动,几乎不受磨损,而且端面材料是由具有高度平直、滑动性、耐磨性好的适当材料构成的,即使无润滑性流体进行润滑,密封端面的泄漏量也是极少的。② 使用工作寿命长,机械轴封的磨损部分只限于密封端面,由于选用适当的耐磨材料,因此它的磨损量极小,一般条件下可工作半年至一年,质量好的机械轴封寿命可达2～5年以上。③ 较少需要调整,摩擦功率损耗小,结构紧凑。

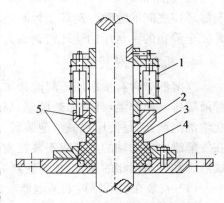

图7-3　机械轴封的结构

1—转轴;2—动环;3—堆焊硬质合金;
4—静环;5—O形环

但由于结构复杂,密封加工精度要求高,安装技术要求高,因此机械轴封的初次成本较高。

大型和搅拌轴装于罐底的发酵罐,常用的轴封为双端面机械轴封,见图 7-4。双端面机械轴封装置的设计要求如下:

① 动环和静环:由动环和静环所组成的摩擦副是机械轴封最重要的元件。动环和静环是在介质中做相对旋转摩擦滑动,由于摩擦生热、磨损和泄漏等现象,因此,摩擦副设计密封在给定的条件下,工作负荷最轻,密封效果最好,使用寿命最长。为此,动环和静环材料均要有良好的耐磨性,摩擦系数小,导热性能好,结构紧密,且动环的硬度应比静环大。通常,动环可用碳化钨钢,硬质合金,在有腐蚀介质的条件下可用不锈钢,或不锈钢表面堆焊硬质合金。静环用聚四氟乙烯或浸渍石墨。摩擦副端面宽度要适中,以降低摩擦升温;若端面太宽,则冷却和润滑效果不好;若过窄,则强度不足,易损坏。静环宽度一般为 3～6mm,轴径小则取下限,轴径大则取高值。同时,动环的端面应比静环大 1～3mm。对于装在罐内的内置式端面轴封的端面比压约为 0.3～0.6MPa,弹簧比压为 0.05～0.25MPa;外置式弹簧比压应比介质压强大 0.2～0.3MPa,对气体介质,端面比压可适当减少,但须大于 0.1MPa。应根据所要求的压紧力计算弹簧的大小根数,一般小轴用 4 根,大轴用 6 根。

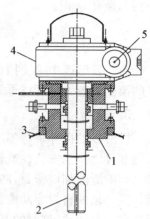

图 7-4　双端面机械轴封

1—密封环;2—搅拌轴;3—罐体;4—传动箱;5—主动轮

② 弹簧加荷装置:弹簧加荷装置的作用是产生压紧力,使动静环端面压紧,密切接触,以确保密封。弹簧座靠旋紧的螺钉固定在轴上,用以支撑弹簧,传递扭矩。而弹簧压板用以承受压紧力,压紧静密封元件,传动扭矩带动动环。当工作压强为 0.3～0.5MPa 时,采用 2～2.5mm 直径的弹簧,自由长度 20～30mm,工作长度 10～15mm。

③ 辅助密封元件:辅助密封元件有动环和静环的密封圈,用来密封动环与轴以及静环与静环座之间的缝隙。动环密封圈随轴一起旋转,故与轴及动环是相对静止的;静环密封圈是完全静止的。常用的动环密封圈为"O"形环;静环密封圈为平橡胶垫片。

4. 机械消泡装置

发酵液中含有蛋白质等起泡物质,故在通气搅拌条件下会产生泡沫,发泡严重时会使发酵液随排气而外溢,且增加杂菌感染机会。在通气发酵生产中有两种消泡方法:一是加入化学消泡剂;二是使用机械消泡装置。通常是将上述两种方法联合使用。消泡器就是安装在发酵罐内转动轴的上部或安装在发酵罐排气系统上的,可将泡沫打破或将泡沫破碎分离成液态和气态两相的装置,从而达到消泡的目的。

(1) 安装在发酵罐内的消泡器

最简单实用的消泡装置为耙式消泡器(图 7-5),可直接安装在搅拌轴上,消泡耙齿底部应比发酵液面高出适当高度。安装在发酵罐内搅拌轴上部的消泡器有齿式、梳式、孔板式、旋桨梳式等。

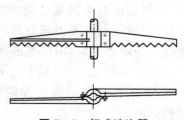

图 7-5　耙式消泡器

（2）安装在发酵罐外的消泡器

安装在发酵罐外的消泡器有涡轮消泡器、旋风离心式消泡器、叶轮离心式消泡器、碟片式消泡器和刮板式消泡器等。

旋风离心式消泡器为一种最简单的消泡器,其工作原理与旋风分离器相同。它可以和消泡剂盒配合使用,并根据发酵罐内的泡沫情况自动添加消泡剂。

碟片式消泡器装在发酵罐的顶部。如图 7-6 所示,其主要部件为形状和尺寸相同的碟片,碟片数目为 4～6 个,碟片的斜角约为 35°,两碟片之间的间距约为 10mm,碟片上有高约 8mm 的梳状筋条,这些碟片叠置起来组成碟片组。碟片组被通气压环压紧在空心轴上,空心轴通过传动机构转动,转速可达 1400r·min^{-1},碟片式消泡器装在发酵罐的顶部,转轴通过两个轴封与发酵罐及排气管连接。当泡沫溢上与碟片式消泡器接触时,受高速旋转离心碟的离心力作用,泡沫破碎分离成液态及气态两相,由于气相和液相的离心沉降速率不同,气相沿碟片向上,通过通气孔沿空心轴向上排出,液体则补甩回发酵罐中而达到消泡目的。根据实验结果,直径 220mm 的碟式消泡器在酵母发酵时的消泡能力约为 30m^3·h^{-1} 的通风量。

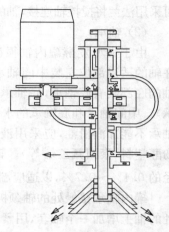

图 7-6　碟片式消泡器

刮板式消泡器由刮板、轴承、外壳、气液进口、回流口、气体出口组成。刮板的中心与壳体的中心有一个偏心距。刮板旋转时,使泡沫产生离心力被甩向壳体四周,受机械冲击,从而达到消泡作用。刮板的转速为 1000～1400r·min^{-1}。消泡后的液体及部分泡沫集中于壳体的下端,经回流管返回发酵罐,而被分离的气体则通过气体出口排出。

5. 通气装置

通气装置的作用是向发酵罐内吹入无菌空气,并使空气均匀分布。

最简单的通气装置是一单孔管。单管式通气装置结构简单且实用。管口正对罐底中央,装于最低一挡搅拌器下面,喷口朝下,管口与罐底的距离约 40mm,空气分散效果较好。若距离过大,则空气分散效果较差。该距离可根据溶解氧情况做适当调整。通常通风管的空气流速取 20m·s^{-1}。为了防止吹管吹入的空气直接喷击罐底,加速罐底腐蚀,通常在空气分布器正对的罐底上加焊一块不锈钢补强(补强板),可延长罐底寿命。通风量在 0.02～0.5mL·s^{-1} 时,气泡的直径与空气喷口直径的 1/3 次方成正比,也就是说,喷口直径越小,气泡直径也越小,因而氧的传质系数也越大。但是生产上实际的通风量均超过上述范围,因此气泡直径仅与通风量有关,而与喷口直径无关。

另一种常见的通气装置为开口朝下的多孔环形管。环的直径约为搅拌器直径的 0.8。小孔直径 5～8mm,孔的总面积约等于通风管的截面积。在通气量较小的情况下,气泡的直径与空气喷口直径有关。喷口直径越小,气泡直径越小,氧的传质系数越大。但在发酵过程中通气量较大,气泡直径仅与通气量有关,而与通气出口直径无关。又由于在强烈机械搅拌的条件下,多孔分布器对氧的传递效果并不比单孔管为好,相反还会造成不必要的压力损失,且易使物料堵塞小孔,故已很少采用。

6. 轴、联轴器、轴承及变速装置

（1）轴和联轴器

大型发酵罐搅拌轴较长，为了加工和安装的方便，常分为两三段，用联轴器使上下搅拌轴成牢固的刚性连接。常用的联轴器有鼓形及夹壳形（图7-7）两种。小型的发酵罐可采用法兰将搅拌轴连接，轴的连接应垂直，中心线对正。

（2）轴承

由于大型发酵罐内轴很长，为了防止轴左右摇摆，要在轴的适当部位安装中间轴承；为了防止轴下沉，往往在轴的底部装有底轴承，底轴承为止推轴承（也称为推力轴承）。中间轴承和底轴承的水平位置应能适当调节。罐内轴承不能加润滑油，应采用液体润滑的塑料轴瓦（如石棉酚醛塑料、聚四氟乙烯等）。轴瓦与轴之间的间隙常取轴径的 0.4%～0.7%，以适应温度差的变化。

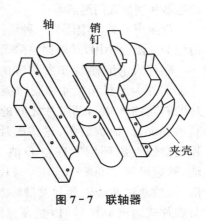

图 7-7　联轴器

罐内轴承接触处的轴颈极易磨损，尤其是底轴承处的磨损更为严重，可以在与轴承接触处的轴上增加一个轴套，用紧固螺钉与轴固定，这样仅磨损轴套而轴不会磨损，检修时只要更换轴套就可以了。

（3）变速装置

试验罐采用无级变速装置。大型发酵罐常用的变速装置有三角皮带传动、圆柱或螺旋圆锥齿轮减速装置，其中以三角皮带变速传动效率较高，但加工、安装精度要求高。

7.1.2　自吸式发酵罐

自吸式发酵罐是一种不需要空气压缩机提供压缩空气，而依靠特设的机械搅拌吸气装置或液体喷射吸气装置吸入无菌空气，并同时实现混合搅拌与溶解氧传质的发酵罐。该类发酵罐自 20 世纪 60 年代开始在欧洲和美国开展研发，然后在酵母及单细胞蛋白生产、醋酸发酵及维生素生产等方面获得应用。

与传统的机械搅拌通风发酵罐相比，自吸式发酵罐不必配备空气压缩机及其附属设备，节约设备投资，减少厂房面积；溶解氧速率和溶解氧效率均较高，能耗较低，尤其是溢流自吸式发酵罐的溶解氧比能耗可降至 $0.5\mathrm{kW \cdot h \cdot (kg\,O_2)^{-1}}$ 以下；对于某些特定产品，如酵母和醋酸发酵，具有生产效率高和经济效益较高的优点；但由于自吸式发酵罐是负压吸入空气的操作方式，故发酵系统内部不能保持一定的正压，较易产生杂菌污染；同时，必须配备阻力损失较小的高效空气过滤系统。

为克服自吸式发酵罐固有的部分缺点，可采用自吸气与鼓风相合的鼓风自吸式发酵系统，即在过滤器前加装一台鼓风机，适当维持空气系统的正压，这不仅可减少染菌机会，而且可增大通风量，提高溶解氧系数。

根据吸入空气的工作原理不同，自吸式发酵罐分别有机械搅拌自吸式发酵罐和喷射自吸式发酵罐。

1. 机械搅拌自吸式发酵罐

机械搅拌自吸式发酵罐的主要构件是自吸搅拌器(转子)和导轮(定子)(图 7-8)。空气管与转子相连接,在转子启动前,先用液体将转子浸没,然后启动马达使转子转动,由于转子高速旋转,液体或空气在离心力的作用下,被甩向叶轮外缘,在这个过程中,流体便获得能量,转子的转速愈快,旋转的线速度也愈大,则流体(其中还含有气体)的动能也愈大,流体离开转子时,由动能转变为静压能也愈大,在转子中心所造成的负压也愈大,因此空气不断地被吸入,甩向叶轮的外缘,通过定子而使气液均匀分布甩出。由于转子的搅拌作用,气液在叶轮的外缘形成强烈的混合流(湍流),使刚刚离开叶轮的空气立即在不断循环的发酵液中分裂成细微的气泡,并在湍流状态下混合,翻腾,扩散到整个罐中,因此转子同时具有搅拌和充气两个作用(图 7-9)。

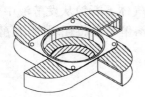

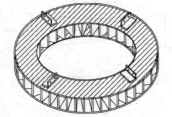

图 7-8　四弯叶自吸式叶轮的转子和定子

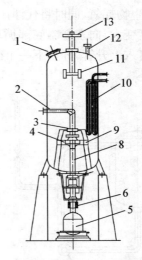

图 7-9　机械搅拌自吸式发酵罐
(参考高孔荣,1991)

1—人孔;2—进风管;3—轴封;
4—转子;5—电机;6—联轴器;
7—轴封;8—搅拌轴;9—定子;
10—冷却蛇管;11—消泡器;
12—排气管;13—消泡转轴

机械搅拌自吸式发酵罐搅拌吸气的目的是气、液、固三相充分混合与分散,强化气液传质,为微生物生长及代谢提供溶解氧,促进微生物与液相中营养成分及代谢产物等的质量传递,并强化热量传递。由于自吸式发酵罐是靠转子转动形成的负压而吸气通风的,吸气装置是沉浸于液相的,所以为保证较高的吸风量,发酵罐的高径比 H/D 不宜过大,且罐容增大时,H/D 应适当减少,以保证搅拌吸气转子与液面的距离为 2~3m。对于黏度较高的发酵液,为了保证吸风量,应适当降低罐的高度。

实践表明,三棱叶转子的特点是转子直径较大,在较低转速时可获得较大的吸气量,当罐压在一定范围内变化时,其吸气量也比较稳定,吸程(即液面与吸气转子距离)也较大,但所需的搅拌功率也较高。三棱叶叶轮直径一般为发酵罐直径的 0.35。当然,为提高溶解氧,可减少转子直径,适当提高转速。而四弯叶转子的特点是剪切作用较小,阻力小,消耗功率较小,直径小而转速高,吸气量较大,溶解氧系数高。叶轮外径和罐径比为 1/15～1/8,叶轮厚度为叶轮直径的 1/5～1/4。有定子的叶轮的流量和压头比无定子的叶轮的均增大。

2. 喷射自吸式发酵罐

喷射自吸式发酵罐是应用文氏管喷射吸气装置或溢流喷射吸气装置进行混合通气的,既不用空压机,又不用机械搅拌吸气转子。

(1) 文氏管自吸式发酵罐

图 7 - 10 是文氏管自吸式发酵罐结构示意图。其原理是用泵将发酵液压入文氏管,由于文氏管的收缩段中液体的流速增加,形成负压将无菌空气吸入,并被高速流动的液体打碎,与液体均匀混合,提高发酵液中的溶解氧,同时由于上升管中发酵液与气体混合后,密度较罐内发酵液小,再加上泵的提升作用,使发酵液在上升管内上升。当发酵液从上升管进入发酵罐后,微生物耗氧,同时将代谢产生的 CO_2 和其他气体不断地从发酵液中分离并排出,发酵液的密度变大,向发酵罐底部循环,待发酵液中的溶解氧即将耗竭时,发酵液又从发酵罐底部被泵打入上升管,开始下一个循环。

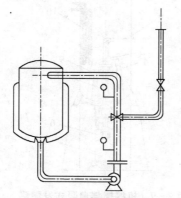

图 7 - 10　文氏管自吸式发酵罐结构

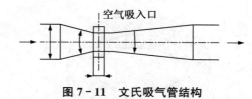

图 7 - 11　文氏吸气管结构

典型文氏吸气管的结构如图 7 - 11 所示,经验表明,当收缩段液体流动雷诺数 $Re > 6 \times 10^4$ 时,吸气量及溶解氧速率较高。

(2) 液体喷射自吸式发酵罐

液体喷射吸气装置是这种自吸式发酵罐的关键装置,由梁世中、高孔荣教授研究的液体喷射吸气装置的结构如图 7 - 12 所示。

(3) 溢流喷射自吸式发酵罐

溢流喷射自吸式发酵罐的通气是依靠溢流喷射器来实现的。当液体溢流时,形成抛射流,液体表面层与其相邻气体产生动量传递,使边界层的气体有一定的速率,从而带动气体的流动,形成自吸气作用。此类型发酵罐结构如图 7-13所示,要使液体处于抛射非淹没溢流状态,溢流尾管应略高于液面,经验表明,尾管高 1～2m 时,吸气速率较大。华南理工大学研制的系列溢流喷射自吸式发酵罐,在酵母培养

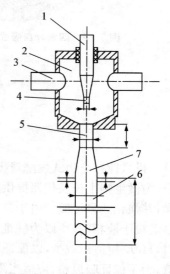

图 7 - 12　液体喷射吸气装置
(参考高孔荣,1991)

1—高压料液管;2—吸气室;3—进风管;4—喷嘴;5—收缩段;6—导流尾管;7—扩散段

中已取得了良好的结果：干细胞浓度可以高达 $50kg \cdot m^{-3}$；对数生长期的生产效率达到 $7.9kg \cdot m^{-3} \cdot h^{-1}$；比能耗为 $0.37 \sim 0.61kW \cdot h \cdot (kg \; 干酵母)^{-1}$。目前，该系列自吸式发酵罐已放大至 $200m^3$。此外，它在味精废水处理中也取得良好效果。欧洲的福格布尔（Vogelbusch）公司研制的溢流喷射自吸式发酵罐，广泛应用于酵母等单细胞蛋白生产，已放大至 $2000m^3$ 的规模，溶解氧比能耗降至 $0.5kW \cdot h \cdot (kg \; O_2)^{-1}$。

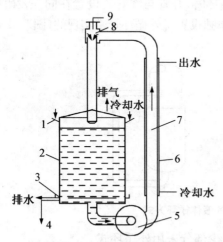

图 7 - 13　Vobu-JZ 单层溢流喷射自吸式
发酵罐（参考高孔荣，1991）

1—冷却水分配槽；2—罐体；3—排水槽；
4—放料口；5—循环泵；6—冷却夹套；
7—循环管；8—溢流喷射器；9—进风口

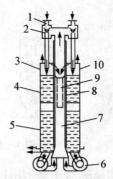

图 7 - 14　Vobu-JZ 双层溢流喷射自吸式发
酵罐（参考高孔荣，1991）

1—进风管；2—喷射器；3—冷却水分配器；
4—上层罐体；5—下层罐体；6—循环泵；7—
冷却水进口；8—循环管；9—冷却夹套；10—
气体循环；11—排气口

而 Vobu-JZ 双层溢流喷射自吸式发酵罐是在上述单层罐的基础上发展研制的，其不同点是发酵罐体在中部分隔成两层，以提高气液传质速率和降低能耗，其溶解氧速率高达 $12 \sim 14(kg \; O_2) \cdot m^{-3} \cdot h^{-1}$，电耗为 $0.4 \sim 0.5kW \cdot h \cdot (kg \; O_2)^{-1}$。双层罐的结构如图 7 - 14 所示。

7.1.3　气升式发酵罐

气升式发酵罐也是应用最广泛的生物反应设备之一，气升式发酵罐是空气提升式生物反应器的简称。它是利用空气的喷射功能和流体密度差造成反应液循环流动，来实现液体的搅拌、混合和传递氧，即不用机械搅拌，完全依靠气体的带升使液体产生循环并发生湍动，从而达到气液混合和传递的目的。目前世界上最大的通气发酵罐就是气升环流式的，体积高达 $3000m^3$。气升式反应器有多种类型，常见的有气升环流式、鼓泡式、空气喷射式等，生物工业中已经大量应用的气升式发酵罐有气升内环流发酵罐、气液双喷射气升环流发酵罐、设有多层分布板的塔式气升发酵罐。而鼓泡罐则是最原始的通气发酵罐，由于鼓泡式反应器内没有设置导流筒，故不能控制液体的主体定向流动。

气升式发酵罐的结构较简单，不需搅拌，易于清洗、维修，不易染菌，能耗低，溶解氧效率高。目前,内循环气升式发酵罐已广泛应用于生物工程领域的好氧发酵方面,如动植物细胞的培养、某些微生物细胞的培养及污水处理等,由此生产的相关产品包括单细胞蛋白、酒精、抗生素、生物表面活性剂等。我国利用生物反应器大量生产生物制剂的应用中,采用气升式细胞培养生物反应器的占有相当大的比例。

气升式发酵罐按其所采取的液体循环方式的不同,可划分为内循环气升式发酵罐和外循环气升式发酵罐。内循环气升式发酵罐的发酵液循环时,升管与降管均设置在同一发酵罐内部;而外循环气升式发酵罐的发酵液循环则是通过单独设置罐外循环管来实现的(图7-15)。

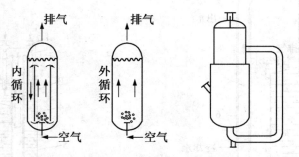

图 7 - 15　气升式发酵罐的液体循环方式

气升式生物反应器主要采用内循环式,但也有少部分采用外循环式。

内循环式生物反应器内部有以下四个组成部分:

① 升液区:在反应器中央和导流管内部。若空气是在导流管底部喷射,由于管内外流体静压差,使气液混合流体沿管内上升,在反应器上部分离部分气体后,又沿降压管下降,构成一循环流动。若空气在降液管底部喷射,则流体循环方向恰好相反。

② 降液区:为导流管与反应器壁之间的环隙。流体沿降液区上升或下降,视喷射空气的位置而定。

③ 底部:为升液区与降液区下部相连区。它对反应器特性影响不大。

④ 顶部:为升液区与降液区上部相连区。可在顶端装气液分离器,除去排出气体中夹带的液体。

气升式发酵罐的操作参数对其使用性能有较强的影响,操作参数主要包括以下几点:

① 液面高度。气液分离器中液体的体积与总体积之比($V_L/V_{总}$)对气含率、液体循环速率和气体再循环有显著影响,($V_L/V_{总}$)越大,气含率降低,液体的循环速率增加,混合时间减少,功耗增加。当($V_L/V_{总}$)增大到一定值时,气含率和液体循环速率不再变化,但能耗仍在上升,因此存在最佳值。可以看出,在设计和操作气升式反应器时要考虑气液分离器中的($V_L/V_{总}$)值。

② 操作气速。表观气速影响气升式反应器的气含率、循环时间及液体体积传质系数($K_L\alpha$),并且其影响还与反应器结构(如气体预分布器、内件设置等)和物料的特性有关。有研究表明,在小固含率下,气速是影响 $K_L\alpha$ 的主要因素;而在大固含率下,$K_L\alpha$ 主要受固含率影响。因此,操作气速要从反应器结构、物料特性等方面综合考虑,使其在功耗最小的情况下得到最大的 $K_L\alpha$。

③ 溶液的性质。气升式反应器在生物技术领域的应用主要是发酵、废水处理和生物细

胞培养等。由于黏性较高,为了提高传质速率,以往对发酵液和生物细胞培养液常采用机械搅拌罐。实际上,只要在介质中加入合适的聚合物,采用气升式反应器,不仅可以增强传质,提高产量,而且还可以降低能耗。

7.2 液体厌氧发酵罐

微生物培养根据对氧的需求情况不同,分为好氧发酵和厌氧发酵,因此相应的生物反应器也有好氧发酵罐和厌氧发酵罐。厌氧发酵产品的典型代表是酒精和啤酒。酒精发酵罐具有通用性,其可以用于其他厌氧发酵产品的生产,如丙酮、丁醇等有机溶剂;而啤酒发酵设备则具有专用性。酒精既可以在食品、医药等方面应用,又可以作为生物能源物质,作为酒精燃料。用生物技术生产酒精是今后发展的重要领域之一。

7.2.1 酒精发酵罐

酒精是酵母转化糖代谢而成的产物。相对于好氧发酵,在酵母代谢产酒精过程中,对氧的需求不再是制约性因素,因此,酒精发酵罐对溶解氧的要求较低。但是,作为一个优良的酒精发酵罐,仍然需要具有良好的传质和操作性能。在酒精发酵过程中,酵母的生长和代谢必然会产生一定数量的生物热。若不及时移走该热量,必将导致发酵体系温度升高,影响酵母的生长和酒精的形成,因此酒精发酵罐要有良好的换热性能。由于发酵过程中会产生大量的 CO_2,从而对发酵液形成自搅拌作用,因此酒精发酵罐不需要设置专用的搅拌装置,但是需要设置能进行 CO_2 回收的装置。由于现代发酵罐的大型化和自动化发展,酒精发酵罐还需要有自动清洗装置。

相对于好氧发酵罐,酒精发酵罐的结构要简单得多。

1. 罐体

酒精发酵罐(图 7-16)的筒体为圆柱形,底盖和顶盖为锥形和椭圆形。由于酒精发酵过程中需要对 CO_2 气体及其所带出的部分酒精进行回收,酒精发酵罐通常采用密闭式。发酵罐顶装有人孔、视镜、CO_2 回收管、进料管、接种管、压力表及测量仪表接口管等,罐底装有排料口和排污口,罐身上下部有取样口和温度计接口。对于大型酒精发酵罐,为了便于维修和清洗,通常在罐底也装有人孔。

2. 换热装置

为满足酵母生长,酒精发酵罐在工艺条件方面,最为重要的工艺参数是温度,由于酵母生长和代谢过程中会产生大量的生物热,因此酒精发酵罐最主要的部件之一就是换热装置。对于中

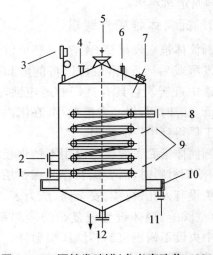

图 7-16 酒精发酵罐(参考高孔荣,1991)

1—冷却水入口;2—取样口;3—压力表;4—CO_2 气体出口;5—喷淋水;6—料液及酒母入口;7—人孔;8—冷却水出口;9—温度计;10—喷淋水收集槽;11—喷淋水出口;12—发酵液及污水排出口

小型发酵罐,多采用喷淋冷却的方式,即在罐顶喷水淋于罐外壁面进行膜状冷却;对于大型发酵罐,通常在罐内装有冷却蛇管,并且同时在罐外壁喷淋冷却。联合冷却的目的是增加换热面积,提高换热效率,以免发酵过程中温度过高,导致菌体生长和代谢受阻;为避免发酵车间的潮湿和积水,要求在罐体底部沿罐体四周装有集水槽。

3. 洗涤装置

酒精发酵罐的洗涤,过去均由人工操作,不仅劳动强度大,而且 CO_2 一旦未彻底排除,工人入罐清洗会发生中毒事故。因此,现代酒精发酵罐均采用水力喷射洗涤装置,从而改善了工人的劳动条件和提高了操作效率。常见的水力洗涤装置如图 7-17 所示。但该装置在水压力不高的情况下,水力喷射强度和均匀度都不理想,洗涤效果会受到影响。

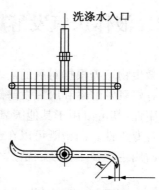

洗涤水入口

图 7-17　酒精发酵罐水力洗涤器

7.2.2　啤酒发酵罐

自 20 世纪 50 年代以来,啤酒发酵装置像其他生物反应器的发展一样,向大型化、连续化、联合化和自动化的方向快速发展。迄今为止,使用的大型发酵罐容量已达 1500m³。原来的开放式发酵槽已逐步被淘汰,不锈钢结构的密闭的新型联合罐取得了长足进步和广泛应用,并且密闭罐也由原来的卧式圆筒形罐发展为立式圆筒体锥底发酵罐。目前使用的大型立式发酵罐主要有奈坦罐、联合罐、朝日罐等。由于发酵罐量的增大,清洗设备也有很大进步,大多采用CIP 自动清洗系统。

1. 圆筒体锥底发酵罐

圆筒体锥底发酵罐(图 7-18)可以单独用于前面发酵或后面发酵,也可以将前酵和后酵合并在一罐中进行。它具有良好的适应性,还可以有效降低发酵时间,提高发酵效率,在国内外的啤酒发酵工厂得到了广泛使用。

圆筒体锥底发酵罐可以用不锈钢板或碳钢制作,用碳钢材料时,需要涂料作为保护层。罐的上部封头设有人孔、视镜、安全阀、压力表、CO_2 排出口、真空阀等,罐体设置较复杂的冷却系统,锥体上部中央设不锈钢可旋转洗涤喷射器。如果露天放置,罐体需要使用保温绝热材料,一般常用的保温材料为聚氨酯泡沫塑料、脲醛泡沫塑料、聚苯乙烯泡沫塑料或膨胀珍珠岩矿棉等,厚度根据当地的气候选定。如果采用聚氨酯泡沫塑料作保温材

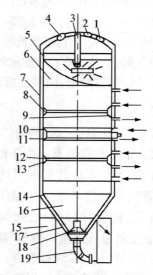

图 7-18　圆筒体锥底发酵罐
(参考高孔荣,1991)

1—视镜;2—CO_2 排出管;3—自动洗涤器;4—人孔;5—封头;6—罐身;7—冷却夹套;8—保温层;9—冷媒排出口;10—冷媒进入口;11—中间酒液排出管;12—取样管;13—温度计;14—支脚;15—基柱;16—锥底;17—锥底冷却夹套;18—底部酒液排出口;19—麦汁进口、酒液进口、酵母排放口

料,可以采用直接喷涂后,外层用水泥涂平。为了罐型美观和牢固,保温层外部可以加薄铝板外套,或镀锌铁板保护,外涂银粉。大型发酵罐和贮酒设备的洗涤,现在普遍使用自动清洗系统。该系统设有碱液罐、热水罐、甲醛溶液罐和循环用的管道和泵。

2. 大直径露天贮酒罐

大直径露天贮酒罐是一种通用罐,既可以做发酵罐,又可以做贮酒罐。大直径罐是大直径露天贮酒罐的一种,其直径与罐高之比远比圆筒形锥底罐要大。大直径罐一般只要求贮酒保温,没有较大的降温要求,因此其冷却系统的冷却面积远较圆筒形锥底罐小,安装基础也较后者简单。

大直径罐(图7-19)基本是一柱体形罐,略带浅锥形底,便于回收酵母等沉淀物和排除洗涤水。因其表面积与容量之比较小,罐的造价较低。冷却夹套只有一段,位于罐的中上部,上部酒液冷却后,沿罐壁下降,底部酒液从罐中心上升,形成自然对流。因此,罐的直径虽大,仍能保持罐内温度均匀。锥角较大,以便排放酵母等沉淀物。罐顶可设安全阀,必要时设真空阀。罐内设自动清洗装置,并设浮球带动一出酒管,滤酒时可以使上部澄清酒液先流出。为加强酒液的自然对流,在罐的底部加设一CO_2喷射环。环上CO_2的喷射眼的孔径为1mm以下。当CO_2在罐中心向上鼓泡时,酒液产生向上运动,使底部出口处的酵母浓度增加,便于回收,同时挥发性物质被CO_2带走,CO_2可以回收。大直径罐外部是保温材料,厚度达100～200mm。

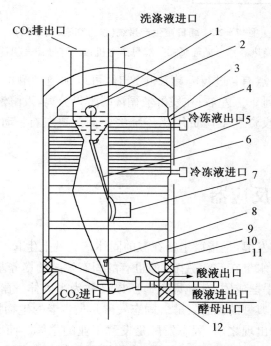

图7-19 大直径罐结构示意图(参考高孔荣,1991)

1—自动洗涤装置;2—浮球;3—罐体;4—保温层;5—冷却夹套;6—可移动滤酒管;7—人孔;8—CO_2喷射环;9—支脚;10—酒液排出阀;11—机座;12—酒液进出口(酵母排出口)

3. 朝日罐

朝日罐又称单一酿槽,它是 1972 年日本朝日啤酒公司研制成功的前发酵和后发酵合一的室外大型发酵罐。它采用了一种新的生产工艺,解决了沉淀困难,大大缩短了贮藏啤酒的成熟期。

朝日罐为一罐底倾斜的平底柱形罐,用厚 4~6mm 的不锈钢板制成,其直径与高度之比为 1：(1~2)。罐身外部设有两段冷却夹套,底部也有冷却夹套,用乙醇溶液或液氨为冷媒。罐内设有可转动的不锈钢出酒管,可以使放出的酒液中 CO_2 含量比较均匀。朝日罐设备结构和生产系统的示意图见图 7 - 20。

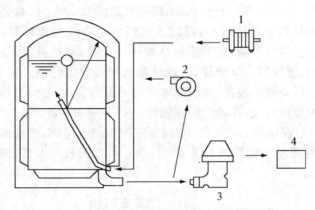

图 7 - 20　朝日罐生产系统(参考高孔荣,1991)
1—薄板换热器；2—循环泵；3—酵母离心机；4—酵母；5—朝日罐

朝日罐发酵法的优点有：进行一罐法生产时,可以加速啤酒的成熟,提高设备的利用率,使罐容利用系数达到 96％左右；在发酵液循环时酵母分离,发酵液循环损失很少；可以减少罐的清洗工作,设备投资和生产费用比传统法要低。缺点有：动力消耗大,冷冻能力消耗大。

7.3　固态发酵反应器

固态发酵又称固体发酵,是指微生物在湿的固体培养基上生长、繁殖、代谢的发酵过程。固态的湿培养基一般含水量在 50％左右,但也有的固态发酵的培养基含水量为 30％或 70％等。此培养基通常是"手捏成团,落地即散",所以又称为半固体发酵。我国农村的堆肥、青贮饲料和酒曲生产就是典型的固态发酵。固态发酵是最古老的生物技术之一,在 20 世纪 30 年代深层通气发酵技术出现之前,固态发酵是发酵工业的主体。而固态发酵技术由于在传质问题上存在固有缺陷,故常被忽视。但是,由于深层液体发酵产生的大量发酵废水、通气与机械搅拌的高能耗,成为液体深层发酵进一步发展的障碍,迫使其向高浓度、高黏度方向发展,理论上的高浓度、高黏度极限就是固态发酵。固态发酵也有天然的一些优点,如不产生废水,通气更简单等(表 7 - 1)。可见,现代发酵工业中液体深层发酵技术一统天下的局面不是科学发展的应有结果,固态发酵也应该并且已经成为部分生物工业生产的选择之一。

表 7 - 1　固态发酵与液态发酵的比较

优　点	缺　点
1. 培养基含水量少,废水、废渣少,环境污染少,容易处理	1. 菌种限于耐低水活性的微生物,菌种选择性少
2. 消耗低,供能设备简易	2. 发酵速率慢,周期较长
3. 培养基原料多为天然基质或废渣,广泛易得,价格低廉	3. 天然原料成分复杂,有时变化,影响发酵产物的质和量
4. 设备和技术较简易,后处理方便	4. 工艺参数难检测和控制
5. 产物浓度较高,后处理方便	5. 产品少,工艺操作消耗劳力多、强度大

用于固态发酵的反应器可分为静态固态发酵反应器和动态固态发酵反应器。

7.3.1　静态固态发酵反应器

静态固态发酵反应器有浅盘式生物反应器和填充床生物反应器。

1. 浅盘式生物反应器

固体发酵和液体发酵过程一样,生物反应器需要为微生物的生长提供适宜的环境条件。在传统的固态发酵反应过程中,由于发酵装置简陋,不可能对发酵过程进行良好地控制。随着现代工业技术的发展,随着对固态发酵机理和装置研究的深入,固态发酵过程的可控性得到显著提高。浅盘式生物反应器就是较早发展起来的一种固态发酵设备,这种反应器构造简单,由一个密室和许多可移动的托盘组成。托盘可以由木料、金属(铝或铁)、塑料等制成,底部打孔,以保证生产时底部通风良好。培养基经灭菌、冷却、接种后装入托盘,托盘放在密室的架子上。一般地,托盘在架上层层放置,两托盘间有适当空间,保证通风。发酵过程在可控制温度和湿度的密室中进行,培养温度由循环的冷(热)空气来调节。

浅盘式生物反应器是一种没有强制通风的固态发酵生物反应器,特别适合酒曲的加工。装有的固体培养基最大厚度一般为 15cm,放在自动调温的房间中。它们排成一排,一个邻一个,之间有一个很小的间隙。这种技术用于规模化生产比较容易,只要增加盘子的数目就可以了。尽管这种技术已经广泛用于工业生产(主要是亚洲国家),但是它需要很大的面积(培养室),而且消耗很多人力。浅盘式生物反应器的结构如图 7 - 21 所示。

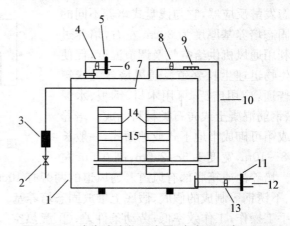

图 7 - 21　浅盘式生物反应器(参考邱立友,2008)

1—反应室;2—水压阀;3—紫外灯管;4,8,13—空气吹风机;5,11—空气过滤器;6—空气出口;7—温度调节器;9—加热器;12—空气入口;14—盘子;15—盘子支持架

2. 填充床生物反应器

填充床生物反应器与浅盘式生物反应器的不同之处在于其采用动力通风,随着空气流动可以有效地解决浅盘式生物反应器中径向和轴向温度差和空气状况的分区问题,有利于调节和控制填充床中的环境条件和工艺参数。可以利用填充床内附加内表面冷却系统,减少了轴向温度梯度的形成;也可以在较宽大的填充床反应器中插入垂直热交换板促进水平热传递,同时又克服了反应床高度限制的弊端;也可以对影响反应器传质和传热系统进行优化。填充床反应器结构如图 7-22 所示。

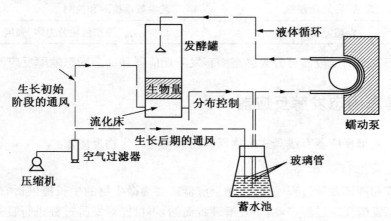

图 7-22　填充床反应器流程(参考郑裕国,2007)

普通使用的通风室式、池式、箱式固态发酵设备即是填充床生物反应器的几种主要结构。其中,通风室的结构如图 7-23 所示。通风室式、池式、箱式固态发酵设备是随着厚层通风培养的发酵工艺而发展起来的一种固态发酵反应器,它与浅盘式培养不同的是固态培养基厚度为 30cm 左右,培养过程利用通风机供给空气及调节温度,促使微生物迅速生长繁殖。通风培养池或箱最普通,应用广泛,可用木材、钢板、水泥板、钢筋混凝土或砖石类材料制成。培养池或箱可砌成半地下式或地面式,一般长度 8~10m,宽度 1.5~2.5m,高 0.5m 左

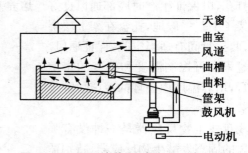

图 7-23　通风培养室(参考邱立友,2008)

右。培养池或箱底部有风道。通风道的两旁有 10cm 左右的边,以便安装用竹帘或有孔塑料板、不锈钢等制成的假底,假底上堆放固态培养基。该类反应设备的缺点有:① 进出料主要靠手工操作,工作效率低,劳动条件差;② 湿热空气使生产车间长期处于暖湿环境,对生产卫生及发酵工艺的控制有不利影响。

7.3.2　动态固态发酵反应器

动态固态发酵反应器是指固态发酵基质像在液体发酵过程中一样,处于动态过程。该类反应器要求有动力系统促使固态基质的流动或转动,因此需要消耗能量;由于固体基质是

处于运动状态,有利于空气和温度等发酵工艺参数的控制。

1. 转鼓式生物反应器

转鼓式固态发酵生物反应器通常为卧式或略微倾斜的筒体,在电机带动下以一定速率回转,通称为转鼓。为控制固态物料在转鼓内的运动方向,可以在转鼓内加设挡板。转鼓的转速通常很低(2~3r·min⁻¹),否则剪切力会使菌体受损。采用转鼓式反应器可以防止菌丝体与反应器黏连,同时转鼓旋转使筒内的基质达到一定的混合程度,菌体所处的环境比较均一,改善传质和传热状况。与静态固体发酵生物反应器不同的是,转鼓中基质床层不是铺成平面,而是由处于滚动状态的固体培养基颗粒组成,它们一般占反应器总体积的 10%~40%,菌体生长在固体颗粒表面,反应器内的通风条件是可以控制的。也有将转鼓式生物反应器设计成连续发酵操作方式,在转鼓的一端加入固体基质并接入菌种,在转鼓的另一端排出发酵好的物料。转鼓式生物反应器基本结构如图 7-24 所示。

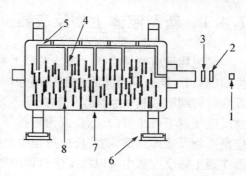

图 7-24　转鼓式生物反应器
(参考邱立友,2008)

1—空气入口;2—旋转连轴器;3—接合器;
4—空气喷嘴;5—空气通道;6—辊子;7—转鼓;8—固体培养基

2. 固态搅拌生物反应器

固态搅拌生物反应器是在反应器内设置搅拌装置,在电机带动下利用搅拌桨对固态基质进行搅拌混合,提高反应器内的传质和传热效率。固态搅拌反应器有卧式和箱式之分:卧式搅拌反应器采用水平单轴,多个搅拌桨叶平均分布于轴上,叶面与轴平行,相邻两叶相隔 180°;箱式搅拌反应器有采用垂直多轴的。为减少剪切力的影响,固态搅拌生物反应器通常采用间歇搅拌的方式,而且搅拌转速较低。这类反应器已在工业上用来生产单细胞蛋白、酶和生物杀虫剂。

图 7-25 所示是一个连续混合的水平搅拌反应器。这种无菌的反应器可用于不同的生产目的,并且可以同时控制温度和湿度。尽管这种装置热传递到生物反应器壁的效率得到了改善,但是把它用于大规模的生产效率很低,因为整个反应系统的换热只能通过器壁进行。

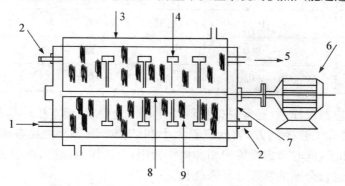

图 7-25　水平搅拌生物反应器(参考邱立友,2008)
1—空气进口;2—温度探针;3—水夹套;4—桨;5—空气出口;
6—搅拌电机;7—反应器;8—固体培养基;9—搅拌轴

7.4　新型生物反应器

7.4.1　新型液体生物反应器——膜生物反应器

　　膜生物反应器是将膜分离技术和生物反应技术有机结合,在生物反应器内既可控制微生物的培养,同时又可排除全部或部分培养液,用指定成分的新鲜培养基来代替,在去除培养液时将细胞或其他生物作用剂截留下来,实现了反应和分离过程的偶合。它具有传统生物反应装置不可比拟的优点,成为近些年来生物工程领域的研究热点。生物学中有许多反应是产物反馈抑制型,随着反应过程中产物浓度的提高,反应受到抑制,产物生成速率下降。而在膜生物反应器中可以将反应过程中形成的产物适时移去,使产物浓度保持在较低水平,降低对反应速率的抑制作用,从而提高生物转化效率。同时,由于膜生物反应器使反应和分离在同一反应器中完成,简化了操作步骤,降低了劳动量,提高了劳动效率。膜反应器可以有效地截留生物催化剂,使细胞或酶在高浓度下进行,降低了生物作用剂的用量和损耗量,节约了成本。

　　膜生物反应器从整体构造上来看,是由膜组件及生物反应器两部分组成的。根据这两部分操作单元自身的多样性,膜生物反应器也必然有多种类型。应用于膜生物反应器的膜组件形式主要有管式、平板式、卷式、微管式以及中空纤维等膜组件形式(图7-26)。不同的膜组件具有不同的特点(表7-2)。在分置式膜生物反应器工艺中,应用较多的是管式膜和平板式膜组件;而在一体式膜生物反应器中,多采用中空纤维膜和平板式膜组件。膜组件的设计主要是考虑如何使膜抗堵塞,从而维持长久的寿命。

表 7-2　不同形式膜组件的性能比较

膜组件形式	膜填充面积/(m²·m⁻³)	投资费用	操作费用	稳定运行	膜的清洗
管式	20~50	高	高	好	容易
平板式	400~600	高	低	较好	难
卷式	800~1000	很低	低	不好	难
微管式	600~1200	低	低	好	容易
中空纤维膜	8000~15000	低	低	不好	难

　　在膜生物反应器设计中,通常根据物料特性和工艺要求,确定反应器的类型和结构,最佳工艺、操作条件和工艺控制方式,反应器大小和结构参数等。主要考虑的因素有生物因素、水力学因素和膜,同时考虑投资费用和操作费用,由于涉及面广,参数多,设计优化复杂,通常从经济角度进行全面的系统分析来优化。

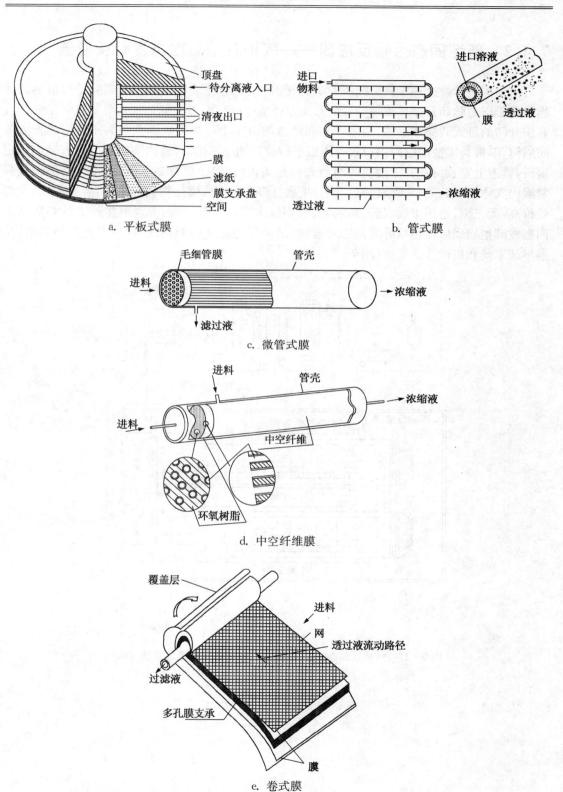

a. 平板式膜

b. 管式膜

c. 微管式膜

d. 中空纤维膜

e. 卷式膜

图 7 - 26　各种形式的膜组件(参考郑裕国,2007)

7.4.2　新型固态生物反应器——气相双动态固态发酵反应器

　　由中国科学院过程工程研究所发明的气相双动态固态发酵生物反应器将待发酵的固体物料置于压力脉动及循环流动空气的双动态环境中进行固态发酵。其发酵装置包括一个设有快开门的卧式圆筒形罐体,罐内设轴向放置的由 4 个隔板组成的截面为正方形的长方体间隔筒,隔板与罐壁的空间内设置与隔板平行放置的冷却排管,罐内下隔板上设有轴向固定轨道,轨道上安装可在其上滚动的活动式料盘架,料盘架上设有多层浅盘,罐体后部设置强制罐内气体循环的离心式鼓风机。该类生物反应器可完成微生物纯种培养,容易放大,发酵效价高,无三废,适用生物农药、酶制剂、农用抗生素、单细胞蛋白等发酵生产。气相双动态固态发酵生物反应器包括卧式固态发酵罐、罐内压力脉动控制系统、罐内空气循环系统、小推车架系统和机械输送系统(图 7 - 27)。

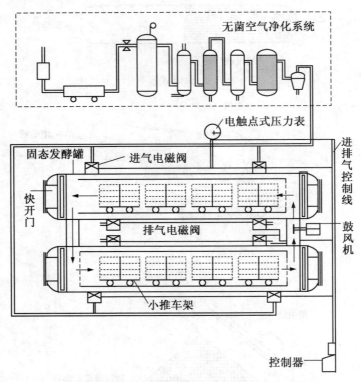

图 7 - 27　气相双动态固态发酵流程(双筒体)(参考邱立友,2008)

第 8 章

发酵工艺过程控制

掌握发酵工艺条件对发酵过程的影响以及微生物代谢过程的变化规律,可以有效地控制微生物的生长和代谢产物的生成,提高发酵生产水平。微生物发酵体系是一个复杂的多相共存的动态系统,在此系统中,微生物细胞同时进行着上千种不同的生化反应,它们之间相互促进,又相互制约,培养条件的微小变化都有可能对发酵的生产能力产生较大影响。因此,微生物发酵要取得理想的效果,除了要选育优良菌种外,还必须研究生产菌种的发酵工艺条件,并对发酵过程进行严格的控制。发酵过程控制的首要任务是了解发酵进行的情况,采用不同方法测定与发酵条件及内在代谢变化有关的各种参数,了解生产菌对环境条件的要求和菌体的代谢变化规律,进而根据这些变化情况做出相应调整,确定最佳发酵工艺,使发酵过程有利于目标产物的积累和产品质量的提高。

8.1 发酵工艺过程控制概述

8.1.1 发酵的相关参数

微生物发酵过程中,其代谢变化可通过各种状态参数反映出来。根据参数的性质特点,与微生物发酵有关的参数可分为物理、化学和生物三类。

1. 物理参数

温度、压力、空气流量、搅拌转速及搅拌功率、黏度等属于物理参数。对于不同菌种、不同产品、不同发酵阶段,所维持的温度会有较大差别,而发酵罐压则一般维持在$(0.2\sim0.5)\times10^5$ Pa。空气流量、搅拌转速及搅拌功率均是好氧发酵过程的重要参数,它们的大小与氧的传递有关。空气流量一般控制在 $0.5\sim1.0\text{m}^3\cdot(\text{m}^3\cdot\text{min})^{-1}$;搅拌转速视发酵罐的容积而定,如 50L 发酵罐,搅拌转速一般为 $100\sim800\text{r}\cdot\text{min}^{-1}$,而 500L 发酵罐,搅拌转速为 $50\sim300\text{r}\cdot\text{min}^{-1}$。

2. 化学参数

主要有 pH 值、溶解氧浓度(DO)、基质浓度(如糖及氮浓度等)、产物浓度、氧化还原电位、尾气中的氧及 CO_2 含量等。发酵液的 pH 值是发酵过程中各种生化反应的综合结果,它是发酵工艺控制的重要参数之一。溶解氧是好氧菌发酵的必备条件,利用溶解氧参数可以了解生产菌对氧利用规律,反映发酵的异常情况,也可作为发酵中间控制的参数及设备供氧能力的指标。氧浓度一般用绝对含量($mmol \cdot L^{-1}$,$mg \cdot L^{-1}$)来表示,有时也用培养液中的溶解氧浓度与在相同条件下未接种前培养基中饱和氧浓度比值的百分数表示。基质浓度和产物浓度对生产菌的生长和产物的合成均有着重要的影响,是发酵产物产量高低或合成代谢正常与否的重要参数,也是决定发酵周期长短的依据。培养基的氧化还原电位检测在限氧发酵过程中显得相当重要。如某些氨基酸发酵,由于溶解氧浓度低,氧电极已不能精确使用,这时用氧化还原电位参数控制较为理想。从尾气中的氧和CO_2的含量可以计算出生产菌的摄氧率、呼吸熵和发酵罐的供氧能力,从而可以了解生产菌的呼吸代谢规律。

3. 生物参数

主要指菌丝形态和菌体浓度,常以菌丝形态作为衡量种子质量、区分发酵阶段、控制发酵代谢变化和决定发酵周期的依据之一。菌体浓度与培养液的表观黏度有关,直接影响发酵液的溶解氧浓度。在生产上,对抗生素次级代谢产物的发酵,常常根据菌体浓度来决定适合的补料量和供氧量,以保证生产达到预期的水平。

以上参数能直接反映发酵过程中微生物生理代谢状况,属于直接状态参数。根据发酵的菌体量和单位时间的菌体浓度、溶解氧浓度、糖浓度、氮浓度和产物浓度等直接状态参数计算求得的参数称为间接状态参数,如菌体的比生长速率、氧比消耗速率和产物比生成速率等。这些参数也是控制生产菌的代谢、决定补料和供氧工艺条件的主要依据,多用于发酵动力学研究,以建立能定量描述发酵过程的数学模型,并借助现代过程控制手段,为发酵生产的优化控制提供技术和条件支持。

除上述参数外,还有跟踪细胞生物活性的其他化学参数,如 NAD-NADH 体系、ATP-ADP-AMP 体系、DNA、RNA、生物合成的关键酶等。

由于发酵生产水平主要取决于生产菌种特性和发酵条件的适合程度。因此,了解生产菌种的特性及其与环境条件(如培养基、罐温、pH、DO 等)的相互作用、产物合成代谢规律及调控机制,就可为发酵过程控制提供理论依据。

8.1.2　发酵过程的种类

根据微生物的生理特征、营养要求、培养基性质以及发酵生产方式不同,可以将工业微生物发酵分成不同的类型。

1. 按微生物与氧的关系分

按微生物与氧的关系分,发酵可以分为好氧发酵、厌氧发酵以及兼性厌氧发酵三大类型。

好氧发酵是由好氧菌在有分子氧存在的条件下进行的发酵过程,因此,在好氧发酵过程中要不断地向发酵液中通入无菌空气,以满足微生物对氧的需求。多数现代工业发酵属于好氧发酵类型,如利用棒状杆菌进行的谷氨酸发酵,利用黑曲霉进行的柠檬酸发酵,以及绝大多数的抗生素发酵都属于好氧发酵。厌氧发酵是由厌氧菌进行的发酵,在整个发酵过程中无需供给空气,发酵产品包括丙酮、乳酸、丁醇、丁酸等。有的微生物属于兼性厌氧型,如酵母菌,在有氧供给的情况下,可以积累酵母菌体,进行好氧呼吸,而在缺氧的情况下它又进行厌氧发酵,积累代谢产物——酒精。

2. 按培养基的物理性状分

按培养基的物理性状分,发酵可以分为液体发酵和固体发酵两大类型。

固体发酵又分为浅盘固体发酵和深层固体发酵,统称曲法培养,源自于我国酿造生产特有的传统制曲技术,如白酒的酿造和固体制曲过程。浅盘固体发酵是将固体培养基铺成薄层(厚 2~3cm)装盘,进行发酵;而深层固体发酵是将固体培养基堆成厚层(厚 30cm),并在培育期间不断通入空气进行的发酵方法。现在许多微生物菌体蛋白饲料、蛋白酶的生产大多采用固体发酵法。固体发酵最大的特点是固体曲的酶活力高,但无论浅盘与深层固体通风培养都需要较大的劳动强度和工作面积。目前比较完善的深层固体通风制曲可以在曲房周围使用循环的冷却增湿的无菌空气来控制温度和湿度,并且能适应菌种在不同生理时期的需要加以灵活调节,曲层的翻动全部自动化。

在液体发酵工艺中,浅盘液体培养法由于占地面积大,技术管理不便,而为液体深层培养所代替。目前,现代工业发酵中,几乎所有好氧发酵都采用液体深层发酵法,如青霉素、谷氨酸、肌苷酸、柠檬酸等大多数发酵产品都先后采用此法大量生产。液体深层发酵的特点是容易按照生产菌种营养要求以及在不同生理时期对通气、搅拌、温度及 pH 等的要求,选择最适发酵工艺条件。但是,液体深层发酵无菌操作要求高,在生产上防止杂菌污染是一个十分重要的问题。

随着微生物培养技术的发展,一些新的培养方法逐渐产生,并被广泛应用在大规模工业生产上,如载体培养和两步法液体深层培养等。

载体培养的特点是用天然或人工合成的多孔材料代替麦麸之类固态基质作微生物生长的载体,营养成分可严格控制。发酵结束后,只需将菌体和培养液挤压出来抽提,载体又可以重新使用。此种培养法适于菌丝丰富的菌种培养。常用的载体为脲烷泡沫塑料。

在酶制剂和氨基酸生产中,由于微生物生长与产物生成的最适条件往往有很大差异,常采取两步法培养将菌体生长条件与产物生成条件区分开来,利于控制各个生理时期的最适条件。如在某些氨基酸的二步法生产中,第一步是属有机酸发酵或氨基酸发酵,第二步是在微生物产生的某种酶的作用下,把第一步产物转化为所需的氨基酸。

3. 按投料方式分

按投料方式分,发酵可分为分批发酵、连续发酵和补料分批发酵三大类型。

分批发酵指的是一次性投入料液,经过培养基灭菌、接种后,在后续发酵过程中不再补入料液。

连续发酵是在特定的发酵设备中进行的,在连续不断地输入新鲜无菌料液的同时,也连续不断地放出发酵液。连续发酵又可分为单级恒化器连续发酵、多级恒化器连续发酵及带有细胞再循环的单级恒化器连续发酵。

补料分批发酵是介于分批培养和连续培养之间的操作方法,在发酵过程中一次或多次补入含有一种或多种营养成分的新鲜料液,以达到延长产物合成周期、提高产量的目的。

4. 按菌体的生长、碳源的利用及产物的生成三者的动力学关系分

按菌体的生长、碳源的利用及产物的生成三者的动力学关系分,发酵分为三种类型。

第一种类型为生长偶联型发酵(图 8-1a),特点是菌体的生长、碳源的利用和产物的生成几乎是平行的,即表现出产物直接和碳源利用有关。这一类型又分为以单纯菌体培养为目的和获得代谢产物为目的的两种发酵情况。前者如酵母、蘑菇菌丝、苏云金杆菌等的培养,终产物是菌体本身,菌体增加和碳源利用平行,且两者有定量关系。单细胞微生物培养时,菌体增长与时间的关系多为对数关系。在酵母生产过程中,为防止过量糖的加入引起酒精产生,常用的办法就是根据对数生长关系和菌体产量常数计算加糖速度。代谢产物类型指的是产物的积累与菌体生长平行,并与碳源消耗有准量关系,如乳酸、酒精、α-酮戊二酸等都是碳源的直接氧化产物。

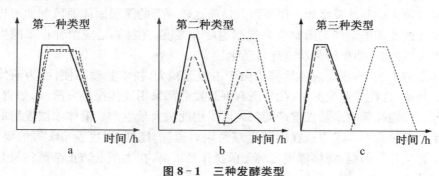

图 8-1　三种发酵类型
······比生长速率;---碳原利用比速率;······产物生成速率

第二种类型为部分生长偶联型发酵(图 8-1b),特点是产物不是碳源的直接氧化产物,而是菌体内生物氧化过程的主流产物,因而产量较高。发酵分为两个时期:在第一个时期,菌体生长迅速,而产物生成很少;在第二个时期,产物快速生成,生长也可能出现第二个高峰。碳的利用在菌体最高生长期和最大产物形成期出现两个高峰。

第三种类型为非生长偶联型发酵(图 8-1c),特点是产物生成在菌体生长和基质消耗完以后才开始,即产物在稳定期生成,与生长不相偶联,产物合成与碳源利用无定量关系,产物生成量远远低于碳源消耗量。如抗生素、维生素等次级代谢产物的发酵多属于此类型,但氯霉素和杆菌肽等次级代谢产物的发酵属于第一型发酵。

此外,依据代谢产物生物合成与菌体生长关系的不同,发酵可以分为初级代谢产物发酵和次级代谢产物发酵;依据产品的类别不同,发酵还可以分为抗生素发酵、氨基酸发酵、维生素发酵与有机酸发酵等。

8.1.3　发酵过程的参数检测

发酵过程参数的测定是进行发酵过程控制的重要依据。通过各种参数的检测,对生产过程进行定性和定量地描述,以期达到对发酵过程进行有效控制的目的。

发酵过程参数的检测形式分为原位检测、在线检测、离线检测三种。

原位检测通过安装在发酵罐内的原位传感器直接与发酵液接触进行测量,对发酵过程不发生影响,常用于 pH、溶解氧、罐压的测量。在线检测是利用连续的取样系统与相关的分

析器连接,取得测量信号的参数测定方法,常用的分析器有各种传感器,如 pH、溶解氧、温度、液位、泡沫等电极,尾气分析仪,流动注射分析系统(FIA)和高效液相色谱(HPLC)系统等。离线检测是指在一定的时间内离散取样,采用常规的化学分析和自动的分析系统,在发酵罐外进行样品的处理和分析测量,如分光光度法、电位分析法、重量法、气相色谱(GC)法等。目前,除了温度、压力、pH、溶解氧、尾气等参数可利用自动检测系统进行在线检测外,多数化学和生物参数仍需通过定时取样方法离线检测,如发酵液中的基质(糖、脂质、盐等)、前体和代谢产物(抗生素、酶、有机酸和氨基酸等)以及菌量的监测主要还是依赖人工取样,然后在罐外进行分析。

　　发酵过程中可根据产品特点和可能条件,有选择地检测部分参数。表 8-1 列举了一些常用的直接状态参数项目及其测定方法,而表 8-2 列举了一些间接状态参数计算所要求测定的直接参数及计算方法。间接状态参数一般是通过在线计算机数据处理、显示或贮存。

表 8-1　发酵过程直接状态参数一览表

参数类型	参数名称	单　位	测定方法
物理参数	温度	K,℃	水银或电阻温度计、热电阻检测器
	罐压	Pa	压力表、压力信号转换器
	空气流量	$m^3 \cdot h^{-1}$	流量计或热质量流量传感器
	搅拌转速	$r \cdot min^{-1}$	磁感应式或光感应式检测器
	黏度	$Pa \cdot s$	涡轮旋转黏度计
	发酵液体积	m^3,L	压差或荷重传感器,液位探针
	泡沫	L	电导或电容探头
化学参数	pH		复合 pH 电极
	溶 O_2	$mmol \cdot L^{-1}$	复膜氧电极
	溶 CO_2	$mmol \cdot L^{-1}$	CO_2 电极
	加料速度	$kg \cdot h^{-1}$	流量计或蠕动泵
	尾气 O_2	%	磁氧分析仪、质谱仪
	尾气 CO_2	%	GC、IR、CO_2 电极
	氧化还原电位	mV	氧化还原电位电极
生物参数	生物量		浊度法、干重法、荧光法
	细胞形态		摄像显微镜
	代谢物	$\mu g \cdot mL^{-1}$	HPLC
	基质	$g \cdot L^{-1}$	化学分析法

表 8 - 2　发酵过程间接状态参数及其计算方法一览表

间接参数	所需基本参数	计算公式
摄氧率 OUR	空气流量 V,发酵体积 V_L,进气和尾气中的 O_2 含量 $c_{O_2,in}$、$c_{O_2,out}$	$OUR = V(c_{O_2,in} - c_{O_2,out})/V_L = Q_{O_2} X$
呼吸强度 Q_{O_2}、$Y_{x/o}$	OUR、菌体浓度 X、$(Q_{O_2})_m$、$Y_{x/o}$、μ	$Q_{O_2} = OUR/X$
CO_2 生成率 CER	空气流量 V、发酵体积 V_L、进气和尾气中的 CO_2 含量、菌体浓度 X	$CER = V(c_{CO_2,in} - c_{CO_2,out})/V_L = Q_{CO_2} X$
比生长速率 μ	c_{O_2}、$Y_{x/o}$、$(Q_{O_2})_m$	$\mu = [Q_{O_2} - (Q_{O_2})_m] Y_{x/o}$
呼吸熵 RQ	进气和尾气中的 O_2 和 CO_2 含量	$RQ = CER/OUR$
容积氧传递系数 $K_L\alpha$	OTR、c_L、c^*	$K_L\alpha = OTR/(c^* - c_L)$

在线测量有许多优点,主要是及时、省力,且可使操作者从繁琐操作中解脱出来,便于用计算机控制。但其应用还受到诸多因素的限制:例如发酵液的性质复杂和培养过程的严密性要求;菌体或培养基等固体物易附着在传感器表面,从而影响其性能;罐内气泡对测量的干扰;培养基和有关设备需高压蒸汽灭菌。因此,用于微生物发酵参数原位或在线检测的传感器除了必须耐高温高压蒸汽反复灭菌外,还要避免探头表面被微生物堵塞导致测量失败的危险。现已发明了探头可伸缩的适合于大规模生产的装置。这样,探头可以随时拉出,经重新校正和灭菌,然后再推进去而不会影响发酵罐的无菌状况。

比较有价值的状态参数检测是尾气分析和空气流量的在线测量。用不分光红外和热磁氧分析仪可分别测定尾气中二氧化碳和氧气的含量。也可以用一种快速、不连续、能同时测定多种组分的质谱仪进行检测。尾气在线分析能及时反映生产菌的生长及代谢状况,通过尾气分析可以判断菌种发酵过程,摄氧率(OUR)、二氧化碳生成率(CER)和呼吸熵(RQ)等参数的变化都不一样。以面包酵母补料分批发酵为例,有两种主要原因导致乙醇的形成,即培养基中基质浓度过高或溶解氧的不足都会形成乙醇。当乙醇产生时,CER 升高,OUR 维持不变,RQ 也会增加。因此,通过应用尾气分析即可控制面包酵母分批发酵的效果。

直接状态参数能直接反映发酵过程中微生物生理代谢状况;间接状态参数更能反映发酵过程的整体状况,尤其能提供从生长向生产过渡或主要基质间的代谢过渡指标。

综合各种状态变量,可以了解过程状态、反应速率、设备性能、设备利用效率等信息,以便及时做出调整。如 pH 变化受系统反馈控制,也同时受到代谢变化及溶解氧控制操作的综合影响。又如,从冷却水的流量和测得的温度可以准确计算大规模发酵时发酵罐的总热负荷和热传质系数,而热传质系数的变化能反映黏度增加和积垢问题。

8.1.4　发酵过程的代谢调控

微生物在长期的进化过程中形成了一整套可塑性极强和极精确的代谢调节系统,可以通过自我调节使机体内的代谢途径与代谢类型互相协调与平衡,经济合理地利用和合成所需的各种物质和能量,使细胞处于平衡生长状态。因此,在正常生长状态下,微生物通常不会过量积累初级代谢产物,过量积累的中间代谢产物也能够被诱导酶转化为次级代谢产物。

　　微生物的自我调节部位受到三种方式的控制：调节营养物质透过细胞膜进入细胞的能力；通过酶的定位以限制它与相应底物接近；调节代谢流。其中以调节代谢流的方式最为重要，它又包括两个方面：一是调节酶的合成量，常称为"粗调"；二是调节现有酶分子的催化活力，又称作"细调"。两者往往密切配合和协调，以达到最佳调节效果。实际上，上述三种控制方式都涉及酶促反应调节。酶促调节方式包括酶活性调节和酶合成调节两大类。酶活性调节通过酶的激活作用或酶的抑制作用进行，目前研究得最为清楚的调节机制是酶的变构理论和酶分子的化学修饰调节理论，前者是通过酶分子空间构型上的变化来引起酶活性的改变，后者则是通过酶分子本身化学组成上的改变来引起酶活性的变化。酶合成调节方式主要通过影响酶合成或酶合成速率来控制酶量变化，最终达到控制代谢过程的目的。在某种化合物作用下，如导致某种酶合成或酶合成速率提高，属于诱导作用；相反，如是导致某种酶合成停止或酶合成速率降低，则属于酶的阻遏作用。酶活性调节和酶合成调节往往同时存在于同一个代谢途径中，使有机体能够迅速、准确和有效地控制代谢过程。

　　在微生物发酵工业中，往往需要超量积累某一种代谢产物，以获得人们所期望的目标产物，提高生产效率。为达到这一目的，必须打破微生物原有的代谢调控系统，让微生物建立新的代谢方式，高浓度地积累人们所期望的代谢产物。常采用的方式有两种：一种是通过各种育种方法，改变微生物遗传特性，从根本上改变微生物的代谢；另一种是发酵过程的代谢调控，即根据代谢调节的理论，通过改变发酵工艺条件（如 pH、温度、通气量、培养基组成等）改变菌体内的代谢平衡，最大限度积累对人类有用的代谢产物。下面讨论的主要是后一种调控方式。

　　① 控制不同的发酵条件，从而改变其代谢方向，进而达到获得高浓度积累所需产物的目标。同一种微生物在同样的培养基中进行培养时，只要控制不同的发酵条件，就有可能获得不同的代谢产物。如啤酒酵母在中性和酸性条件下培养，可将葡萄糖氧化生成乙醇和二氧化碳；当在培养基中加入亚硫酸氢钠或在碱性条件下培养时，则主要生成甘油。又如谷氨酸发酵，通气较好时生成谷氨酸，通气不足时则生成乳酸；只有当 NH_4^+ 过量时才积累谷氨酸，当 NH_4^+ 不足时则主要生成 α-酮戊二酸。

　　② 使用诱导物或添加前体物也是发酵工业中常用于提高目标产量的方法。许多与蛋白质、糖类或其他物质降解有关的酶类都是诱导酶，在发酵过程中加入相应的底物或底物类似物作为诱导物，可以有效地增加这些酶的产量。例如，青霉素酰化酶发酵时，可用苯乙酸为诱导物；在木霉发酵生产纤维素酶中，加入槐糖可以诱导纤维素酶的合成，而加入木糖可以诱导半纤维素酶的生成。有些氨基酸、核苷酸和抗生素发酵必须添加前体物质才能获得较高的产率。例如，邻氨基苯甲酸是色氨酸合成的一个前体，在发酵过程中加入邻氨基苯甲酸可以大幅度提高发酵产量。

　　③ 在发酵培养基中通常采用适量的速效和迟效碳源、氮源的配比，来满足机体生长的需要和避免速效碳源、氮源可能引起的分解代谢阻遏。例如，用甘油代替果糖作为碳源培养嗜热脂肪酵母，可以使淀粉酶的产量提高 25 倍以上；用甘露糖代替乳糖作为培养荧光假单胞菌的碳源，可使纤维素酶产量提高 1500 倍以上。

　　④ 使用影响细胞通透性的物质作为培养基的成分，有利于代谢产物分泌，从而避免末端产物的反馈调节。常用于改变细胞膜通透性的物质有青霉素、表面活性剂等。前者能抑制细胞壁肽聚糖合成中肽链的交联；后者可以将脂类从细胞壁中溶解出来，使细胞壁疏松。

如在里氏木霉发酵过程中加入吐温80,能增加细胞膜通透性,可提高纤维素酶的产量。控制
Mn^{2+}、Zn^{2+}的浓度,也可以干扰细胞膜或细胞壁的形成。另外,也可通过诱变育种筛选细胞
透性突变株来实现。

8.2　温度变化及其控制

任何生物化学的酶促反应都直接与温度变化有关。微生物的生长繁殖及合成代谢产物
都需要在合适的温度下才能进行。因此,在发酵过程中,只有维持适当的温度,才能使菌体
生长和代谢产物的生物合成满足人们的需要。

8.2.1　温度对微生物生长的影响

温度和微生物生长有密切关系,温度对微生物细胞的生长及代谢的影响是各种因素综
合作用的结果。

微生物的生命活动可以看作是相互连续进行酶促反应的过程。根据酶促反应动力学,
在一定温度范围内,酶的活力随温度升高而增大,呼吸强度提高,细胞的生长繁殖相应地加
快。通常在生物学的范围内温度每升高10℃,生长速率就加快一倍。但所有的酶促反应均
有一个最适温度,超过这个温度,酶的催化活力就下降,因而微生物细胞生长减慢,细胞内的
蛋白质甚至会因高温发生变性或凝固。一般来说,无芽孢杆菌在80～100℃时,几分钟内几
乎全部死亡;在70℃时则需10～15min才能致死;而在60℃则需要30min。因此,微生物只
有在最适的生长温度范围内,生长繁殖才是最快的。

由于微生物种类不同,所具有的酶系及其性质不同,因此,其生长繁殖所要求的温度范围
也不同,最适温度也就不一样。大多数微生物在20～40℃的温度范围内生长;细菌的最适生长温
度大多比霉菌高些。嗜冷菌在低于20℃下生长速率最大;嗜中温菌在30～35℃左右生长最快;而
嗜高温菌则能耐受90℃以上的高温。图8-2表示了根据生长温度而分类的微生物类型。

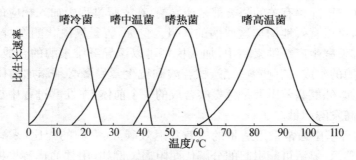

图 8 - 2　根据生长温度而分类的微生物类型

不同生长阶段的微生物对温度的反应不同。处于延迟期的细菌对温度的变化十分敏
感,将其置于接近最适生长温度的温度条件下,可以缩短其生长延迟期,而将其置于较低的
温度下培养,则会增加其延迟期。对于对数生长期的细菌,如果在略低于最适温度的条件下
培养,即使在发酵过程中升温,对其的破坏作用也较弱。故可在最适温度范围内提高对数生

长期的培养温度,既有利于菌体的生长,又避免热作用的破坏。

同一菌种的生长和积累代谢产物的最适温度也往往不同。多数情况下,微生物生长最适温度略高于其代谢产物生成时的最适温度。例如,青霉素产生菌的生长温度为 30℃,而产生青霉素的最适温度为 25℃;黑曲霉生长温度为 37℃,产生糖化酶和柠檬酸时都在 32~34℃。但也有的菌种的产物生成温度比生长温度高。如谷氨酸生产菌生长的最适温度为 30~32℃,而代谢产生谷氨酸的最适温度却在 34~37℃。

8.2.2　发酵过程引起温度变化的因素

在发酵过程中,随着微生物对培养基中的营养物质的利用以及机械搅拌的作用,都会产生一定的热量,同时,由于发酵罐壁的散热、水分的蒸发等将会带走部分热量,因而会引起发酵温度的变化。习惯上将产生的热能减去散失的热能所得的净热量称为发酵热 $Q_{发酵}$ (kJ·m^{-3}·h^{-1})。发酵热包括生物热、搅拌热、蒸发热、辐射热等。

1. 生物热($Q_{生物}$)

生物热是指产生菌在生长繁殖过程中产生的热能。这种热主要是培养基中碳水化合物、脂肪和蛋白质被微生物分解成 CO_2、NH_3、水和其他物质时释放出来的。释放出来的能量部分用来合成高能化合物(如 ATP),供微生物合成和代谢活动的需要,部分用来合成产物,其余部分则以热的形式散发出来。

生物热的大小随菌种和培养基成分不同而变化。对某一菌株而言,在同一条件下,培养基成分越丰富,营养物质被利用得越快,产生的生物热就越大。生物热的大小还随培养时间的不同而不同,当菌体处在孢子萌发阶段或延迟期时,微生物数量少,呼吸作用缓慢,产生的生物热是有限的;而进入对数生长期后,微生物细胞繁殖旺盛,就释放出大量的热能,培养基的温度升高较快;在对数期后,微生物已基本停止繁殖,产热随菌体的衰老而逐步下降。因此,对数生长期释放的热量常被作为发酵热平衡的主要依据。例如,四环素发酵在 20~50h 的发酵热为最大,最高值达 29330kJ·m^{-3}·h^{-1},其他时间的最低值约为 8380kJ·m^{-3}·h^{-1},平均为 16760kJ·m^{-3}·h^{-1}。

2. 搅拌热($Q_{搅拌}$)

好氧培养的发酵罐都有一定功率的搅拌装置。搅拌带动发酵液做机械运动,造成液体之间、液体和设备之间的摩擦,由此产生一定的热量,其称为搅拌热。搅拌热可根据下式近似算出来:

$$Q_{搅拌} = 3600(P/V) \qquad (8-1)$$

式中:P/V 是通气条件下单位体积发酵液所消耗的功率,单位为 kW·m^{-3};3600 为热功当量,单位为 kJ·kW^{-1}·h^{-1}。

3. 蒸发热($Q_{蒸发}$)

蒸发热是指空气进入发酵罐,与发酵液广泛接触后,引起水分蒸发所需的热能,也叫汽化热。蒸发热可按下式计算:

$$Q_{蒸发} = q_m(H_{出} - H_{进}) \qquad (8-2)$$

式中：q_m 为空气流量，单位为 kg·h^{-1}；$H_{出}$、$H_{进}$ 分别为排气、进气的热焓，单位为 kJ·kg^{-1}。

4. 辐射热（$Q_{辐射}$）

辐射热是指因存在罐内外温差，使发酵液中通过罐体向外辐射的热量。辐射热的大小取决于罐内外温差的大小，通常冬天辐射热大，夏天辐射热小。

因此，发酵热可写为

$$Q_{发酵} = Q_{生物} + Q_{搅拌} - Q_{蒸发} - Q_{辐射} \tag{8-3}$$

由于 $Q_{生物}$、$Q_{蒸发}$ 在发酵过程中随时间而变化，因此发酵热在整个发酵过程中也是随时间而变化的。为了使发酵在一定温度下进行，生产中都采取在发酵罐上安装夹套或盘管的方式，在温度高时，通过循环冷却水加以控制；在温度低时，通过加热使夹套或盘管中的循环水达到一定的温度，从而实现对发酵温度进行有效控制。

发酵热一般可通过下列方法进行测定和计算。

① 通过测定一段时间内冷却水的流量和进、出冷却水的温度计算：

$$Q_{发酵} = q_V C(t_2 - t_1)/V \tag{8-4}$$

式中：q_V 为冷却水体积流量，单位为 L·h^{-1}；C 为水的比热容，单位为 kJ·kg^{-1}·℃$^{-1}$；t_1、t_2 为进、出冷却水的温度，单位为℃；V 为发酵液体积，单位为 m^3。

② 通过自动控制发酵罐的温度，先使罐温达到恒定，再关闭控制装置，测定温度随时间上升的速率，按下式计算发酵热：

$$Q_{发酵} = (m_1 C_1 + m_2 C_2)\mu \tag{8-5}$$

式中：m_1、m_2 分别为发酵液及发酵罐的质量，单位为 kg；C_1、C_2 分别为发酵液及发酵罐材料的比热容，单位为 kJ·kg^{-1}·℃$^{-1}$；μ 为温度上升速率，单位为℃·h^{-1}。

③ 根据化合物的燃烧热计算发酵过程中生物热的近似值。根据 Hess 定律，热效应取决于系统的初态和终态，而与变化的途径无关，反应的热效应等于底物的生成热总和减去产物的生成热总和。对于有机化合物，燃烧热可直接测定，因而采用燃烧热计算就更合适。计算公式如下：

$$\Delta H = \sum \Delta H_{底物} - \sum \Delta H_{产物} \tag{8-6}$$

虽然发酵是一个复杂的生化过程，底物和产物很多，但是可以以主要物质（即在反应中起决定作用的物质）来进行近似的计算。

8.2.3　温度对发酵过程的影响及其控制

在发酵过程中需要维持生产菌的生长和产物合成的适当发酵条件，其中之一就是温度。温度是保证各种酶活性的重要条件，微生物的生长和产物合成均需在其各自适合的温度下进行。因此，在发酵过程中必须保证稳定和最适宜的温度环境。

温度的变化对发酵过程的影响表现在两个方面：一方面通过影响生产菌的生长繁殖及代谢产物的合成而影响发酵过程；另一方面通过影响发酵液的物理性质（如发酵液的黏度、基质和氧在发酵液中的溶解度和传递速率等）影响发酵的动力学特性和产物的生物合成。

　　从酶促反应动力学来看,温度升高,反应速率加大,微生物生长代谢加快,产物生成提前,从而缩短发酵周期。但是,酶是很易热失活的生物大分子,温度愈高失活愈快,从而影响代谢产物,特别是次级代谢产物的生成,影响最终产物产量。此外,温度还能影响生物合成方向。一个典型例子是温度对金色链霉菌发酵生产四环素过程的影响,在低于 30℃下,合成金霉素的能力较强,合成四环素的比例随温度的升高而增大,当达到 35℃ 时只产生四环素,而金霉素合成几乎停止。

　　近年来,研究还发现温度对代谢有调节作用。在低温(20℃)时,氨基酸合成途径的终产物对第一个酶的反馈抑制作用比在正常生长温度(37℃)下更大。故可考虑在抗生素发酵后期降低发酵温度,使蛋白质和核酸的正常合成途径提早关闭,从而使发酵代谢转向目的产物合成。

　　温度还能影响酶系组成及酶特性。例如,用米曲霉制曲时,温度控制在低限,有利于蛋白酶合成,α-淀粉酶活性受到抑制。又如,凝结芽孢杆菌的 α-淀粉酶热稳定性受培养温度的影响是极为明显的,55℃ 培养所产生的酶在 90℃ 保温 60min,其剩余活性为 88%～99%;在 35℃ 培养所产生的酶,经相同条件处理,剩余酶活仅为 6%～10%。

　　高温会使微生物细胞内的蛋白质发生变性或凝固,同时还会破坏微生物细胞内的酶活性,从而杀死微生物。温度越高,微生物的死亡就越快,所以可以利用高温灭菌。微生物对低温的抵抗力一般比高温强,低温只能抑制微生物生长,其致死作用较差。因此,可以利用低温保存菌种。如果所培养的微生物能在较高一些的温度下进行生长繁殖,将对生产有很大好处,既可减少杂菌污染机会,又可减少由于发酵热及夏季培养所需的降温辅助设备和能耗。

　　工业生产上,所用的大发酵罐在发酵过程中一般不需要加热,因发酵释放了大量的发酵热,需要冷却的情况较多。为了使发酵液温度控制在一定的范围内,生产上常在发酵设备上安装热交换设备。例如,利用自动控制或手动调整的阀门,将冷却水通入发酵罐的夹层或蛇型管中,通过热交换来降温,保持恒温发酵。如果气温较高(特别是我国南方的夏季),冷却水的温度又高,致使冷却效果很差,达不到预定的温度,就可采用冷冻盐水进行循环式降温,以迅速降到恒温。因此,大的发酵厂需要建立冷冻站,提高冷冻能力,以保证在正常温度下进行发酵。

　　在发酵过程中最适温度的控制,需要通过实际试验来确定。就大多数情况来说,接种后培养温度应适当提高,以利于孢子萌发或加快菌体生长、繁殖,而且此时发酵的温度大多数下降;待发酵液的温度表现为上升时,发酵液温度应控制在菌体的最适生长温度;到主发酵旺盛阶段,温度应控制在代谢产物合成的最适温度;到发酵后期,温度出现下降趋势,直至发酵成熟即可放罐。

8.2.4　最适温度的选择

　　最适发酵温度指的是既适合菌体的生长,又适合代谢产物合成的温度。但菌体生长的最适温度与产物合成的最适温度往往是不一致的。因此,选择最适发酵温度应该从两个方面考虑,即菌体生长的最适温度和产物合成的最适温度。如初级代谢产物乳酸的发酵,乳酸链球菌的最适生长温度为 34℃,而产酸最多的温度为 30℃。次级代谢产物的发酵更是如此,如在 2% 乳糖、2% 玉米浆和无机盐的培养基中对青霉素产生菌产黄青霉进行发酵研究,测得菌体的最适生长温度为 30℃,而青霉素合成的最适温度仅为 24.7℃。故经常根据微生物生长及产物合成的最适温度不同进行二阶段发酵。如抗生素生产,在生长初期,抗生素还未开始合成的阶段,菌体的生物量需大量积累,应该选择最适于菌丝体生长的温度;到了抗生素分泌期,此时生物合成成为主要方面,应考虑采用抗生素生物合成的最适温度。对梅岭霉素发酵的温度控制研究表明,发酵前期(0~76h)将温度控制在30℃,能缩短产生菌的生长适应期,提前进入梅岭霉素的合成期;中后期(约76h后)将温度调低到28℃,可以维持菌的正常代谢,从而使产物合成速率与整个发酵水平得到提高。

培养基成分和浓度也会影响到最适温度的选择。如在使用基质浓度较稀或较易利用的培养基时,提高培养温度会使养料过早耗竭,导致菌丝自溶,发酵产量下降。例如,提高红霉素发酵温度,在玉米浆培养基中的效果就不如在黄豆粉培养基中的效果好,因后者相对难以利用,提高温度有利于菌体对黄豆粉的同化。

最适发酵温度还随培养条件的不同而变化。在通气条件较差的情况下,最适发酵温度通常比正常良好通气条件下的发酵温度低一些。这是由于在较低的温度下,氧溶解度大一些,菌的生长速率则小些,从而防止因通气不足可能造成的代谢异常。

在抗生素发酵过程中,采用变温培养往往会比恒温培养获得的产物更多。例如,根据计算机对发酵最佳点的计算,得到青霉素变温发酵的温度变化过程是,起初5h维持在30℃,以后降到25℃培养35h,再降到20℃培养85h,最后又提高到25℃培养40h,放罐。在这样的条件下,青霉素产量比在25℃恒温培养时提高14.7%。又如,在四环素发酵中,前期0~30h以稍高温度促使菌丝迅速生长,以尽可能缩短菌体生长所需的时间;此后30~150h则以稍低温度尽量延长抗生素合成与分泌所需的时间;150h后又升温培养,以刺激抗生素的大量分泌,虽然这样使菌丝衰老加快,但因已接近放罐,升温不会降低发酵产量且对后处理十分有利。

以上例子说明,在发酵过程中,通过最适发酵温度的选择和合理控制,可以有效地提高发酵产物的产量,但实际应用时还应注意与其他条件的配合。

8.3 pH 变化及其控制

发酵培养基的 pH 值对微生物菌体的生长及产物的合成有重要的影响,也是影响发酵过程中各种酶活性的重要因素,是一项重点检测的发酵参数。因此,必须掌握发酵过程中 pH 的变化规律,以便及时进行监控,使其一直处于生产的最佳状态水平。

8.3.1 发酵过程 pH 变化的原因

在发酵过程中,影响发酵液 pH 值变化的主要因素有:菌种遗传特性、培养基的成分和培养条件。在适合于微生物生长及产物合成的环境下,微生物本身具有一定的调节 pH 值的能力,会使 pH 值处于比较适宜的状态。但外界条件发生较大变化时,菌体将失去调节能力,使 pH 值不断波动。如对以地中海诺卡氏菌进行发酵生产利福霉素 SV 研究时发现,采用 pH6.0、6.8、7.5 三个不同的起始 pH 值,结果 pH 在 6.8、7.5 时,最终发酵 pH 都达到7.5 左右,菌丝生长和发酵单位都达到正常水平;但 pH 为 6.0 时,发酵中期 pH 只达 4.5,菌浓仅为 20％,发酵单位为零。这说明菌体的调节能力是有一定限度的。

引起发酵液 pH 上升的主要原因有:培养基中的碳氮比不当,氮源过多,氨基氮释放;有生理碱性物质生成,如红霉素、洁霉素、螺旋霉素等抗生素;中间补料液中氨水或尿素等碱性物质加入过多;乳酸等有机酸被利用。

引起发酵液 pH 下降的主要原因有:培养基中的碳氮比不当,碳源过多,特别是葡萄糖过量;消泡油加入量大;有生理酸性物质存在,如微生物通过代谢活动分泌有机酸(如乳酸、乙酸、柠檬酸等),使 pH 下降;通气条件变化,氧化不完全,使有机酸、脂肪酸等物质积累;一些生理酸性盐,如 $(NH_4)_2SO_4$,其中 NH_4^+ 被菌体利用后,残留的 SO_4^{2-} 就会引起发酵液 pH 值下降。

在灰黄霉素发酵中,pH 的变化就与所用碳源种类有密切关系。如以乳糖为碳源,乳糖被缓慢利用,丙酮酸堆积很少,pH 维持在 6.0～7.0;如以葡萄糖为碳源,丙酮酸迅速积累,使 pH 下降到 3.6。在庆大霉素的摇瓶发酵中,随着发酵培养基中淀粉用量的增加,发酵终点的 pH 也逐渐下降,见表 8-3。

表 8-3　庆大霉素发酵培养基中碳源浓度对发酵终点 pH 的影响

淀粉用量	终点 pH	淀粉用量	终点 pH
3.0％	8.6	4.5％	7.6
3.5％	8.2	5.0％	7.3
4.0％	7.8	5.5％	7.0

综上所述,凡是导致酸性物质生成或释放,碱性物质的消耗都会引起发酵液的 pH 下降;反之,凡是造成碱性物质的生成或释放,酸性物质的消耗将使发酵液的 pH 上升。

8.3.2　pH 对发酵的影响

发酵过程中微生物的正常生长需要维持在一定的 pH 值下,pH 对微生物的生长和代谢产物生成都有很大影响。不同的微生物对 pH 值的要求是不同的,每种微生物都有自己的生长最适和耐受的 pH 值。大多数细菌的最适 pH 值为 6.5～7.5;霉菌的最适 pH 值为 4.0～5.8,酵母菌的最适 pH 值为 3.8～6.0;放线菌的最适 pH 值为 6.5～8.0。有的微生物生长繁殖阶段的最适 pH 范围与产物生成阶段的是不一致的,这不仅与菌种特性有关,也与产物的化学性质有关。例如,丙酮丁醇菌生长最适 pH 值为 5.5～7.0,而发酵最适 pH 值为 4.3～5.3。又如,青霉菌生长最适 pH 值为 6.5～7.2,而青霉素合成最适 pH 值为 6.2～6.8。

pH 值对发酵的影响主要有以下几个方面:

① 影响原生质膜的性质,改变膜电荷状态,影响细胞的结构。如产黄青霉的细胞壁厚度随 pH 值的增加而减小:其菌丝的直径在 pH 6.0 时为 2～3μm,在 pH 7.4 时则为 2～18μm,呈膨胀酵母状细胞增加,随 pH 下降,菌丝形状可恢复正常。

② 影响培养基某些重要营养物质和中间代谢产物的解离,从而影响微生物对这些物质的吸收利用。

③ 影响代谢产物的合成途径。黑曲霉在 pH 值为 2～3 的情况下,发酵产生柠檬酸;而

在 pH 值接近中性时,则生成草酸和葡萄糖酸。又如,酵母菌在最适生长 pH 值为 4.5~5.0 时,发酵产物为酒精;而在 pH 值为 8.0 时,发酵产物不仅有酒精,还有乙酸和甘油。

④ 影响产物的稳定性。如在 β-内酰胺类抗生素噻纳霉素的发酵中,当 pH>7.5 时,噻纳霉素的稳定性下降,半衰期缩短,发酵单位也下降。青霉素在碱性条件下发酵单位低,就与青霉素的稳定性差有关。

⑤ 影响酶的活性。由于酶作用均有其最适的 pH 值,所以在不适宜的 pH 值下,微生物细胞中某些酶的活性受到抑制,从而影响菌体对基质的利用和产物的合成。如发酵过程中在不同 pH 范围内以恒定速率(0.055%/h)加糖,青霉素产量和糖耗并不一样,见表 8-4。

表 8-4　在不同 pH 范围内以恒定速率加糖,青霉素产量与糖耗的关系

pH	糖耗	残糖	penG 相对单位	pH	糖耗	残糖	penG 相对单位
6.0~6.3	10%	0.5%	较高	7.3~7.6	7%	>0.5%	低
6.6~6.9	7%	0.2%	高	6.8	<7	<0.2%	最高

由于 pH 的高低对菌体生长和产物的合成能产生上述明显的影响,所以在工业发酵中维持生长和产物合成的最适 pH 是生产成功的关键之一。

8.3.3　pH 的控制

由于微生物不断地吸收、同化营养物质和排出代谢产物,因此,在发酵过程中,发酵液的 pH 值是一直在变化的。为了使微生物能在最适的 pH 值范围内生长,繁殖,合成目标代谢产物,必须严格控制发酵过程的 pH 值。

在微生物生长和产物生成中,最适 pH 值与比生长速率 μ、产物比生成速率 Q_p 三个参数的相互关系有四种情况:

第一种情况是菌体的比生长速率 μ 和产物比生成速率 Q_p 的最适 pH 都在一个相似的较宽的范围内,如图 8-3a 所示,这种发酵过程易于控制;第二种情况是 μ 的最适 pH 范围很宽,而 Q_p 的最适 pH 范围较窄,如图 8-3b 所示;第三种情况是 μ 和 Q_p 对 pH 的变化都很敏感,它们的最适 pH 又是相同的,见图 8-3c;第二、第三种模式的发酵 pH 值应严格控制;第四种情况更复杂,μ 和 Q_p 有各自的最适 pH 值,如图 8-3d 所示,此时应分别严格控制各自的最适 pH,才能优化发酵过程。

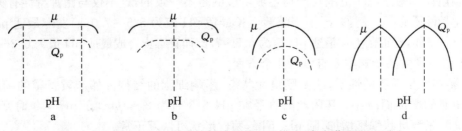

图 8-3　pH 与 μ、Q_p 之间关系的几种不同模式(参考曹军卫,2007)

在确定了发酵各个阶段所需要的最适 pH 之后,需要采用各种方法来控制,使发酵过程在预定的 pH 范围内进行。要使 pH 控制在合适的范围内,应首先根据不同的微生物的特性,不仅要在原始培养基中控制适当的 pH 值,而且要在整个发酵过程中随时检查 pH 值的变化情况,并进行相应的调控。

首先,从基础培养基的配方考虑,通过平衡盐类和碳源的配比,稳定培养液的 pH 值,或加入缓冲剂(如磷酸盐)调节培养基初始 pH 值至合适范围并使其有较强的缓冲能力。在分批发酵中,常加入 $CaCO_3$ 中和酮酸等物质来控制 pH 的变化。

发酵过程中,随着基质的消耗及产物的生成,pH 值会有较大的波动。因此,在发酵过程中也应当采取相应的 pH 值调节和控制方法,主要有以下几种方法:

① 直接补加酸、碱物质,如 H_2SO_4、NaOH 等。当 pH 值偏离不大时,使用强酸碱物质容易破坏缓冲体系,而且会引起培养液成分发生水解,故目前已较少使用此方法。

② 通过调整通风量来控制 pH 值。此方法主要是在加多了消泡剂的个别情况下使用,提高空气流量可加速脂肪酸的氧化,以减少因脂肪酸积累引起的 pH 降低。

③ 补加生理酸性或碱性盐基质,如氨水、尿素、$(NH_4)_2SO_4$ 等,通过代谢调节 pH 值。补加生理性酸碱物质,既调节了发酵液的 pH 值,又可以补充营养物质,还能减少阻遏作用。补加的方式根据实际生产情况而定,可以是直接加入、流加、多次流加等方式。

④ 采用补料方式调节 pH 值。例如,当 pH 值上升至超过最适值,意味着菌处于饥饿状态,可加糖调节,糖的过量又会使 pH 下降。采用补料的方法可以同时实现补充营养、延长发酵周期、调节 pH 和改变培养液的性质(如黏度)等几种目的,特别是那些对产物合成有阻遏作用的营养物质,通过少量多次补加可以避免它们对产物合成的阻遏作用。

发酵过程中使用氨水和有机酸来调节 pH 时需谨慎。过量的氨会使微生物中毒,导致其呼吸强度急速下降。在需要用通氨气来调节 pH 或补充氮源的发酵过程中,可通过监测溶解氧浓度的变化防止菌体出现氨过量中毒现象。

在实际生产过程中,一般可以选取其中一种或几种方法,并结合 pH 的在线检测情况对 pH 进行有效控制,以保证 pH 值长期处于合适的范围内。

8.4　溶解氧变化及其控制

工业发酵所用的微生物多数为好氧菌,少数为厌氧菌或兼性厌氧菌,而好氧微生物的生长发育和合成代谢产物都需要消耗氧气,因此,供氧对好氧发酵必不可少。随着高产菌株的广泛应用和培养基的丰富,对氧气的要求更高。

微生物只能利用发酵液中的溶解氧(DO),而氧是一种难溶于水的气体,在 25℃、10^5 Pa 条件下,氧在纯水中的溶解度仅为 $1.26 mmol \cdot L^{-1}$,而且随着温度的上升,氧的溶解度减小。空气中的氧在纯水中的溶解度更低($0.25 mmol \cdot L^{-1}$)。由于培养基中含有大量的有机和无机物质,受盐析等作用的影响,培养基中的氧的溶解度比水中还要更低,约为 $0.21 mmol \cdot L^{-1}$。如果不能及时地向发酵罐中供氧,这些溶解氧仅能维持微生物菌体 15~30s 的正常代谢,随后氧将会耗尽。因此,在好氧微生物发酵过程中,溶解氧往往最易成为限制因素。而了解溶解氧是否足够的最简便、有效的办法是在线监测发酵液中 DO 的浓度,从 DO 浓度变化情况可以了解氧的供需规律及其对菌体生长和产物合成的影响。

8.4.1　微生物对氧的需求

　　氧是构成微生物细胞本身及其代谢产物的组分之一,同时还是生物能量代谢所必需的物质。好氧微生物只有在有氧时才能进行生长、繁殖等代谢活动;兼性厌氧微生物(如酵母、乳酸菌等)在有氧或无氧条件下均能生长,但代谢产物不同;而对于厌氧微生物而言,氧却是一种有害物质,即使短期接触空气,也会抑制其生长,甚至致死。

　　微生物对氧的需求常用呼吸强度和耗氧速率两种方法来表示。呼吸强度是指单位质量干菌体在单位时间内所吸取的氧量,以 Q_{O_2} 表示。耗氧速率是指单位体积培养液在单位时间内的吸氧量,以 r 表示。呼吸强度与耗氧速率之间的关系如下:

$$r = Q_{O_2} X \tag{8-7}$$

式中:r 为菌体耗氧速率,单位为 $mmol \cdot L^{-1} \cdot h^{-1}$;$Q_{O_2}$ 为菌体呼吸强度,单位为 $mmol \cdot g^{-1} \cdot h^{-1}$;$X$ 为发酵液中菌体质量浓度,单位为 $g \cdot L^{-1}$,$X = X_0 \cdot e^{\mu t}$(X_0 为初始菌体浓度)。

　　微生物在发酵过程中的耗氧速率取决于微生物的呼吸强度和单位体积液体的菌体浓度,而菌体呼吸强度又受到菌龄、菌种性能、培养基及培养条件等因素的影响。培养基的成分,尤其是碳源种类,对细胞的耗氧量有很大影响,耗氧速率由大到小依次为:油脂或烃类＞葡萄糖＞蔗糖＞乳糖。因此,在石油发酵过程中,发酵罐要有良好的供氧能力,这样才能满足微生物的耗氧要求。培养基的浓度大,细胞代谢旺盛,耗氧增加;培养基浓度小,如碳源成为限制性基质时,细胞呼吸强度下降,补充碳源后,呼吸强度又上升。另外,培养条件如pH、温度等通过对酶活性的影响而影响菌体细胞的耗氧,而且温度还影响发酵液中的溶解氧浓度,温度升高,溶解氧浓度下降。

　　由于各种好氧微生物所含的氧化酶体系(如过氧化氢酶、细胞色素氧化酶、多酚氧化酶等)的种类和数量不同,在不同环境条件下,各种好氧微生物的吸氧量或呼吸程度是不同的。一般微生物的耗氧量为 $25 \sim 100 mmol \cdot L^{-1} \cdot h^{-1}$,但也有少数微生物很高。同一种微生物的耗氧量,随菌龄和培养条件不同而异。一般幼龄菌生长旺盛,其呼吸强度大;老龄菌的呼吸强度弱。代谢类型不同,需氧量也不一样。发酵过程中,若产物是通过三羧酸循环(TCA)获取的,则呼吸强度大,耗氧量大,如谷氨酸、天冬氨酸的生产;若产物是通过糖酵解途径(EMP)获取的,则呼吸强度小,耗氧量小,如苯丙氨酸、缬氨酸、亮氨酸的生产。菌体生长和形成代谢产物时的耗氧量也往往不同。如谷氨酸发酵中,一般而言,菌体生长繁殖期比谷氨酸生成期对溶解氧的要求低。长菌阶段要求溶解氧系数 K_d 为 $4.0 \times 10^{-6} \sim 5.9 \times 10^{-6} mol \cdot mL^{-1} \cdot min^{-1} \cdot MPa^{-1}$;而形成谷氨酸阶段要求溶解氧系数 K_d 为 $1.5 \times 10^{-5} \sim 1.8 \times 10^{-5} mol \cdot mL^{-1} \cdot min^{-1} \cdot MPa^{-1}$。在长菌阶段,若供氧过量,菌体生长受到抑制;而在发酵产酸阶段,若供氧不足,发酵产物由谷氨酸转为乳酸。从上可知,好氧发酵并不是溶解氧愈高愈好,溶解氧太高有时反而抑制产物的形成。

　　各种微生物对发酵液中溶解氧浓度有一个最低要求,这一溶解氧浓度叫做临界氧浓度,以 $c_{浓度}$ 表示。对产物而言,就是不影响产物合成所允许的最低溶解氧浓度。好氧微生物的临界氧浓度一般为 $0.003 \sim 0.05 mol \cdot L^{-1}$。一般情况下,抗生素发酵的临界氧浓度要求较高,如青霉素发酵的临界氧浓度为 $5 \sim 10 mol \cdot L^{-1}$,低于此值就会给青霉素合成带

来不可逆的损失。而初级代谢的氨基酸发酵,其
需氧量大小与氨基酸的合成途径密切相关。根据
发酵过程中对氧需求量的不同,氨基酸发酵可分
为三类(图 8 - 4)。

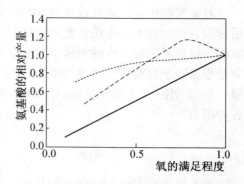

图 8 - 4　氨基酸的相对产量与氧的满足度
之间的关系(参考曹军卫,2007)
—L— 谷氨酸;---L— 亮氨酸;……L— 赖氨酸

　　第一类:在供氧充足条件下,产量最大;若供
氧不足,合成受强烈抑制。例如,谷氨酸、精氨酸、
脯氨酸等的发酵属于此类型。第二类:在供氧充
足条件下,可得最高产量;若供氧受限,产量受影响
不明显。例如,异亮氨酸、赖氨酸、苏氨酸等的发酵
属于此类型。第三类:若供氧受限,细胞呼吸受抑
制时,才获得最大量产物;若供氧充足,产物生成反
而受抑制。例如,亮氨酸、缬氨酸、苯丙氨酸等的发
酵属于此类型。

　　临界氧浓度值可由尾气中氧气含量和通气量共同来测定,也可用响应时间很快的溶
解氧电极来测定。其要点是在发酵过程中先加强通气搅拌,使 DO 尽可能上升到实验最
大值,然后终止通气,继续搅拌,并在罐顶部空间充氮,这时因为菌体呼吸,DO 迅速下降,
直到其直线斜率开始减小,这时的溶解氧值便是其呼吸临界氧浓度。在分批发酵中通过
维持 DO 在某一浓度范围,考察不同浓度对生产的影响,便可求得产物合成的临界氧浓
度值。

　　一般情况下,发酵行业用空气饱和度(%)来表示 DO 含量的单位。各种微生物的临界
氧浓度以空气氧饱和度表示,如细菌和酵母为 3%～10%;放线菌为 5%～30%;霉菌为
10%～15%,青霉素发酵的临界氧浓度为 5%～10%空气饱和度。

　　实际上,呼吸临界氧浓度不一定与产物合成临界氧浓度相同。如卷须霉素和头孢霉素
的呼吸临界氧浓度分别为 13%～23% 和 5%～7%;而其抗生素合成的临界氧浓度分别是
8% 和 10%～20%。值得注意的是,生物合成临界氧浓度并不等于其最适溶解氧浓度。前者
是指 DO 值不能低于其临界氧浓度;后者是指生物合成有一最适溶解氧浓度范围。最适溶
解氧浓度的大小也与菌体和产物合成代谢的特性有关。在最适溶解氧浓度范围内发酵有利
于菌体生长和产物合成。显然,溶解氧浓度并非越高越好,即溶解氧浓度除了有一个低限
外,还有一个高限。如卷须霉素发酵,40～140h 维持 DO 值在 10% 显然比在 0 或 45%的产
量要高。因此,为了正确控制溶解氧浓度,需要考查每一种发酵产物的临界氧浓度和最适溶
解氧浓度,并使发酵过程保持在最适溶解氧浓度。

8.4.2　反应器中氧的传递

　　目前,大多数的工业发酵属于好氧发酵,在发酵的过程中需要不断地向发酵罐中供给足
够的氧,以满足微生物生长代谢的需要。在实验室,可以通过摇床的转动,使空气中的氧气
通过气-液界面进入摇瓶发酵液中,成为发酵液中的溶解氧,从而实现对微生物的供氧;而中
试规模和生产规模的发酵过程则需要向发酵罐中通入无菌空气,并同时进行搅拌,为微生物
提供生长和代谢所需的溶解氧。

　　好氧发酵中进行通气供氧时，微生物的供氧过程是气相中的氧首先溶解在发酵液中，然后传递到细胞内的呼吸酶位置上而被利用。这一系列的传递过程又可分为供氧与耗氧两个方面。供氧是指空气中的氧从空气泡里通过气膜、气-液界面和液膜扩散到液体主流中。耗氧是指氧分子自液体主流通过液膜、菌丝丛、细胞膜扩散到细胞内。氧在传递过程中必须克服一系列的阻力，才能到达反应部位，被微生物所利用。图 8-5 表示了这个过程的情况及各种阻力。

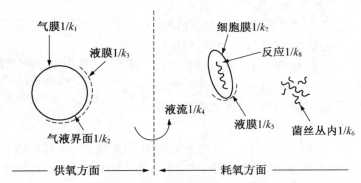

图 8-5　氧从气泡到细胞的传递过程示意图(参考姚汝华, 2008)

　　供氧方面的阻力有：

　　① 气膜阻力 $1/k_1$，为气体主流及气-液界面间的气膜传递阻力；

　　② 气-液界面阻力 $1/k_2$，只有具备高能量的氧分子才能进入液相中，而其余的则返回气相；

　　③ 液膜阻力 $1/k_3$，为从气-液界面至液体主流间的液膜阻力，与发酵液的成分和浓度有关；

　　④ 液相传递阻力 $1/k_4$，与发酵液的成分和浓度有关。

　　耗氧方面的阻力有：

　　① 细胞表面的液膜阻力 $1/k_5$，与发酵液的成分和浓度有关；

　　② 菌丝丛或菌丝团内传递阻力 $1/k_6$，与发酵液的特性及微生物的生理特性有关；

　　③ 细胞膜阻力 $1/k_7$，与微生物的生理特性有关；

　　④ 细胞内反应阻力 $1/k_8$。

　　由此可见，氧从空气泡到达细胞的总传递阻力为上述各阻力之和：

$$\frac{1}{k_t} = \frac{1}{k_1} + \frac{1}{k_2} + \frac{1}{k_3} + \frac{1}{k_4} + \frac{1}{k_5} + \frac{1}{k_6} + \frac{1}{k_7} + \frac{1}{k_8} \tag{8-8}$$

　　从氧的溶解过程可知，由于氧是难溶于水的气体，所以供氧方面的主要阻力是液膜阻力 $1/k_3$。工业上常将通入培养液的空气分散成细小的泡沫，尽可能增大气-液两相的接触界面和接触时间，以促进氧的溶解。在耗氧方面，氧通过细胞周围液膜的阻力很小，但此液膜阻力随细胞外径的增大而增大。耗氧方面的阻力主要是菌丝丛或菌丝团内传递阻力与细胞膜阻力，即 $1/k_6$ 与 $1/k_7$。但搅拌可以减少逆向扩散的梯度，因此也可以降低这方面的阻力。

　　氧在克服上述阻力进行传递的过程中需要推动力，传递过程中的总推动力就是气相与细胞内的氧分压之差,这一总推动力是被消耗于从气相到细胞内的各项串联的传递阻力。当氧的传递达到稳态时,总的传递速率与串联的各步传递速率相等,这时通过单位面积的传递速率为

$$N_{O_2} = \frac{推动力}{阻力} = \frac{\Delta p_i}{1/k_i} \tag{8-9}$$

式中：N_{O_2} 为氧的传递通量,单位为 $mol \cdot m^{-2} \cdot s^{-1}$；$\Delta p_i$ 为各阶段的推动力(分压差),单位为 Pa；$1/k_i$ 为各阶段的传递阻力,单位为 $N \cdot s \cdot mol^{-1}$。

微生物发酵过程中,通入发酵罐内的氧不断溶解于培养液中,以供菌体细胞代谢之用。这种由气态氧转变成溶解态氧的过程与液体吸收气体的过程相同,所以可用描述气体溶解于液体的双膜理论(图 8-6)中的传质公式表示发酵过程中氧的传递速率：

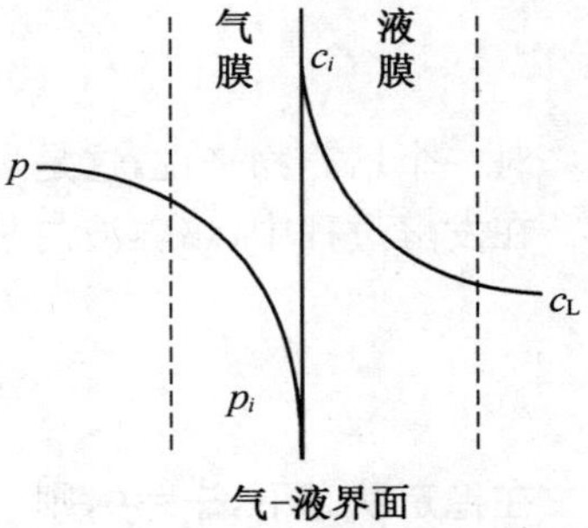

图 8-6 双膜理论的气液接触
(参考曹军卫,2006)

$$N_{O_2} = \frac{p - p_i}{1/k_G} = \frac{c_i - c_L}{1/k_L} = k_G(p - p_i) = k_L(c_i - c_L) \tag{8-10}$$

式中：p、p_i 为气相中及气-液界面处氧的分压,单位为 MPa；c_L、c_i 为液相中及气-液界面处氧的浓度,$kmol \cdot m^{-3}$；k_G 为气膜传质系数,单位为 $kmol \cdot m^{-2} \cdot h^{-1} \cdot MPa^{-1}$；$k_L$ 为液膜传质系数,单位为 $m \cdot h^{-1}$。

由于不可能测定界面处的氧分压和氧浓度,为了计算方便,通常情况下,改用总传质系数和总推动力表示,在稳定状态时,有

$$N_{O_2} = K_L(c^* - c_L) = K_G(p - p^*) \tag{8-11}$$

式中：K_G 为以氧分压差为总推动力的总传质系数,单位为 $kmol \cdot m^{-2} \cdot h^{-1} \cdot MPa^{-1}$；$K_L$ 为以氧浓度差为总推动力的总传质系数,单位为 $m \cdot h^{-1}$；c_L 为发酵液中氧的实际浓度,单位为 $kmol \cdot m^{-3}$；c^* 为与气相中氧分压 p 平衡的发酵液氧浓度,单位为 $kmol \cdot m^{-3}$；p 为气相中氧分压,单位为 MPa；p^* 为与液相中氧浓度 c 平衡的氧分压,单位为 MPa。

根据亨利定律,氧的溶解度随氧分压的升高而增大,即

$$c = \frac{p}{H} \tag{8-12}$$

式中：H 为亨利常数,单位为 $Pa \cdot L \cdot mmol^{-1}$。

由公式(8-10)可得

$$\frac{1}{K_G} = \frac{1}{k_G} + \frac{H}{k_L} \tag{8-13}$$

$$\frac{1}{K_L} = \frac{1}{k_L} + \frac{1}{Hk_G} \tag{8-14}$$

在实际应用中,常将 K_L 与 α 合并作为一个项处理,称为容积氧传递系数 $K_L\alpha$,因此,在单位体积的培养液中,氧的传递速率可表示为

$$OTR = K_L\alpha(c^* - c_L) \tag{8-15}$$

式中：OTR 为氧的传递速率，单位为 $kmol \cdot m^{-3} \cdot h^{-1}$；$K_L\alpha$ 为以浓度差为推动力的容积氧传递系数，单位为 h^{-1}，其中 α 为比表面积，单位为 $m^2 \cdot m^{-3}$。

为满足微生物的呼吸代谢活动的耗氧速率，供氧应至少保证耗氧的需要量，即

$$OTR = K_L\alpha(c^* - c_L) = Q_{O_2}X = r \tag{8-16}$$

移项后得

$$K_L\alpha = \frac{Q_{O_2}X}{c^* - c_L} \tag{8-17}$$

对一个培养物来说，这是最低的通气条件。

在发酵过程中，培养液内某瞬间溶解氧浓度变化可用下式表示：

$$\frac{dc}{dt} = K_L\alpha(c^* - c_L) - Q_{O_2}X \tag{8-18}$$

在稳定状态下，$\dfrac{dc}{dt}=0$，则

$$c_L = \frac{c^* - Q_{O_2}X}{K_L\alpha} \tag{8-19}$$

发酵液若处于充裕的通气下，这时 c_L 会逐渐接近 c^*。反之，c_L 逐渐下降而趋于 0，这时氧传递速率最大。

8.4.3　溶解氧浓度的变化及其控制

在发酵过程中，在一定的发酵条件下，每种产物发酵的溶解氧浓度变化都有自身的规律。通常，溶解氧浓度变化分三个阶段，如图 8-7、图 8-8 所示。在对数生长期，DO 值下降明显，从其下降的速率可大致估计菌的生长情况；至对数生长期末期，会出现溶解氧低谷；在发酵后期，由于菌体衰老，呼吸强度减弱，溶解氧浓度也会逐步上升，一旦菌体自溶，溶解氧浓度上升会更明显。

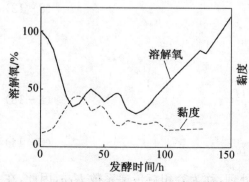
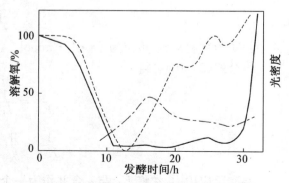

图 8-7　红霉素发酵过程中溶解氧和黏度的变化　　　图 8-8　谷氨酸发酵时正常和异常的溶解氧曲线

对红霉素和谷氨酸生产来说,在发酵前期,产生菌大量繁殖,需氧量不断增加,使溶解氧浓度迅速下降,出现低峰,而在这个时期,产生菌的摄氧率同时出现高峰,菌体浓度和黏度一般也在此时出现高峰;过了生长阶段,进入产物合成期,需氧量有所减少,这个阶段的溶解氧水平相对比较稳定。

随菌种的活力、接种量以及培养基的不同,DO 值在培养初期开始明显下降的时间也不同。对谷氨酸发酵来说,大约在发酵的 10~20h 出现溶解氧的低峰;而抗生素的溶解氧低峰在 10~70h。表 8-5 列出了几种抗生素发酵过程中出现溶解氧低峰的时间。

表 8-5　几种抗生素发酵过程中出现溶解氧低峰的时间

抗生素	时间/h	抗生素	时间/h
红霉素	20~50	头孢菌素 C	30~50
卷须霉素	20~30	制霉菌素	25~70
土霉素	10~30	力复霉素	50~70
链霉素	30~70	烟曲霉素	20~30

发酵过程中,DO 值低谷到来的迟早与低谷时的 DO 水平还会随工艺和设备条件(如发酵过程中补料、加消泡剂等操作工艺)的不同而异。在谷氨酸合成期补糖后,产物合成期发酵液的摄氧率就会增加,引起溶解氧浓度下降,经过一段时间后又逐步回升并接近原来的溶解氧浓度;如继续补糖,又会继续下降,甚至降至临界氧浓度以下,而成为生产的限制因素。出现二次生长时,DO 值往往会从低谷处逐渐上升,到一定高度后又开始下降——这是微生物开始利用第二种基质(通常为迟效碳源)的表现。

在发酵过程中,有时会出现溶解氧浓度明显降低或明显升高的异常变化。其原因很多,但本质上都是由耗氧或供氧方面出现了变化所引起的氧的供需不平衡所致。

在发酵过程中溶解氧异常下降可能有下列原因:① 污染好氧杂菌,大量的溶解氧被消耗掉,使溶解氧在较短时间内下降到零附近;② 菌体代谢发生异常现象,需氧要求增加,使溶解氧下降;③ 影响供氧的设备或工艺控制发生故障或变化,也能引起溶解氧下降,如搅拌功率消耗变小或搅拌速率变慢,影响供氧能力,使溶解氧降低。引起溶解氧异常升高的原因主要是耗氧量的显著减少将导致溶解氧异常升高,如污染烈性噬菌体,使生产菌呼吸受到抑制,溶解氧上升,当菌体破裂后,完全失去呼吸能力,溶解氧直线上升。

发酵液中 DO 值的任何变化都是氧的供需不平衡的结果。也就是说,在发酵过程中当供氧量大于耗氧量时,溶解氧浓度就上升;反之就下降。因此,要控制好发酵液中的溶解氧浓度,需从供氧和耗氧这两个方面着手。

供氧方面,由氧的传递速率方程 $OTR = K_L\alpha(c^* - c_L)$ 可知,凡是能使 $K_L\alpha$ 和 c^* 增加的因素都能使发酵供氧得到改善。因此,主要是设法提高氧传递的推动力和容积氧传递系数 $K_L\alpha$。发酵液中氧的饱和浓度 c^* 主要受温度、罐压及发酵液性质的影响。而这些参数在优化了的工艺条件下,已经很难改变。因此,在实际生产中通常从提高氧的容积氧传递系数 $K_L\alpha$ 着手,提高设备的供氧能力。除增加通气量外,一般是改善搅拌条件。通过提高搅拌转速或通气流速、降低发酵液的黏度等来提高 $K_L\alpha$ 值,从而提高供氧能力。改变搅拌器直径或转速可增加功率输出,从而提高 α 值。另外,改变挡板的数目和位置,使搅拌时发酵液流态发生变化,也能提高 α 值。近年来,通过加入传氧中间介质来提高生物应用的传氧系数的方法已引起了广泛关注。传氧中间介质有血红蛋白、石蜡等。

耗氧方面,发酵过程的耗氧量受菌体浓度、营养基质的种类与浓度、培养条件等因素影响,其中以菌体浓度的影响最为明显。通过营养基质浓度来控制菌的比生长速率,使其保持在比临界氧浓度略高一点的水平进行发酵,达到最适菌体浓度,这是控制最适溶解氧浓度的重要方法。如青霉素发酵,就是通过控制补加葡萄糖的速率来控制菌体浓度,从而控制溶解氧浓度。

DO 值只是发酵参数之一,它对发酵过程的影响还必须与其他参数配合起来分析。国内外都有将 DO 值与尾气中的氧气、二氧化碳,pH 以及补料一起控制进行青霉素发酵的成功例子。控制的原则是加糖速率应正好使培养物处在半饥饿状态,即仅能维持菌的正常生理代谢的状态,而把更多的糖用于产物的合成,并且其摄氧率不至于超过设备的供氧能力。

8.5　泡沫的形成及其控制

泡沫的控制是发酵控制中的一项重要内容。如果不能有效地控制发酵过程中产生的泡沫,将对生产造成严重的危害。

8.5.1　泡沫的产生及其影响

泡沫是气体在液体中的粗分散体,气、液之间被一层液膜隔开,彼此不相连通,属于气液非均相体系。只有气体与液体连续、充分地接触才会产生过量的泡沫。在大多数发酵过程中,由于培养基中有蛋白质和代谢物等表面活性剂存在,在通气条件下,培养液中就出现了一定数量的泡沫。泡沫按发酵液性质不同分为两种类型:一种是存在于发酵液表面上的泡沫,该泡沫气相所占的比例特别大,与液体有较明显的界限,如发酵前期的泡沫;另一种是分散在黏稠的菌丝发酵液中的泡沫,比较稳定,与液体之间无明显的界限。泡沫的形成与基质的种类、通气量、搅拌速率、微生物细胞生长代谢和灭菌条件等因素有关,其中发酵液的理化性质对泡沫的形成起决定性作用。泡沫的稳定性主要与液体的表面性质(如表面张力、表观黏度)和泡沫的机械强度有密切的关系。如气体在纯水中鼓泡,生产的气泡只能维持一瞬间,其稳定性几乎等于零,这是由于纯水的表面张力很低($\sigma = 0.072\text{N} \cdot \text{m}^{-1}$),导致围绕气泡的液膜强度很低。发酵液中的气体主要是通入的无菌空气、微生物呼吸排出的二氧化碳等;而发酵液中的玉米浆、皂荚、糖蜜所含的蛋白质和细胞本身都具有稳定泡沫的作用,其中,蛋白质分子除分子引力外,在羧基和氨基之间还有氢键、离子键等引力,因而形成的液膜比较牢固,泡沫比较稳定。此外,发酵液的温度、pH、基质浓度以及泡沫的表面积对泡沫的稳定性也有很大的影响。

在好氧发酵过程中,通过搅拌使大气泡变为小气泡,以增加气体与液体的接触面积,从而使氧传递速率增加,同时,有利于二氧化碳气体的逸出。为了达到充分的气体交换目的,气泡应该在发酵液中有一定的滞留时间。但是过多的持久性泡沫会给发酵带来许多负面影响,主要表现在:① 降低了发酵罐的装料系数(料液体积/发酵罐容积)。发酵罐的装料系数一般取 0.7 左右,通常充满余下空间的泡沫约占所需培养基的 10%。② 增加了菌群的非均一性。由于泡沫高低的变化和处在不同生长周期的微生物随泡沫漂浮或黏附在罐壁上,使这部分菌体有时在气相环境中生长,从而影响了菌群的均一性。③ 发酵液升到罐顶有可能从轴封渗出,增加污染杂菌的机会。④ 若大量起泡,控制不及时会引起"逃液",导致产物的流失。因此,合理地控制发酵过程中产生的泡沫是取得高产的因素之一。

8.5.2　发酵过程泡沫的消长规律

　　根据泡沫产生的原因,可以找到一些泡沫消长的规律,它与许多因素有关。

　　首先,泡沫的产生与通气、搅拌的剧烈程度等外力因素有关。图 8-9 表示的是不同搅拌速率和通气量对泡沫产生的影响。从图 8-9 中可见,泡沫随着通气量和搅拌速率的增加而增加,并且搅拌所引起的泡沫比通气来得大。因此,当泡沫过多时,可以通过减少通气量和搅拌速率做消极预防。

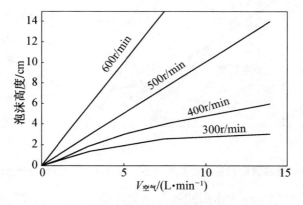

图 8-9　不同搅拌速率和通气量对泡沫的影响

　　其次,泡沫的产生与培养基的成分有关。培养基配方中含蛋白质多,黏度大,容易起泡。玉米浆、蛋白胨、花生饼粉、黄豆饼粉、酵母粉、糖蜜等是发泡的主要物质。研究表明(图8-10),同一浓度下,起泡能力最强的是玉米浆,其次是花生饼粉,再其次是黄豆饼粉。糖类本身起泡能力较差,但在丰富培养基中高浓度的糖增加了发酵液的黏度,起稳定泡沫的作用。例如,葡萄糖在黄豆饼粉溶液中的浓度越高,起泡能力也越强。

　　此外,培养基的灭菌方法、灭菌温度和时间也会改变培养基的性质,从而影响培养基的起泡能力。如糖蜜培养基的灭菌温度从 110℃ 升高到 130℃,灭菌时间为半个小时,发泡系数(q_m)几乎增加一倍。据分析,这可能是由于形成了大量的蛋白黑色素和 5-羟甲基(呋喃醇)糠醛。

　　在发酵过程中,发酵液的性质随菌体的代谢活动不断变化,也会影响泡沫的形成和消长。例如,霉菌在发酵过程中的液体表面性质变化直接影响泡沫的消长。由图 8-11 可以看出,在发酵初期,泡沫的高稳定性与高表观黏度和低表面张力有关。随着发酵过程中碳

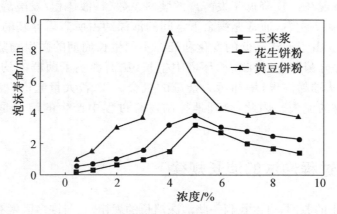

图 8‑10　培养基成分及浓度对泡沫的影响

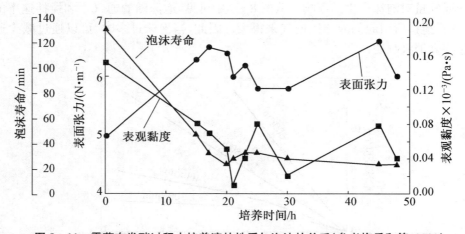

图 8‑11　霉菌在发酵过程中培养液的性质与泡沫的关系(参考梅乐和等,2000)

源、氮源的利用,以及起稳定泡沫作用的蛋白质的降解,发酵液黏度降低,表面张力上升,泡沫逐渐减少。在发酵后期菌体自溶,可溶性蛋白增加,又导致泡沫量回升。

8.5.3　泡沫的控制

根据发酵过程泡沫的消长规律,对泡沫的控制可以采用两种途径:一种是减少泡沫形成的机会,通过调整培养基的成分(如少加或缓加易起泡的培养基成分)、改变某些培养条件(如 pH、温度、通气量、搅拌速率)或改变发酵工艺(如采用分批投料)来控制。另一种是消除已形成的泡沫,可分为机械消泡和化学消泡两大类,这是微生物发酵工业上消除泡沫常用的方法。

1. 机械消泡

它是一种物理消泡的方法,借助机械强烈振动或压力变化起到破碎气泡、消除泡沫的作用。消泡装置可安装在罐内或罐外。罐内可在搅拌轴上方安装消泡浆,泡沫借旋风离心场作用被压碎,也可将少量消泡剂加到消泡转子上以增强消泡效果。罐外法是将泡沫引出罐外,通过喷嘴的加速作用或离心力破碎泡沫后,液体再返回发酵罐内。机械消泡的优点是不用在发酵液中引入外源物质(如消泡剂),节省原材料,减少染菌机会,且不会增加下游提取工艺的负担。但其效果往往不如消泡剂消泡迅速、可靠,需要一定的设备和消耗一定的动力,其最大的缺点是不能从根本上消除泡沫的形成,因此常作为消泡的辅助方法使用。

2. 化学消泡

它是一种利用添加化学消泡剂的方式来消除泡沫的消泡法,也是目前应用最广的消泡方法。根据泡沫形成的因素,可以选择作用机制不同的消泡剂。消泡剂都是表面活性剂,具有较低的表面张力。当泡沫表面存在由极性表面活性物质形成的双电层时,加入另一种极性相反的表面活性物质可以中和电性,破坏泡沫的稳定定性,使泡沫破碎;或加入极性更强的物质与发泡剂争夺泡沫表面上的空间,降低泡沫液膜的机械强度,进而促使泡沫破裂。当泡沫的液膜具有较大的黏度时,可加入某些分子内聚力小的物质,以降低液膜的表面黏度,使液膜的液体流失,导致泡沫破碎,从而达到消除泡沫的目的。

根据消泡原理和发酵液的性质和要求,理想的消泡剂必须有以下特点:

① 消泡剂必须具有较低的表面张力,消泡作用迅速,效率高;

② 在气-液界面上具有足够大的铺展系数,即要求消泡剂具有一定的亲水性;

③ 消泡剂在水中的溶解度较小,以保持其持久的消泡或抑泡性能;

④ 对发酵过程中氧的传递以及对提取过程中产物的分离、提取不产生影响;

⑤ 耐高温,不干扰溶解氧、pH 等测定仪表的使用;

⑥ 消泡剂来源方便,价格便宜;

⑦ 对微生物、人畜无毒性。

发酵工业常用的消泡剂分天然油脂类、聚醚类、高级醇类和硅树脂类四大类,其中前两类使用得最多。

常用的天然油脂类消泡剂有玉米油、豆油、米糠油、棉籽油和猪油等,除作为消泡剂外,这些物质还可作为碳源,但其消泡能力不强,所需用量大。

聚醚类消泡剂的种类很多,它们是氧化丙烯或氧化丙烯与环氧乙烷及甘油聚合而成的聚合物。聚氧乙烯聚氧丙烯甘油醚俗称"泡敌",用量为 0.03% 左右,消泡能力比植物油大 10 倍以上。"泡敌"的亲水性好,在发泡介质中易铺展,消泡能力强,但其溶解度大,消泡活性维持时间较短,在黏稠发酵液中使用效果比在稀薄发酵液中更好。

其他的消泡剂,如高级醇类中的十八醇是常用的一种,可单独或与其他载体一起使用,它与冷榨猪油一起能有效控制青霉素发酵的泡沫。另外,聚乙二醇具有消泡效果持久的特点,尤其适用于霉菌发酵。

硅酮类消泡剂的代表是聚二甲基硅氧烷及其衍生物,其分子结构通式为 $(CH_3)_3SiO[Si(CH_3)_2]_nSi(CH_3)_3$,单独使用效果很差。它常与分散剂(微晶 SiO_2)一起使用,也可与水配成 10% 的纯聚硅氧烷乳液。这类消泡剂适用于微碱性的放线菌和细菌发酵。

消泡剂多数是溶解度小、分散性不十分好的高分子化合物,在应用中除采用化学和机械方法联合控制泡沫外,常添加增效剂以降低黏度,促进消泡剂扩散,提高消泡剂的消泡效果。例如,加入载体增效,即用惰性载体(包括矿物油、植物油等)将消泡剂溶解分散;消泡剂并用增效,如将聚氧丙烯甘油和聚氧乙烯聚氧丙烯甘油醚按 1:1 混合使用;消泡剂乳化增效,即将乳化剂与消泡剂混合制成乳剂,以提高分散能力。

消泡剂的选择和实际使用还有许多问题,应结合生产实际加以解决。

近年来,也有从生产菌种本身的特性着手,预防泡沫的形成,如在单细胞蛋白生产中,筛选在生长期不易形成泡沫的突变株。也有用混合培养方法,如有人用产碱菌、土壤杆菌同莫拉菌一起培养来控制泡沫的形成,这是一种菌产生的泡沫形成物质被另一种菌协作同化的缘故。

第 9 章

发酵工业杂菌污染及防治

　　杂菌污染是指发酵过程中除了生产菌以外,还有其他菌生长繁殖的现象。杂菌污染将消耗大量的营养物质,同时产生各种有害的代谢产物,轻则破坏发酵的正常进行,影响下游的产品分离,使发酵产品的品质降低,产量下降,重则使发酵彻底失败,造成倒罐,甚至停产等严重事故。因此,杂菌污染的防治是发酵工业极为重要的环节。

9.1　染菌的影响

9.1.1　染菌对发酵的影响

　　发酵过程杂菌污染,会严重影响生产,是发酵工业的致命伤。生产不同的产品,可污染不同种类和性质的微生物;不同污染时间,不同污染途径,污染不同菌量,不同培养基和培养条件又可产生不同后果。

　　1. 发酵染菌对不同产品的影响

　　不同品种的发酵制品,需采用不同种类的微生物菌种生产。不同菌种使用的培养基、发酵工艺条件、代谢途径也各不相同,受杂菌污染的微生物种类及危害也不相同。

　　在青霉素生产过程中,青霉素发酵染菌,绝大多数杂菌都能直接产生青霉素酶,而另一些杂菌则可被青霉素诱导而产生青霉素酶。不论在发酵前期、中期或后期,染有能产生青霉素酶的杂菌,都能使青霉素迅速被破坏,目的产物得率降低,危害十分严重。链霉素、四环素、红霉素、卡那霉素等发酵染菌虽不像青霉素发酵染菌那样一无所得,但也会造成不同程度的危害。如杂菌大量消耗营养,干扰生产菌的正常代谢,改变 pH,降低产量。灰黄霉素、制霉菌素、克念菌素等抗生素能有效抑制霉菌,但对细菌几乎没有抑制和杀灭作用,因此,发酵染菌主要为细菌类微生物。

　　在发酵酒生产过程中,染菌带来的影响则主要是使发酵液酸度增加,发酵度下降,影响产品风味等。

　　在疫苗生产过程中,发酵染菌危害更大。目前疫苗多采用深层发酵,产物不加提纯而直接使用,在其深层发酵过程中,一旦污染杂菌,不论死菌、活菌或内外毒素,都应全部废弃。

因此,发酵罐容积越大,污染杂菌后的损失也越大。

2. 污染不同种类和性质的微生物的影响

(1) 污染噬菌体

噬菌体的感染力很强,传播蔓延迅速,也较难防治,故危害极大。污染噬菌体后,可使发酵产量大幅度下降,严重的造成倒罐,断种,被迫停产。如谷氨酸发酵最怕噬菌体的污染,因为噬菌体蔓延速度快,难以防治且容易造成连续污染。

(2) 污染其他杂菌

有些杂菌会使生产菌自溶产生大量泡沫,即使添加消泡剂也无法控制逃液,影响发酵过程的通气搅拌。

有的杂菌会使发酵液发臭、发酸,致使 pH 下降,使不耐酸的产品破坏。特别是污染芽孢杆菌,由于芽孢耐热,不易杀死,往往一次染菌后会反复染菌。如肌苷、肌苷酸发酵污染芽孢杆菌的危害最大;高温淀粉酶发酵污染芽孢杆菌和噬菌体的危害较大。

3. 染菌时间对发酵的影响

污染时间是指用无菌检测方法确定的污染时间,而不是杂菌进入培养液的时间。杂菌进入培养液后,需经一定时间的生长、繁殖才能显现出来,显现时间取决于染菌量的多少。染菌量多,显现所需的时间就短;染菌量少,显现染菌的时间就长。

(1) 种子培养期染菌

在这一阶段,种子培养主要是生长繁殖菌体,生产菌体浓度低,培养基营养丰富很容易染菌,一旦染菌,就会造成种子质量严重下降,危害极大。因此,应该严格控制种子染菌的发生,一旦发现种子染菌,就应灭菌后弃去,并对种子罐、管道进行检查和彻底灭菌。

(2) 发酵前期染菌

在这一阶段,生产菌处于生长繁殖阶段,代谢产物很少,容易染菌,染菌后的杂菌迅速繁殖,与生产菌争夺营养成分,严重干扰生产菌的繁殖和产物的形成。一旦发现染菌,可重新灭菌,补加一些营养后重新接种。

(3) 发酵中期染菌

在中期染菌,将严重干扰生产菌的繁殖和产物的生成。发酵中期染菌较难处理,危害性较大,在生产过程中应做到早预防、早发现、早处理。处理方法应根据各种发酵的特点和具体情况来决定。

(4) 发酵后期染菌

发酵后期发酵液内已积累大量的产物,特别是抗生素,对杂菌有一定的抑制或杀灭能力。因此,如果染菌不多,对生产影响不大,可继续发酵。如果染菌严重,又破坏性较大,可以提前放罐提取产物。

4. 不同染菌途径对发酵的影响

(1) 种子带菌

种子带菌可使发酵染菌具有延续性,将会使后继发酵中出现杂菌,需要严格控制。

(2) 空气带菌

空气带菌也使发酵染菌具有延续性,导致染菌范围扩大至所有发酵罐,可通过加强空气无菌检测进行控制。

（3）培养基或设备灭菌不彻底

一般为孤立事件，不具有延续性。

（4）设备渗漏

这种途径造成染菌的危害性较大，常造成严重染菌和发酵失败。

9.1.2　发酵染菌对产品提纯和质量的影响

1. 发酵染菌对过滤的影响

染菌的发酵液菌体大多数有自溶现象，再加上发酵不完全的培养基质残留，一般黏度较大。因此，发酵液过滤时不能或很难形成滤饼，导致过滤困难，过滤时间拉长，从而影响设备的周转使用，破坏生产平衡，大幅度降低过滤效率。同时，由于过滤困难还会导致产品质量下降，得率降低。

2. 发酵染菌对提取的影响

染菌发酵液中含有比正常发酵液更多的水溶性蛋白和其他杂质。采用有机溶剂萃取的提炼工艺，则极易发生乳化，很难使水相和溶剂相分离，影响进一步提纯。采用离子交换树脂直接提取工艺，如链霉素、庆大霉素的提取，染菌后大量杂菌黏附在离子交换树脂表面，或被离子交换树脂吸附，大大降低离子交换树脂的交换容量，而且有的杂菌很难用水冲洗干净，洗脱时与产物一起进入洗脱液，影响进一步提纯。

3. 发酵染菌对产品质量的影响

染菌的发酵液含有较多的蛋白质和其他杂质，对产品的纯度会有较大影响。还有一些染菌的发酵液经处理过滤后得到澄清的发酵液，放置后会出现混浊，影响产品的外观。

9.2　染菌的检测与分析

9.2.1　发酵染菌率计算

通过染菌率的统计计算，对整个发酵系统和各个工艺环节进行染菌风险评估，分析染菌原因，提出相应的防治措施，是非常必要的。这对提高发酵工程企业的整体技术水平是至关重要的。

1. 总染菌率

总染菌率的高低可反应发酵企业的整体技术水平的好坏。它是指发酵企业一年发酵染菌的批（次）数与总投料批（次）数之比，用百分率表示。染菌批（次）数应包括染菌后培养基经重新灭菌又再次染菌的批（次）数在内。这是习惯的计算方法，也是我国的统一计算方法。

$$总染菌率 = \frac{发酵染菌批（次）数}{总投料批（次）数} \times 100\%$$

　　2. 设备染菌率

　　统计种子罐、发酵罐、空气净化系统及其他设备的染菌率,有利于查找因设备缺陷而造成的染菌原因。它反应的是企业的装备水平和设备管理能力。

　　3. 不同工序的染菌率

　　对整个发酵过程的各个工艺环节,如空气净化系统、种子扩培系统、发酵系统等分别统计其染菌率,有助于查找染菌的原因,分清染菌责任,强化车间、工序管理。

　　4. 操作染菌率

　　统计操作工的人为染菌率,一方面可以分析染菌原因,另一方面可以考核操作工的工作责任心和无菌操作技术水平。

9.2.2　无菌状况的检测

　　发酵过程是否染菌应以无菌试验的结果作为依据进行判断。在发酵过程中,如何及早发现杂菌的污染并及时采取措施加以处理,是避免染菌造成严重经济损失的重要手段。目前常用于检查是否染菌的无菌试验方法主要有以下几种:

　　1. 显微镜检查法(镜检法)

　　通常用革兰氏染色法对样品进行染色,然后在显微镜下观察微生物的形态特征,根据生产菌与杂菌的特征进行区别,判断是否染菌。必要时,可进行芽孢染色和鞭毛染色。此法是检查杂菌最简单、最直接、最常用的方法。

　　2. 平板划线培养或斜面培养检查法

　　先将制备好的平板置于37℃培养箱保温24h,检查无菌后将待测样品在无菌平板上划线,分别于37℃、27℃进行培养,一般在8h后即可观察,连续3次发现有异常菌落的出现,即可判断为染菌。有时为了提高检测灵敏度,也可将待检样品先置于37℃培养6～8h,使杂菌迅速增殖后再划线培养。

　　噬菌体检查可采用双层平板培养法,底层同为肉汁琼脂培养基,上层减少琼脂用量。先将灭菌的底层培养基倒平板,待凝固后,将上层培养基熔解并保持40℃,接入生产菌作为指示菌和待测样品混合后迅速倒入底层平板上,置培养箱中12～20h保温培养,观察有无噬菌斑。

　　3. 肉汤培养法

　　将待检样品接入经灭菌并经过检查无菌的葡萄糖酚红肉汤培养基(0.3％牛肉膏,0.5％葡萄糖,0.5％氯化钠,0.8％蛋白胨,0.4％酚红溶液,pH 7.2)中,于37℃和27℃分别培养24h,观察颜色变化(连续3次由红色变为黄色或产生混浊,可定为染菌),并取样镜检。此法常用于检查培养基和无菌空气是否带菌,也可用于噬菌体检查,此时使用生产菌作为指示菌。

　　4. 发酵过程的异常现象观察法

　　可根据发酵过程出现的异常现象,如溶解氧、pH、排气中的 CO_2 含量以及微生物菌体的酶活力等的异常变化来检查发酵是否染菌。

特定的发酵过程具有一定的溶解氧水平,而且在不同的发酵阶段,溶解氧的水平也不同,如果发酵过程中的溶解氧水平发生了异常变化,一般就是发酵染菌的表现。污染杂菌按照对氧的需求可分为两类,即好氧菌和非好氧菌。当受到好氧杂菌污染时,溶解氧的变化是在短时间内下降,直至为零,且在较长时间内不能回升;当受到非好氧杂菌污染时,抑制生产菌的生长,降低溶解氧的消耗,使溶解氧升高。

对于特定的发酵过程,工艺确定后,排出气体中的 CO_2 的变化是有规律的。染菌后,糖耗加快,CO_2 含量增加;被噬菌体感染后,糖耗降低,CO_2 的含量随之降低。因此,可以根据 CO_2 的含量异常变化来判断染菌。

9.2.3　染菌原因分析

发酵染菌的原因很多,但总体上可归纳为发酵工艺流程中的各环节漏洞和发酵过程管理不善两个方面。绝大部分罐批染菌的原因是比较清楚的,但在实际生产中发酵染菌率仍比较高,可以说产生这种现象大多数是由于操作人员在工作中"明知故犯"、"不负责任"和"存在侥幸心理"所造成的。例如,灭菌的蒸气压不足不能灭菌,设备有渗漏不能进罐等等都是众所周知的,但操作人员若因为有侥幸心理还是照样灭菌,进罐,结果以污染杂菌而告终。以下是国内外几家抗生素工厂发酵染菌原因分析(表 9-1～9-3)。

表 9-1　日本工业技术院发酵研究所对抗生素发酵染菌原因分析(参考韦革宏,2008)

项　目	百分率／%
种子带菌或怀疑种子带菌	9.64
接种时罐压跌零	0.19
培养基灭菌不透	0.79
总空气系统有菌	19.96
泡沫冒顶	0.48
夹套穿孔	12.36
盘管穿孔	5.89
接种管穿孔	0.39
阀门渗漏	1.45
搅拌轴密封渗漏	2.09
罐盖漏	1.54
其他设备渗漏	10.13
操作原因	10.15
原因不明	24.91

表 9 - 2　浙江某制药厂对链霉素发酵染菌原因分析

项　目	百分率 /%
外界带入杂菌（取样、补料）	8.61
接种带菌	12.00
菌种带菌	0.85
无空气系统染菌	25.17
设备穿孔	7.19
蒸汽不足	1.62
停电罐压跌零	1.43
管理不善	10.10
原因不明	33.03

表 9 - 3　浙江某抗生素制药厂染菌原因分析

项　目	百分率 /%
种子带菌	13.75
设备穿孔	15.10
阀门、管道渗漏	20.20
无空气系统染菌	10.05
管理不善	28.10
其他	7.38
原因不明	5.42

由表 9 - 3 可以看出，因管理不善而染菌的占 28.10%，这是最主要的染菌原因。经分析具体有表 9 - 4 所列原因。

表 9 - 4　管理不善而染菌的主要原因分析

项　目	百分率 /%
进罐前未做设备严密度检查	24.64
接种违反操作规程	26.45
检修质量缺乏验收制度	16.80
操作不熟练	21.36
配料违反工艺规程	7.48
调度不当	3.27

根据上述抗生素企业发酵染菌原因分析，造成染菌的主要原因有以下几个方面：

1. 设备渗漏

设备渗漏包括夹套穿孔、盘管穿孔、接种管穿孔、阀门渗漏、搅拌轴渗漏、罐盖漏和其他设备漏等。从日本工业技术院发酵研究所对染菌原因分析发现，这类染菌占 33.85%；浙江某抗生素制药厂的分析中,这类染菌为 35.3%。因此,加强设备本身及附属零部件的维护检修及严密度检查,对防止染菌是极其重要的。

2. 空气带菌

浙江某制药厂和日本工业技术院分析无菌空气系统染菌而造成的染菌分别为 25.17% 和 19.96%。目前,国内外空气除菌技术虽已有较大改善,但仍然没有使染菌率降低到理想的程度。这是因为空气除菌系统较为复杂,环节多,偶有不慎便会导致空气除菌失败。

3. 种子带菌

种子带菌又分为种子本身带菌和种子扩大培养过程中染菌。从日本工业技术院发酵研究所对染菌原因分析发现,这类染菌占 9.64%;浙江某抗生素制药厂的分析中,这类染菌为 13.75%。加强种子管理,严格执行无菌操作,种子本身带菌是可以克服的。种子培养过程染菌与发酵染菌一样是由许多因素造成的。

4. 技术管理不善

从浙江某抗生素制药厂染菌原因分析发现,这类染菌占 28.1%,是染菌的主要原因之一。对管理不善而染菌的主要原因分析中可以看出,技术管理不善的原因第一是生产设备维护检修验收制度不严,这部分原因占 41.44%;第二是违章操作,占 33.94%;第三是操作不熟练,占 21.36%。技术管理要对发酵每个环节进行严格控制,稍不慎就可能染菌,所以不能因有侥幸心理而放松管理。

5. 不明原因的染菌

从日本工业技术院和浙江某制药厂分析发现,不明原因的染菌几率为 25%~35%,这也说明,目前分析染菌原因的水平还有待于进一步提高。

综上所述,发酵染菌的原因是多种多样的。各生产企业由于生产装备、技术水平、管理水平等各方面的差异,发酵染菌的程度和原因也各不相同,要对发酵染菌进行正确判断存在一定的难度。

在实际生产过程中,可根据染菌情况做如下大致分析:

① 单罐染菌:不是系统问题,而是该罐本身的问题,如操作失误,培养基灭菌不彻底,罐有渗漏,分过滤器失效等。

② 多罐染菌:属系统问题,如空气过滤系统有问题,特别是总过滤器长期没有检查,可能受潮失效或滤膜穿孔;种子带菌;移种或补料的分配站有渗漏或灭菌不彻底等。

③ 前期染菌:如种子带菌,培养基灭菌不彻底等。

④ 中后期染菌:如补料的料液灭菌不彻底或补料管道、阀门渗漏等,一般不会是种子问题。

9.3　染菌的防治

9.3.1　防止种子带菌

种子带菌是发酵前期染菌的原因之一。在每次接种后应留取少量的种子悬浮液进行平板、肉汤培养,以说明是否有种子带菌。种子带菌的原因主要有:保藏的斜面试管菌种染菌;培养基和器具灭菌不彻底;种子转移和接种过程染菌;种子培养所涉及的设备和装置染菌。

种子制备过程中,对沙土管及摇瓶要严格加以控制。沙土制备时,要多次间歇灭菌,确保其无菌;子瓶、母瓶的移种和培养时,要严格要求无菌操作;无菌室和摇床间都要保持清洁。

无菌室的具体要求有:无菌室面积不宜过大,一般约 $4\sim6m^2$,高约 $2.6m$。为了减少外界空气的侵入,无菌室要有 $1\sim3$ 个缓冲间。无菌室内部的墙壁、天花板要涂白漆或采用磨光石子,要求无裂缝,墙角最好做成圆弧形,便于揩擦清洗以减少空气中微生物的潜伏,室内布置应尽量简单,最好能安装空气调节装置,通入无菌空气并调节室内的温度、湿度。无菌室的每个缓冲间一般都用紫外线灭菌。通常用 $30W$ 紫外线灭菌灯照射 $20\sim30min$ 即可。

无菌室的含菌要求有:根据一般工厂的经验,无菌室内无菌培养皿平板开盖放置 $30min$ 后,培养长出的菌落在 3 个以下为好。

无菌室每次使用时间不宜过长。人员进入需要更衣,换鞋,戴帽,操作时手要用 75% 酒精棉擦拭干净,用具要经蒸汽灭菌或用灭菌剂揩擦后才能带入使用。

9.3.2　防止设备渗漏

发酵设备及附件由于化学腐蚀、电化学腐蚀,物料与设备摩擦造成机械磨损,以及加工制作不良等原因会导致设备及附件渗漏。设备一旦渗漏,就会造成染菌。例如,冷却盘管、夹套穿孔渗漏,有菌的冷却水便会通过漏孔而进入发酵罐中导致染菌。阀门渗漏也会使带菌的空气或水进入发酵罐而造成染菌。

冷却管是发酵罐中最容易渗漏的部件之一。由于发酵液具有一定的酸度和含有某些腐蚀性强的物质(如亚硫酸盐、硫酸铵等),冷却管很易受到腐蚀。发酵液中固体物料搅动引起的磨损、冷却介质中的化学成分和流动时的冲击,以及加热时蒸汽冲击的影响,也会引起腐蚀及磨损。而最易穿孔的部分是冷却列管的弯曲处,原因是弯曲处外壁减薄和加热煨弯时使材料的性质有所改变所致。冷却介质的压力通常大于罐压,如果有微孔,冷却介质就会进入发酵液而引起染菌。

设备的渗漏如果肉眼能看见,容易发现,也容易治理;但有的微小渗漏,肉眼看不见,必须通过一定的试漏方法才能发现。试漏方法可采用水压试漏法。即被测设备的出口处装上压力表,将水压入设备,待设备中压力上升到要求压力时,关闭进出水,看压力是否下降。压力下降则有渗漏。但有些渗漏很小,看不出何处漏水,可以将稀碱溶液压入设备,然后用蘸有酚酞的纱布揩,酚酞能变红处即为渗漏处。

阀门渗漏可以用集气桶来试漏。方法是先在集气桶中装满水,然后关闭所有阀门,向发酵罐中通入空气,使罐压上升到要求压力(一般 $1kg$ 以上),由于集气桶连通各管道,观察哪根管子冒泡,即这根管子的阀门漏气。

9.3.3　防止培养基灭菌不彻底

培养基灭菌前含有大量杂菌;灭菌时如果蒸汽压力不足,达不到要求的灭菌温度;灭菌时产生大量泡沫或发酵罐中有污垢堆积等等：这些都会造成灭菌培养基不彻底。

工业发酵的主要原料一般来自于农产品，包括谷物、水果等，它们为发酵微生物提供营养成分。但如果储藏不当就会产生大量杂菌污染，从而影响培养基的灭菌效果。因此，采用优质原料制备培养基是保证发酵正常的重要条件。

空罐预消毒或实罐灭菌时，均应充分排净发酵罐内的冷空气，这样在通入高温高压蒸汽时，发酵罐内能够达到规定的灭菌压力，保证达到要求的灭菌温度。同时，灭菌结束、开始冷却时，因蒸汽冷凝而使罐压突然降低甚至会形成真空，此时必须将无菌空气通入罐内保持一定压力，以免外界空气进入引起杂菌污染。

蒸汽灭菌时产生大量泡沫的原因有：培养基和水的传热系数比空气的传热系数大，如果灭菌时升温太快，培养基急剧膨胀，发酵罐内的空气排出较慢，就会产生大量泡沫，泡沫上升到发酵罐顶，泡沫中的耐热菌就不能与蒸汽直接接触，即不能被杀死。防止方法：缓慢开启蒸汽阀门，或加入少量消泡剂。

灭菌时还会因设备安装或污垢堆积造成一些"死角"。这些死角蒸汽不能有效到达，常会窝藏嗜热芽孢杆菌。因此，设备安装时，要注意不能造成死角，发酵设备要经常清洗，铲除污垢。

9.3.4　防止空气引起的染菌

无菌空气带菌是引起发酵染菌的重要原因，要控制无菌空气带菌，就要从空气的净化流程和设备的选择、过滤介质的选材和装填、过滤器灭菌和管理方法的完善等方面来强化空气净化系统。

压缩空气需要选择良好的气源。例如，高空采气，将工厂建立在郊区，或者是安装高效的空气粗滤器。使进入压缩机的空气含菌数和含尘数尽可能低。

以棉花-活性炭为过滤介质的过滤器长期使用后，棉花和活性炭因被压缩而松动，如果上下端棉花铺得厚薄不均，厚的一边阻力大，空气不畅通，薄的一边空气容易通过，久而久之，薄的一边因长期受空气顶吹而使棉花和活性炭改变位置，造成过滤器失效。发现此种情况应立即重新装填或予以更换。

过滤器用蒸汽灭菌时，若被蒸汽冷凝水润湿，就会降低或丧失过滤效能，所以灭菌完毕应立即缓慢通入压缩空气，将水分吹干。

超细纤维纸作过滤介质的过滤器，灭菌时必须将管道中冷凝水放干净，以免介质受潮失效。

在实际生产过程中，无菌空气管道大多与其他物料管道相连接，因此必须装上止回阀，防止其他物料逆流窜入空气管道污染过滤器，导致过滤介质失效。

目前，国内的膜过滤技术已比较成熟，如用聚偏氟乙烯（PVDF）制成的折叠式微孔滤膜不仅过滤精度高，且流量大。只要注意进气粗滤除尘及压缩后除湿脱油，并按规范对过滤器进行定期灭菌，即可保证空气无菌。另外，由于 PVDF 膜疏水性强，对压缩空气中的水分不敏感，因此可解决空气湿度过大时其他介质过滤器不能使用的问题。

9.3.5　发酵染菌后的措施

1. 种子染菌后的措施

一旦发现种子罐被杂菌污染,应立即停止接种,种子罐灭菌后排放,对与种子罐连接的物料、供气等所有管道进行彻底灭菌。与此同时,将未受污染的正常种子接入发酵罐中,以保证生产的连续性。如无备用的种子,则可选择一罐菌体生长旺盛的发酵液进行分罐发酵,从而保证生产的正常进行。

2. 发酵前期染菌后的措施

① 发酵初期发生染菌,培养基中的碳、氮源含量基本不变,可终止发酵,将培养基重新进行灭菌处理后,接入种子进行发酵。

② 如果染菌已造成较大的危害,培养基中的碳、氮源的消耗量已比较多,则可放掉部分料液,补充新鲜的培养基,重新进行灭菌处理后,再接种进行发酵。

③ 如果染菌情况轻微而发现较晚时,培养基中的碳、氮源的消耗量已比较多,也可采取降温培养、调节 pH、调整补料量、补加培养基等措施进行处理。

3. 发酵中、后期染菌后的措施

① 发酵中、后期发现染菌,可以适当地加入杀菌剂或抗生素,补加正常的发酵液,以抑制杂菌的生长,也可采取降低培养温度、降低通风量、停止搅拌、少量补糖等其他措施进行处理。

② 在接近发酵后期出现染菌现象,如杂菌量不大,可继续发酵。如果发酵过程的产物代谢已达到一定水平,此时产品的含量若达一定值,只要明确是染菌也可采取措施提前放罐。

③ 对于没有提取价值的发酵液,应加热至 120℃ 以上,保持 30min 后排放废弃。

4. 染菌后对设备的处理

发生染菌的发酵罐要查明染菌原因,如果是设备问题要及时加以维修。设备重新使用前要进行严格检查,并进行彻底清洗,空罐加热灭菌至 120℃ 以上,保持 30min 后才能使用。也可用甲醛熏蒸或甲醛溶液浸泡 12h 以上等方法进行处理。

9.4　噬菌体的防治

9.4.1　噬菌体对发酵的影响

噬菌体的感染力非常强,极易感染用于发酵的细菌和放线菌。噬菌体感染的传播蔓延速度非常快,且很难防治,对发酵生产带来巨大的威胁。发酵过程如果受噬菌体侵染,一般会发生溶菌,随之出现发酵迟缓或停止,而且受噬菌体感染后,往往会反复连续感染,使生产无法进行,甚至倒灌。

噬菌体感染的具体表现为：

① 镜检可发现菌体数量明显减少，菌体不规则，严重时完全看不到菌体，且是在短时间内菌体自溶。发酵液光密度（OD 值）不上升，甚至回降。

② 发酵液 pH 值逐渐上升，4～8h 内可达 8.0 以上，不再下降。

③ 糖耗、温升缓慢或停止，发酵液残糖量高，产生大量泡沫，使发酵液呈黏胶状。

④ 发酵周期延长，产物生成量甚少或增长缓慢，甚至停止。

9.4.2　产生噬菌体污染的原因

环境污染噬菌体是造成噬菌体感染的主要根源。通常在工厂投产初期并不会感觉到噬菌体的危害，经过 1～2 年以后，主要是由于生产和试验过程中不断不加注意地把许多活菌体排放到周围环境中去，自然界中的噬菌体就在活菌体中大量生长，为自然界中噬菌体快速增殖提供了良好条件。这些噬菌体随着风沙尘土、空气流动、人们的走动、车辆的往来到处传播，使噬菌体有可能潜入生产的各个环节，尤其是通过空气系统进入种子室、种子罐、发酵罐。

9.4.3　噬菌体污染的检测

要判断发酵过程有无感染噬菌体，最根本的方法是做噬菌斑检验。在无菌培养皿上倒入培养生产菌的灭菌培养基（加琼脂）作下层。同样地，培养基中加入 20%～30%培养好的种子液，再加入待测发酵液，摇匀后，铺上层。培养 12～20h 后观察培养皿上是否出现噬菌斑。

也可以在上层培养基中只加种子液，而将待测发酵液直接点种在上层培养基表面，培养后观察有无透明圈出现。

9.4.4　噬菌体的防治措施

噬菌体的防治是一项系统工程，涉及到发酵生产管理的方方面面。从菌种保藏、种子培养、培养基灭菌、无菌空气制备、生产设备管理、检测分析到环境卫生等各个环节，必须规范操作，严格把关，才能有效地防治噬菌体的危害。应严禁活菌体排放，切断噬菌体的"根源"；做好环境卫生，消灭噬菌体与杂菌；严防噬菌体与杂菌进入种子罐或发酵罐内；抑制罐内噬菌体的生长；轮换使用菌种或使用抗性菌株。

1. 定期检查，及时消灭噬菌体

日常生产中要加强各环节噬菌体的检测，以便早发现、早治理，防患于未然。在发酵过程中一旦发现噬菌体的危害，应立即对全厂各工序的空气过滤系统、发酵液、排气口、污水口以及周围环境进行取样检测，找出噬菌体较集中的地方，采取相应的措施消灭噬菌体和杂菌。例如，对于种子室和摇床间，可采用甲醛熏蒸及紫外线处理的方法；对于常用工具、发酵罐体表面及墙壁地面，可采用新洁尔灭及石炭酸溶液喷雾或擦洗；对于发酵罐内部及管道系统，则可采取蒸汽灭菌的方法。

2. 加强管理，严格执行操作规程

种子和发酵工段的操作人员要严格执行无菌操作规程，认真进行种子保管，不使用本身带有噬菌体的菌种。不得将感染噬菌体的培养物带入菌种室、摇瓶间。认真进行发酵罐、补料系统的灭菌。严格控制逃液、取样分析和洗罐所废弃的菌体。对倒罐、取样分析所排放的废液必须先灭菌后排放。

3 选育抗噬菌体菌株和轮换使用生产菌株

选育抗噬菌体菌株是一种有效的手段。所获得的抗性菌株既要有较全面的抗性，又要能保持原有的生产能力。但有的菌种在选育中很难做到既有抗性又能保持原有的生产能力。目前比较实用的方法是轮换使用生产菌株。针对噬菌体对寄主侵染的专一性，采用轮换使用生产菌株的方法，可有效防止噬菌体的蔓延和危害，保证生产的正常进行。

4. 噬菌体污染的应急措施

发现了噬菌体污染时，首先必须取样检查，并根据各种异常现象做出正确的判断，尽快采取相应的挽救措施。常用的应急方法有以下几种：

① 加入少量药物，以阻止噬菌体繁殖。如加少量草酸及柠檬酸等螯合剂阻止噬菌体吸附；加一些抗生素抑制噬菌体蛋白质的合成及增殖，该法仅适用于耐药的生产菌株，由于成本较高，无法在较大的发酵罐中使用。

② 发酵过程中污染噬菌体时，可补入适量的新鲜培养基或生长因子（如玉米浆、酵母膏等），促进生产菌生长，加快发酵速度，使发酵得以顺利进行。

③ 大量补接种子液或重新接种抗性菌种培养液，以便继续发酵至终点，防止倒灌，尽可能减少损失。在补种之前也可对已感染噬菌体的发酵液进行低温灭菌处理。

第 10 章

发酵工程的应用

　　传统的发酵工程是以非纯种微生物进行的自然发酵,或以纯种微生物进行的工业化发酵。如啤酒是用大麦芽和酒花(蛇麻草的雌花)经啤酒酵母发酵而成。酒类饮料生产中常以谷物或水果(葡萄、荔枝等)为原料经不同的微生物(酵母菌、曲霉等)发酵,加工制成不同的酒。儿童们喜欢吃的酸奶也是在鲜奶里加入了乳酸菌经发酵而成。醋和酱等也是我国传统的调味品。醋是利用米、麦、高粱等淀粉类原料或直接用酒精接入醋酸杆菌发酵加工而成。酱是利用麦、麸皮、大豆等原料经多种微生物(曲菌、酵母菌和细菌)的协同作用形成的色、香、味俱全的调味品。

　　20 世纪 40 年代中期美国抗菌素工业兴起,大规模生产青霉素以及日本谷氨酸发酵成功,大大推动了发酵工程的发展。70 年代以石油为原料生产单细胞蛋白,使发酵工程从单一依靠碳水化合物向非碳水化合物过渡,从单纯依靠农产品发展到利用矿产资源,如天然气、烷烃等原料的开发。80 年代初基因工程发展,人们能按需要设计和培育各种工程菌,在大大提高发酵工程产品质量的同时,节约能源,降低成本,使发酵技术实现新的革命。现代发酵工程作为现代生物技术的一个重要组成部分,具有广阔的应用前景。例如,用基因工程的方法有目的地改造原有的菌种并且提高其产量;利用微生物发酵生产药品,如人的胰岛素、干扰素和生长激素等。

10.1　传统发酵产品生产

　　传统发酵产品历史悠久,分布广泛,为人们所喜爱。生产传统发酵产品的原料来源很广,发酵采用的微生物种类多样,其发酵形式主要有液态或固态发酵,但是目前,国内外传统发酵产品总体工业化程度较低,需要进一步发展,随着科技的进步,传统发酵产品的市场必将更加广阔。

　　用于传统发酵产品的微生物有酵母菌、霉菌、细菌多种。如中国的著名大曲酒——茅台酒,其发酵所用的大曲由大麦、小麦等粮食原料保温培菌制得,曲中的微生物有曲霉、红曲霉、根霉等霉菌,假丝酵母、汉逊酵母等酵母菌以及乳酸菌、丁酸菌、耐高温芽孢杆菌等细菌;而西方多采用大麦芽作糖化剂,酵母菌作发酵剂,如英国的麦芽威士忌,酿造是在麦芽汁中接入单一酿酒酵母或酿酒酵母与过量的啤酒酵母混合物进行发酵。

10.1.1　酒类酿造

一般认为,酒类酿造已有数千年的历史,但也有人认为葡萄酒酿造甚至超过了一万年。世界上最古老的酒类当数葡萄酒,因为葡萄最易自然发酵,在远古年代,人类的祖先也许正是因为饮用了枯落的葡萄自然发酵而成的液体,从而受到启发,开始酿制最古老的葡萄酒。

酒类主要是酿造酒和蒸馏酒。原料经发酵后,不需再蒸馏而可直接饮用的酒称为酿造酒,如啤酒、葡萄酒、黄酒、日本清酒、果酒等。将发酵液或酒醅经过蒸馏所制成的酒称为蒸馏酒,如白酒、白兰地、威士忌、朗姆、伏特加、金酒、杜松子酒等。

下面以干白葡萄酒生产工艺为例,以酿造白葡萄酒的葡萄品种为原料,经果汁分离、果汁澄清、控温发酵、陈酿及后加工处理。其工艺流程见图 10-1。

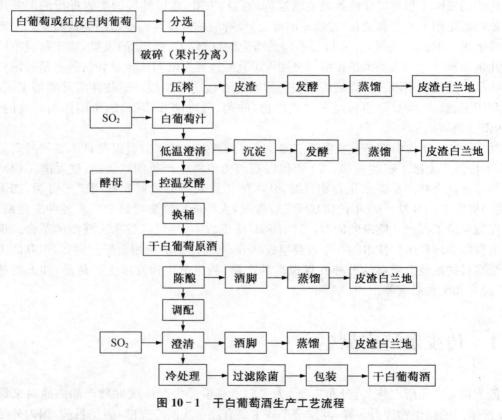

图 10-1　干白葡萄酒生产工艺流程

为了保证酿造的干白葡萄酒的质量,葡萄汁的含酸量要比一般葡萄汁高些,同时还要避免氧化酶的产生。因此,从采摘时间上讲,要比生产干红葡萄酒的葡萄采摘时间早些。葡萄的含糖量在 20%～21% 较为理想。

葡萄入厂后,先进行分选,破碎后立即压榨,迅速使果汁与皮渣分离,尽量减少皮渣中色素等物质的溶出。当酿造高档优质干白葡萄酒时,多选用自流葡萄汁作为酿酒原料。采用红皮白肉的葡萄(如佳利酿、黑品乐等)也能够生产出优质的干白葡萄酒。使用这类葡萄时应在葡萄破碎后,立刻将葡萄汁与葡萄渣分离开。用红皮白肉的葡萄酿成的干白葡萄酒的酒体要比白葡萄酿成的酒厚实。

1. 果汁分离

白葡萄酒与红葡萄酒的前加工工艺不同。白葡萄酒加工采用先压榨后发酵,而红葡萄酒加工要先发酵后压榨。白葡萄经破碎(压榨)或果汁分离,果汁单独进行发酵。果汁分离是白葡萄酒的重要工艺,其分离方法有如下几种:螺旋式连续压榨机分离果汁、气囊式压榨机分离果汁、果汁分离机分离果汁、双压板(单压板)压榨机分离果汁。

果汁分离时应注意葡萄汁与皮渣分离速度要快,缩短葡萄汁的氧化。果汁分离后,需立即进行二氧化硫处理,以防果汁氧化。

2. 果汁澄清

澄清的目的是在发酵前将果汁中的杂质尽量减少到最低含量,以避免葡萄汁中的杂质因参与发酵而产生不良成分,给酒带来异味。为了获得洁净、澄清的葡萄汁,可以采用以下方法:

① 二氧化硫静置澄清:采用添加适量的二氧化硫来澄清葡萄汁,其方法操作简便,效果较好。根据二氧化硫的最终用量和果汁总量,准确计算二氧化硫使用量,加入后搅拌均匀,然后静置16～24h,待葡萄汁中的悬浮物全部下沉后,以虹吸法或从澄清罐高位阀门放出清汁。如果将葡萄汁温度降至15℃以下,不仅可加快沉降速度,而且澄清效果更佳。

② 果胶酶法:果胶酶可以软化果肉组织中的果胶质,使之分解成半乳糖醛酸和果胶酸,使葡萄汁的黏度下降,原来存在于葡萄汁中的固形物失去依托而沉降下来,以增强澄清效果,同时也可加快过滤速度,提高出汁率。

果胶酶的活力受温度、pH 值、防腐剂的影响。澄清葡萄汁时,果胶酶只能在常温、常压下进行酶解作用。一般情况下 24h 左右可使果汁澄清。若温度低,酶解时间需延长。

使用果胶酶澄清葡萄汁,可保持原葡萄果汁的芳香和滋味,降低果汁中总酚和总氮的含量,有利于提高酒的质量,并且可以使果汁的出汁率提高至 3% 左右,提高过滤速度。

③ 皂土澄清法:皂土(bentonite),亦称膨润土,它具有很强的吸附能力,采用澄清葡萄汁可获得最佳效果。皂土处理不能重复使用,否则有可能使酒体变得淡薄,降低酒的质量。

④ 机械澄清法:利用离心机高速旋转产生巨大的离心力,使葡萄汁与杂质因密度不同而得到分离。离心力越大,澄清效果越好。离心前葡萄汁中加入果胶酶、皂土或硅藻土、活性炭等助滤剂,配合使用效果更加。

机械澄清法可在短时间内使果汁澄清,减少香气的损失;能除去大部分野生酵母,保证酒的正常发酵;自动化程度高,既可提高质量,又能降低劳动强度。

3. 白葡萄酒的发酵

白葡萄酒的发酵通常采用控温发酵,发酵温度一般控制在 16～22℃为宜,最佳温度18～22℃,主发酵期一般为 15d 左右。

主发酵结束后残糖降低至 $5g \cdot L^{-1}$ 以下,即可转入后发酵。后发酵温度一般控制在15℃以下。在缓慢的后发酵中,葡萄酒香和味的形成更为完善,残糖继续下降至 $2g \cdot L^{-1}$ 以下。后发酵约持续一个月左右。

由于主发酵结束后,二氧化碳排出缓慢,发酵罐内酒液减少,为防止氧化,尽量减少原酒与氧气的接触面积,做到每周添罐一次,添罐时要以优质的同品种(或同质量)的原酒添补,或补充少量的二氧化硫。

4. 白葡萄酒的贮存

由新鲜葡萄汁(浆)经发酵而制得的葡萄酒称为原酒。原酒不具备商品的质量水平,还需要经过一定时间的贮存(或称陈酿)和适当的工艺处理,使酒质逐渐完善,最后达到商品葡萄酒应有的品质。贮酒一般需在低温下进行,老式葡萄酒厂贮存过程是在传统的地下酒窖中进行。

贮存容器通常有三种形式,即橡木桶、水泥池和金属罐,当今除高档红葡萄酒及某些特种酒外,不锈钢罐及露天大罐正在取代其他两种容器(优质白葡萄酒用不锈钢罐最佳)。贮酒室温度一般以 8～18℃ 为佳。白葡萄酒的贮存期一般为 1～3 年。

10.1.2 调味品生产

调味品是指能增加菜肴的色、香、味,促进食欲,有益于人体健康的辅助食品。它的主要功能是增进菜品质量,满足消费者的感官需要,从而刺激食欲,使人体健康。调味品生产技术是我国优秀的文化遗产。调味品主要有酱油、酱品、豆腐乳、豆豉、醋等发酵生产的产品。

下面列举了以固态法食醋(山西老陈醋)生产工艺。固态发酵制醋是我国食醋的传统生产方法,其特点有:采用低温糖化和酒精发酵;应用多种微生物协调发酵;配用多量的辅料和填充料;用浸提法提取食醋。固态法食醋的优点是香气浓郁,口味醇厚,色深质浓。缺点是生产周期长,劳动强度大,出醋率低。山西老陈醋生产工艺流程见图 10-2。

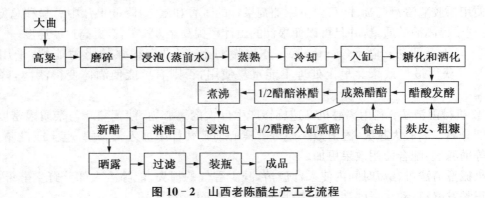

图 10-2　山西老陈醋生产工艺流程

1. 大曲制作

大曲是酿制山西老陈醋所用的糖化剂和发酵剂,大曲是依靠自然界各类野生菌种在曲胚上生长、繁殖、产酶而制成,多在春末夏初制作。大曲的制作工艺流程如图 10-3 所示。

操作要点:按比例取大麦和豌豆 100kg,磨碎,夏季磨碎时粗料占 45%、细料占 55%。加水 50kg(冷水)充分搅拌均匀,放入木制盒中用人工踩曲,或用踩曲机进行踩曲。要求曲胚厚薄均匀一致,四角结实,每块曲重 3.5kg 以上。曲室地面铺谷糠,曲块入室放两层,两层间距 1.5cm,撒有谷糠和苇秆隔开,四周蒙盖喷水后的苇席,室温夏季维持 25～26℃,冬季维持 14～15℃。

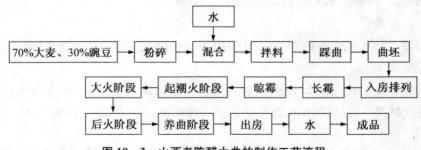

图 10 - 3　山西老陈醋大曲的制作工艺流程

上霉：2d 后品温上升至 40～41℃,曲坯开始生霉。

晾霉：揭去苇席,晾霉 12h,使品温下降到 32～33℃。曲坯上下位置交换后,堆积为三层,层间间距为 4cm,使品温回升到 36～37℃,晾霉 48h(32～33℃)。

起潮火：晾霉后曲块温度回升到 36～37℃,曲块由三层翻为四层,层间距 5cm,当品温上升到 43～44℃,翻曲一次仍为四层,这个阶段需 3～4d。

大火：品温继续上升,进入大火阶段,要撤出苇秆改成木架,曲块翻为六层,层间距 10.5cm,当品温上升达 47～48℃,冷凉至 37～38℃,再将曲块翻成七层(上下内外交换位置),间距为 13cm,品温再次上升至 47～48℃,再冷凉到 37～38℃,以后每隔 2d 翻坯一次,品温又回升到 42～43℃,要逐渐冷却到 36～37℃,翻曲为七层,上翻 3～4 次,需 7～8d,使水分基本排除,此时有 50%～70%的曲块基本成熟。

层层间距：一般为 5cm,下层仍为 13cm,使曲心内部成熟,维持 2～3d。

养曲：进入养曲期 2～3d,翻曲为七层,层间距 3.5cm,品温保持在 34～35℃。全部制曲时间为 21d,成曲出室前后,都应放在冷凉干燥的地方。

2. 原料处理和配料

原料处理：将高粱粉碎为 4～6 瓣,以粉末少为好。100kg 原料加水 50kg,润水 12h 以上,使原料充分吸水。装锅蒸煮,蒸料上气后维持 1.5h。取出蒸好的料,置于池内,加入 70～80℃水 225kg,拌匀后焖 20min,掏出,摊晾成软饭,即短时间内晾至 25～26℃。

配料：高粱 100kg、麸皮 73kg、酒曲 62.5kg、谷糠 73kg、食盐 5kg、水 340kg(蒸前加水 50kg,蒸后加水 225kg,入缸前加水 65kg)。

3. 糖化和酒精发酵

当高粱饭冷至 25～26℃,加入磨细的大曲 62.5kg,拌匀后再加水 65kg,使总加水量为 340kg,充分拌匀入缸。入缸时温度夏季为 25～26℃,冬季为 20℃左右,原料入缸后逐步糖化发酵,前 3 天每天打耙 2 次,第 3 天品温达 30℃,第 4 天发酵达高峰,用塑料布封缸并盖上草垫以免漏气,继续发酵。此阶段 16d,要使酒精达 6%～7%,酸度为 2.5%,酒醪发黄而澄清。

4. 醋酸发酵

将高粱和酒曲发酵所得酒醪,按每 100kg 高粱加入麸皮和谷糠各 73kg 拌匀后,放入 20 只浅盆,每盆约 35kg。将上次醋液发酵到第 4 天、品温达 43～44℃新鲜醋酸菌(即新鲜醋醅)种子按 10%接入浅缸,埋于中心,缸口盖上草盖。进行醋酸发酵。每天早晚翻料各一次。

在醋酸发酵中应掌握适当的温度,醋酸发酵 8d 完毕。

5. 成熟加盐

醋酸发酵 8d 后,醋醅含酸在 $80g \cdot L^{-1}$ 以上,即可加盐,其用量约为高粱的 5%。

6. 淋醋和熏醅

将已发酵结束的醋醅的一半置于熏醅缸内,缸口盖严,用文火将醋醅加热到 70~80℃,保持 4d,每天翻拌一次,此操作称为熏醅。要求熏醅不宜过老,否则醋味发苦。熏好的醋醅变为褐红色。

余下的另一半醋醅,加入上一次所淋得的淡醋再补足冷水为醋醅质量的两倍,浸泡醋醅12h,即可放醋。在淋出的醋液中加入 0.05% 香料(如花椒、大茴香、桂皮、丁香等)并加热至80℃,然后放入熏醅中浸泡 10h,所得醋即为熏醋,是老陈醋的半成品。100kg 高粱约出熏醋400kg,含酸 6~7%,浓度为 7°Bé。

7. 陈酿

熏醋盛于放置室外的敞缸中,防止雨淋和沙土带入,醋汁经夏日晒和冬捞冰的方法陈酿,使色泽加深,汁液浓度达 18°Bé,总酸含量达 10%(除部分挥发损失外),风味更佳。陈酿后,400kg 熏醋只能出老陈醋 120~140kg。

老陈醋经纱布过滤,去杂,即可装瓶成为成品。

10.1.3　微生物发酵制药

微生物发酵制药是指利用制药微生物的生长繁殖,通过发酵,代谢合成药物,然后从中分离提取、精制纯化,获得药品的过程,如青霉素发酵,红霉素发酵等。下面以青霉素发酵为例进行说明。

1. 青霉素发酵生产菌株

最初由弗莱明分离的点青霉,只能产生 $2U \cdot mL^{-1}$ 的青霉素。目前全世界用于生产青霉素的高产菌株,大都由菌株 WisQ 176(一种产黄青霉)经不同改良途径得到。20 世纪 70年代前,育种采用诱变和随机筛选方法。后来,由于原生质体融合技术、基因克隆技术等现代育种技术的应用,青霉素工业发酵生产水平已达 $85000U \cdot mL^{-1}$ 以上。青霉素生产菌株一般在真空冷冻干燥状态下保存其分生孢子,也可以用甘油或乳糖溶剂作悬浮剂,在 -70℃冰箱或液氮中保存孢子悬浮液和营养菌丝体。

2. 青霉素发酵生产培养基

碳源:目前普遍采用淀粉经酶水解的葡萄糖糖化液进行流加。

氮源:可选用玉米浆、花生饼粉、精制棉籽饼粉或新质粉,并补加无机氮源。

前体:苯乙酸或苯乙酰胺,由于它们对青霉菌有一定毒性,故一次加入量不能大于0.1%,并采用多次加入方式。

无机盐:包括硫、磷、钙、镁、钾等盐类,铁离子对青霉菌有毒害作用,一般应将发酵液中铁含量严格控制在 $30\mu g \cdot mL^{-1}$。

3. 青霉素发酵工艺

种子制备:种子制备阶段以生产丰富的孢子(斜面和大米孢子培养)或大量健壮的菌丝

体(种子罐)为目的。为达到这一目的,在培养基中加人比较丰富的容易代谢的碳源(如葡萄糖或蔗糖)、氮源(如玉米浆)、缓冲 pH 的碳酸钙以及生长所必需的无机盐,并保持最适生长温度(25～26℃)和充分通气、搅拌。在最适生长条件下,到达对数生长期时菌体量的倍增时间约为 6～7h。在工业生产中,应严格控制种子制备的培养条件及原材料质量,以保持种子质量的稳定性。

发酵培养:影响青霉素发酵产率的因素有环境因素(如 pH 值、温度、溶解氧饱和度、碳氮组分含量等)和生理变量因素(包括菌丝浓度、菌丝生长速率、菌丝形态等),对它们都要进行严格控制。发酵中 pH 值一般控制在 6.4～6.6,发酵温度前期 25～26℃,后期 23℃,以减少后期发酵液中青霉素的降解破坏。此外,还要求发酵液中溶解氧量不低于饱和溶解氧的 30%,通气量一般为 $1:0.8m^3 \cdot (m^3 \cdot min)^{-1}$(单位培养液体积在单位时间内通入的空气量)。

发酵液的后处理:过滤采用鼓式真空过滤器,过滤前加入乳化剂并降温。提炼用溶媒萃取法。将发酵滤液酸化至 pH 2,加 1/3 体积的醋酸丁酯(简称 BA),混合后以碟片式离心机分离,得一次 BA 提取液。然后以 1.3%～1.9% 的 $NaHCO_3$ 在 pH 6.8～7.0 的条件下将青霉素从 BA 中提取到缓冲液中。再调 pH 至 2.0,将青霉素从缓冲液再次转入 BA 中,方法同上,得二次 BA 提取液。脱色是在二次 BA 提取液中加活性炭 150～300g/10 亿单位,脱色,过滤。结晶用丁醇共沸结晶法。将二次 BA 提取液以 $0.5mol \cdot L^{-1}$ NaOH 萃取,调 pH 至 6.4～6.8,得青霉素钠盐水浓缩液;加 3～4 倍体积的丁醇,在 16～26℃、0.67～1.3kPa 下蒸馏,将水与丁醇共沸物蒸出,并随时补加丁醇;当浓缩到原来水浓缩液体积,蒸出馏分中含水达 2%～4% 时,即停止蒸馏;青霉素钠盐结晶析出,过滤,将晶体洗涤后进行干燥,制得成品。

10.2　现代发酵技术与产品

现代生物技术与古代利用微生物的酿造技术和近代的发酵技术有着密切的联系,但又有质的区别。古老的酿造技术和近代的发酵技术只是利用现有的生物或生物机能为人类服务;而现代的生物技术则是按照人们的意愿和需要创造全新的生物类型和生物机能,或者改造现有的生物类型和生物机能,包括改造人类自身,从而造福于人类。在 21 世纪,现代生物技术对细胞制药厂、细胞计算机、生物太阳能等技术的开发也将起关键作用。

发酵工程是现代生物技术产业化的基础和关键技术,是生物技术四大支柱的核心,无论传统发酵产品(如抗生素、氨基酸等),还是现代基因工程产品(如疫苗、人体蛋白质等),都需要发酵技术进行生产。随着生物技术的发展,发酵工程的应用领域也在不断扩大。从细胞生长繁殖、代谢的角度而言,利用发酵工程技术所进行的大规模植物细胞培养,将用于生产一些昂贵的植物化学品;而动物细胞培养所生产的一些蛋白质和多肽类产品将作为医用激素及抗癌与抗艾滋病的新药物。发酵原料的更换也将使发酵工程发生重大的变革。这样,发酵工程变得对人类更为重要。目前还在逐步应用的化工原料前体发酵技术,已使发酵工程成为生产某些化学品的不可替换的手段。诸如色氨酸的前体发酵,长链脂肪烃(13,14 正烷烃)发酵等,将使人类大规模应用色氨酸和长链二元酸成为可能。发酵工程技术在今后若干年内的重点发展方向为:基因工程及细胞杂交技术在微生物育种上的应用,将使发酵用菌种达到前所未有的水平;生物反应器技术及生物分离技术的相应进步,将消除发酵工业放大的某些神秘特征；微生物数据库、发酵动力学、发酵传递力学的发展，将使人们能够清楚地描述与使用微生物的适当环境和有关的生物学行为，从而能最佳地、理性化地进行工业发酵设计与生产。

10.2.1　生物农药

生物农药是指利用生物活体或其代谢产物对害虫、病菌、杂草、线虫、鼠类等有害生物进行防治的一类农药制剂，或者是通过仿生合成具有特异作用的农药制剂。关于生物农药的范畴，目前国内外尚无十分准确、统一的界定。按照联合国粮农组织的标准，生物农药一般是天然化合物或遗传基因修饰剂，主要包括生物化学农药（信息素、激素、植物调节剂、昆虫生长调节剂）和微生物农药（真菌、细菌、昆虫病毒、原生动物，或经遗传改造的微生物）两个部分，农用抗生素制剂不包括在内。与传统的化学农药相比，生物农药有很多优点，尤其是在环境兼容性和安全性上是前者不可比拟的。因此，生物农药被认为是化学农药有效的替代物。

我国生物农药按照其成分和来源不同可分为微生物活体农药、微生物代谢产物农药、植物源农药、动物源农药四个部分。按照防治对象，生物农药可分为杀虫剂、杀菌剂、除草剂、杀螨剂、杀鼠剂、植物生长调节剂等。就其利用对象而言，生物农药一般分为直接利用生物活体和利用源于生物的生理活性物质两大类：前者包括细菌、真菌、线虫、病毒及拮抗微生物等；后者包括农用抗生素、植物生长调节剂、性信息素、摄食抑制剂、保幼激素和源于植物的生理活性物质等。但是，在我国农业生产实际应用中，生物农药一般主要泛指可以进行大规模工业化生产的微生物源农药。

第一个实际应用的生物杀虫剂是苏云金芽孢杆菌（*Bacillus thuringiensis*）。它于1901年在日本被发现，1911年由柏林纳从地中海粉螟的患病幼虫中分离出来，并依其发现地点——德国苏云金省而命名。苏云金芽孢杆菌简称苏云金杆菌，是内生芽孢的革兰氏阳性土壤细菌，在芽孢形成初期会形成杀虫晶体蛋白（insecticidal crystal protein），对敏感昆虫有特异性的防治作用。1956年，科学家发表了用液体培养基摇瓶培养苏云金杆菌并用于防治菜青虫的报道，从而揭开了苏云金杆菌大规模培养的序幕。中国从20世纪60年代也开始了规模化生产与苏云金杆菌有关的研究，特别是有关分子生物学方面的研究正在持续展开，同时在发酵工艺方面也有了改进。

苏云金芽孢杆菌发酵生产包括液态发酵和固态发酵两种方式。

1. 液态发酵

液体发酵是目前苏云金杆菌杀虫剂大规模生产中的主要发酵方式。其产品杀虫毒力与其发酵水平有着密切的关系。发酵过程的研究主要集中在培养基组分和浓度，培养过程的通气量、温度、溶解氧量等因素对芽孢数、伴孢晶体及毒力效价影响的相关性研究上。

2. 固态发酵

固态发酵起源于我国传统的"制曲"技术，是利用颗粒载体表面所吸附的营养物质来培养微生物。在相对小的空间内，这种颗粒载体可提供相当大的液气界面，从而满足好氧微生物增殖所需要的水分、氧气和营养。能用于苏云金杆菌固态发酵的原材料很广泛，但选择时既要考虑到材料的营养性,也要考虑到它的通气性。用于固体发酵的载体通常可分为有机载体和无机载体。有机载体如麦麸、米糠、黄豆饼粉、花生饼粉等,这些载体本身就是很好的碳氮源;无机载体如多孔珍珠岩、细沙等,这些则需要另外添加营养成分。在使用时往往是根据需要结合起来,可以因地制宜地选择一些材料。

10.2.2　生物能源

生物质包括植物、动物及其排泄物,垃圾及有机废水等几大类。从广义上讲,生物质是植物通过光合作用生成的有机物,它的能量最初来源于太阳能,所以生物质能是太阳能的一种,它的生成过程如下:

$$CO_2 + H_2O + 太阳能 \xrightarrow{\text{叶绿素}} CH_2O + O_2$$

生物质具体的种类很多:植物类中最主要也是我们经常见到的有木材、农作物(秸秆、稻草、麦秆、豆秆、棉花秆、谷壳等)、杂草、藻类等;非植物类中主要有动物粪便、动物尸体、废水中的有机成分、垃圾中的有机成分等。

生物能源又称绿色能源。是指从生物质得到的能源,它是人类最早利用的能源。古人钻木取火,伐薪烧炭,实际上就是在使用生物能源。但是通过生物质直接燃烧获得能量是低效而不经济的。随着工业革命的发展,化石能源的大规模使用,生物能源逐步被以煤、石油、天然气为代表的化石能源所替代。"万物生长靠太阳",生物能源是从太阳能转化而来的,只要太阳不熄灭,生物能源就取之不尽。其转化的过程是通过绿色植物的光合作用将二氧化碳和水合成生物质,生物能的使用过程又生成二氧化碳和水,形成一个物质的循环,理论上二氧化碳的净排放为零。生物能源是一种可再生的清洁能源,开发和使用生物能源,符合可持续的科学发展观和循环经济的理念。因此,利用高技术手段开发生物能源,已成为当今世界发达国家能源战略的重要部分。当前生物能源的主要形式有四种:沼气、生物制氢、生物柴油和燃料乙醇。

10.2.3　生物冶炼

生物冶炼是指在相关微生物存在时,由于微生物的催化氧化作用,将矿物中有价金属以离子形式溶解到浸出液中加以回收,或将矿物中有害元素溶解并除去的方法。许多微生物可以通过多种途径对矿物作用,将矿物中的有价元素转化为溶液中的离子。利用微生物的这种性质,结合湿法冶炼等相关工艺,形成了生物冶炼技术。浸矿微生物主要有氧化铁硫杆菌(*Thiobacillus ferrooxidans*)、氧化硫硫杆菌(*Thiobacillus thiooxidant*)、硫化芽孢杆菌(*Sulfobacillus*)、氧化铁杆菌(*Ferrobacillus ferrooxidant*)、高温嗜酸古细菌(*Thermoacidophilicarchae bacteria*)、钩端螺旋菌属(*Leptospirillum*)等。在有关生物冶炼的报道中,氧化铁硫杆菌为浸矿菌种的论文占绝大多数,但从研究者对浸矿细菌的分离及培养方法来看,应该是多个菌种的富集混合菌。它们有些生长在常温环境,有些则能在50~70℃或更高温度下生长。硫化矿氧化过程中会产生亚铁离子和元素硫及其相关化合物,浸矿微生物一般为化能自养菌,它们以氧化亚铁或元素硫及其相关化合物获得能量,吸收空气中的氧及二氧化碳,并吸收溶液中的金属离子及其他所需物质,完成开尔文循环生长。

用于浸矿的几十种细菌,按其生长的最佳温度不同可以分为三类,即中温菌、中等嗜热菌与高温菌。

硫化矿生物浸出过程包括微生物的直接作用和间接作用,同时还具有原电池效应及其他化学作用。直接作用是指浸出过程中,微生物吸附于矿物表面,通过蛋白分泌物或其他代谢产物直接将硫化矿物氧化分解。间接作用则指微生物将硫化矿物氧化产生的及其他存在于浸出体系的亚铁离子,氧化成三价铁离子,产生的高价铁离子具有强氧化作用,其对硫化矿进一步氧化,硫化矿物氧化析出有价金属及铁离子,铁离子被催化氧化,如此反复。根据矿石的配置状态,生物冶炼工业化生产主要有三种。

① 堆浸法。这种方法常占用大面积地面,所需劳动力较多,但可处理较大数量的矿石,一次可处理几千至几十万吨。

② 池浸法。在耐酸池中,堆集几十至几百吨矿石粉,池中充满含菌浸提液,再加以机械搅拌以加快冶炼速度。这种方法虽然只能处理少量的矿石,但却易于控制。

③ 地下浸提法。这是一种直接在矿床内浸提金属的方法。其方法是在开采完毕的场所和部分露出的矿体上浇淋细菌溶浸液,或者在矿区钻孔至矿层,将细菌溶浸液由钻孔注入,通气,待溶浸一段时间后,抽出溶浸液进行回收金属处理。这种方法的优点是,矿石不需要开采选矿,可节约大量人力和物力,减轻环境污染。

应用微生物浸矿,其优势在于:反应温和,环境友好,能耗低,流程短,特别适于贫矿、废矿、表外矿及难采矿、难选矿、难冶矿的堆浸和就地浸出。在矿石日益贫杂及环境问题日益突出的今天,微生物浸矿技术将是有效的金属元素提取、环境保护及废物利用的手段。近年来,国外该技术的研究已成为矿冶领域热点,细菌浸出已发展成了一种重要的矿物加工手段,利用此法可以来浸出铜、铅、锌、金、银、锰、镍、铬、钼、钴、铋、钒、硒、砷、镉、镓、铀等几十种贵重和稀有金属。

10.2.4　生物催化与转化

生物催化就是酶催化。生物转化就是应用酶或微生物细胞进行合成的技术。

微生物在生物催化的手性合成中有着重要的用途,它能提供廉价和多样的生物催化剂——酶,或以完整细胞直接进行生物催化,后者又称为微生物生物转化。微生物可产生多种酶,能催化多种非天然有机物发生转化反应,有些反应是化学法难以或不可能完成的化学反应。微生物生物转化法的优点是不需要酶的分离纯化和辅酶再生;缺点是副产物可能较多,产物的分离纯化比较麻烦。微生物生物转化法已在一些有机酸、氨基酸、核苷酸、抗生素、维生素和甾体激素等方面实现了工业化生产。目前生物催化与转化的产品见表10-1。

微生物生物转化法是利用微生物中特定的酶将人工合成的非天然化合物进行生物转化,转化液经分离纯化可得所需产品的过程。生物转化法与直接发酵法的本质相同,皆属酶催化的反应,但前者为单酶或少数几种酶的高密度转化,而后者为多酶低密度转化。两者相比,生物转化法工艺简单,产物浓度高,转化率及生产效率高,副产物少。

表 10 - 1　利用生物催化剂生产的产品

底　　物	酶	微生物	产　　物
甘氨酸,甲醛	丝氨酸羟基甲烷基转化酶	甲基杆菌属	L-丝氨酸
肉桂酸	苯丙氨酸转氨酶	红酵母菌属	L-苯丙氨酸
DL-肉毒碱酰胺	酰胺酶	假单胞菌属	L-肉毒碱
丙烯腈	腈水合酶	玫瑰色红球菌	丙烯酰胺
丙烯腈	腈水解酶	玫瑰色红球菌	丙烯酸,烟酸
烯烃	链烯单加氧酶	珊瑚诺卡氏菌	手性环氧化合物
外消旋 1,2-戊二醇	乙醇脱氨酶和还原酶	假丝酵母属	S-1,2-戊二醇
CPC(头孢烷酸)	D-氨基酸氧化酶,酸化酶	基因工程菌	7-氨基头孢烷酸(7-ACA)
氢化可的松	脱氧酶	简单节杆菌	氧化泼尼松

　　微生物种类多,含酶丰富,利用微生物可进行多种生物转化反应。微生物生物转化反应的特点是具有高度选择性,尤其是立体选择性,可顺利地完成一般化学方法难以实现的反应,如甾体、萜类与生物碱等有机化合物中的非活泼氢的羟化反应等;反应条件温和,尤其适用于不稳定化合物的制备。微生物生物转化既可以采用游离的细胞,也可以使用固定化的细胞进行转化。

　　生物催化与生物转化是生物学、化学、过程工程科学的交叉领域,其核心目标是大规模采用微生物或酶为催化剂生产化学品、医药、能源、材料等,是最终建立在生物催化基础上的新物质加工体系。同时,生物催化和转化的研究是我国参与生物技术国际竞争的一个难得的机遇和切入点,是我国生物技术应用研究的一个战略重点。

　　现以 L-苯丙氨酸的酶法生产为例说明生物催化。目前已筛选到了具有高转氨酶活性的大肠杆菌(E. coli),经卡拉胶包埋固定化,该菌可以连续合成 L-苯丙氨酸,产率可达 $59.6 \mathrm{g \cdot L^{-1}}$。有人对具有 L-苯丙氨酸氨解酶酶活的深红酵母(Rhodotorula rubra)转化反式肉桂酸生产 L-苯丙氨酸的工艺做了研究,结果表明,用卡拉胶固定化的该菌株可将 77.7% 的反式肉桂酸转化为 L-苯丙氨酸。目前,L-苯丙氨酸的酶法生产已经工业化。

　　巨大的社会需求和科学技术的进步,有力地推动了新一代工业生物技术的快速发展。目前,生物催化与生物转化技术正在迅速向药物创制领域渗透,并将成为我国药物源头创新最有希望的技术之一。

　　设计和构建定向生物催化与生物转化过程体系,为新药的大规模制造提供理论指导。基于生物转化与生物转化反应的多样性,筛选出有价值的定向生物催化与生物转化反应及其相应的高效生物催化剂(酶),然后利用酶工程技术、细胞工程技术、基因工程技术、代谢工程技术和过程工程技术等,构建基于单酶、多酶或全细胞催化的高效的定向生物催化与生物转化过程体系。例如可以将低活性的廉价人参二醇组皂苷定向转化为具有高抗肿瘤活性的人参皂苷 Rg3 和 Rh2 等。

第 11 章

发酵行业清洁生产与环境保护

清洁生产的出现是人类工业生产迅速发展的历史必然,是一项迅速发展中的新生事物,是人类对工业化大生产所制造出有损于自然生态这种负面作用所作出的反应和行动。

发达国家在 20 世纪 60 年代和 70 年代初,由于经济快速发展,忽视对工业污染的防治,致使环境污染问题日益严重,公害事件不断发生。如日本的水俣病事件,对人体健康造成极大危害,令生态环境受到严重破坏,社会反映非常强烈。环境问题逐渐引起各国政府的极大关注,并采取了相应的环保措施和对策。例如增大环保投资、建设污染控制和处理设施、制定污染物排放标准、实行环境立法等,以控制和改善环境污染问题,取得了一定的成绩。但是通过十多年的实践发现:这种仅着眼于控制排污口(末端),使排放的污染物通过治理达标排放的办法,虽在一定时期内或在局部地区起到一定的作用,但并未从根本上解决工业污染问题,从而提出了污染预防之对策。

11.1　清洁生产的概念及主要内容

11.1.1　清洁生产的定义

一些国家在提出转变传统的生产发展模式和污染控制战略时,曾采用了不同的提法,如废物最少量化、无废少废工艺、清洁工艺、污染预防等等。但是这些概念不能包容上述多重含义,尤其不能确切表达当代容环境污染防治于可持续发展的新战略。事实上,清洁生产的概念正在不断地延伸,其关注的领域也在不断地拓展。

1989 年联合国环境规划署与环境规划中心(UNEP/PAC)定义为:

① 清洁生产是指将综合预防的环境策略持续地应用于生产过程和产品中,以便减少对人类和环境的风险性的生产过程。

② 清洁生产包括节约原材料和能源,淘汰有毒原材料,并在全部排放物和废物离开生产过程以前减少它的数量和毒性。

③ 对产品而言,清洁生产策略旨在减少产品在整个生命周期过程(包括从原料提炼到产品的最终处置)中对人类和环境的影响。

④ 清洁生产不包括末端治理技术,如空气污染控制、废水处理、固体废弃物焚烧或填埋。清洁生产通过应用专门技术、改进工艺技术和改变管理态度来实现。

2003 年 1 月 1 日实施的《中华人民共和国清洁生产促进法》中对清洁生产的定义为:清洁生产是指不断采取改进设计、使用清洁的能源和原料、采用先进的工艺技术与设备、改善管理、综合利用等措施,从源头削减污染,提高资源利用效率,减少或者避免生产、服务和产品使用过程中污染物的产生和排放,以减轻或者消除对人类健康和环境的危害。

从上可知,清洁生产的概念中包含了四层涵义:一是清洁生产的目标是节省能源,降低原材料消耗,减少污染物的产生量和排放量;二是清洁生产的基本手段是改进工艺技术,强化企业管理,最大限度地提高资源、能源的利用水平和改变产品体系,更新设计观念,争取废物最少排放,及将环境因素纳入服务中去;三是清洁生产的方法是排污审计,即通过审计发现排污部位、排污原因,并筛选消除或减少污染物的措施及进行产品生命周期分析;四是清洁生产的终极目标是保护人类与环境,提高企业自身的经济效益。

11.1.2　清洁生产的主要内容

清洁生产主要包括下面三方面内容:

(1) 清洁的能源

清洁利用矿物燃料,加速以节能为重点的技术进步和技术改造,提高能源的利用效率。

(2) 清洁的生产过程

采用少废、无废的生产工艺技术和高效生产设备;尽量少用、不用有毒有害的原料;减少生产过程中的各种危险因素和有毒有害的中间产品;组织物料的再循环;优化生产组织和实施科学的生产管理;进行必要的污染治理,实现清洁、高效的利用和生产。

(3) 清洁的产品

产品应具有合理的使用功能和使用寿命;产品本身及在使用过程中对人体健康和生态环境不产生或少产生不良影响和危害;产品失去使用功能后,应易于回收、再生和复用等。

11.1.3　发酵行业开展清洁生产的重要意义

发酵工业主要包括酒精、柠檬酸、味精和啤酒等分行业。发酵行业主要是依靠淀粉酶的活力把淀粉转化成糖,再将糖进一步由酵母转化成最终产品。啤酒和酒精行业的最终产品是乙醇,味精行业则是谷氨酸钠。

我国有大量的发酵行业的生产厂家位于偏远地区,并靠近大的水体。它们产生的废水通常直接排入环境。根据工厂以及操作方法的不同,通常每生产 1t 味精需用 4～4.5t 大米,生产 1t 酒精需用 3～3.5t 玉米,这其中只有占原料 60% 的淀粉能被用来发酵生产酒精和味精,其他剩余的蛋白质、脂肪、碳水化合物、纤维素作为废物被丢弃了。这些被丢弃的剩余物质不仅引起严重的环境问题,还造成资源的严重浪费。例如,味精行业每年要产生 $2 \times 10^6 m^3$ 废渣,酒精行业每年产生 $4.35 \times 10^7 m^3$ 酒糟。生产过程中还要耗费大量的水进行冲洗、冷却、提取等操作。

污染来源包括粉碎、提取、泵送、蒸发、结晶、废糖蜜的储存和输送,通气操作过程中的渗漏、逃液、超负荷以及违章操作。此外,地板冲洗、锅炉洗涤、锅炉房的操作等都能引起环境污染。

为了减少原料、水、能源的消耗和废水的排放,发酵行业要求采用清洁生产工艺。对于发酵行业来说,减少用水量和废水排放量,同时回收其中有用的副产品,是改善环境表现和提高企业经济效益非常有效的途径。

根据工厂的实际技术水平,引用清洁生产工艺最多可以节约40%的用水量。另一方面,回收副产品后,酒糟水和废水的 COD 可以降低 50%左右;废水经过生物处理后,污染负荷可以进一步减少 90%左右。因此,在发酵行业开展清洁生产的重要意义主要有:

（1）清洁生产是实现发酵行业可持续发展的重要措施

清洁生产可以最大限度地使能源得到充分利用,以最少的环境代价和能源、资源的消耗获得最大的经济发展效益。

（2）清洁生产可减少发酵行业末端治理费用,降低生产成本

随着工业化发展速度的加快,末端治理这一污染控制模式已不能满足新型工业化发展的需要。清洁生产彻底改变了过去被动、滞后的污染控制手段,强调在污染产生之前就予以削减,它通过生产全过程控制,减少甚至消除污染物的产生或排放,这样不仅能减少末端治理设施的建设投资费用,同时也减少了治污设施的运行费用,从而大大降低了工业生产成本。

（3）清洁生产能给企业带来巨大的经济、社会和环境效益

首先,清洁生产的本质在于实行污染预防和全过程控制,是污染预防和控制的最佳方式。清洁生产从产品设计、替代有毒有害原材料、优化生产工艺和技术设备、物料循环和废物综合利用多个环节入手,通过不断加强科学管理和科技进步,到达"节能、降耗、减污、增效"的目的,在提高资源利用率的同时,减少污染物的排放量,实现经济效益和环境效益的统一。其次,清洁生产与企业的经营方向是完全一致的,实行清洁生产可以促进企业的发展,提高企业的积极性,不仅可以使企业取得显著的环境效益,还会给企业带来诸多其他方面的效益。

11.1.4　发酵行业清洁生产工艺

1. 清洁生产工艺

发酵行业的清洁生产的方案较多,具体参见表 11-1。

表 11-1　发酵行业清洁生产工艺需求

清洁生产工艺	目　的
循环利用冷却水	减少水、能量的消耗
分开不同类型的废水	提高水的回用,易于副产品回收
从酒糟和废母液中回收副产品	尽可能降低 BOD 和 COD,获得高经济效益
使用新的营养盐（如用液态氨代替尿素）	提高发酵产量,降低成本
更新热交换器	节约能量、水和蒸汽,提高冷却水的回用
更新分离器	提高产量,获得高价产品
建立水处理厂（如厌氧工程）	降低污染负荷,生产生物气体（如甲烷）

2. 发酵行业清洁生产技术推行方案（以啤酒行业为例）

啤酒行业总体目标为：到 2012 年，在啤酒产量增长率保持年均 5% 的前提下（产量达到 $4.5×10^7 m^3$），啤酒工业主要消耗指标分别降低 2% 以上，即单位产品耗粮由（折算 $11°P$）$157kg/m^3$ 降低到 $150kg/m^3$；可年节粮约 $6×10^5 t$；单位产品取水由 $6.5m^3/m^3$ 降低到 $6.0m^3/m^3$，节水约 $2.4×10^8 m^3$；单位产品耗电由 $82kW·h/m^3$ 降低到 $79kW·h/m^3$，节电约 $1.46×10^9 kW·h$；单位产品耗标煤由 $70kg/m^3$ 降低到 $63kg/m^3$，节标煤约 $3×10^5 t$；单位产品废水、污染物产生量和排放量降低 5%。在啤酒产量增长率不超过 5% 的前提下，做到增产减污，单位产品废水产生量由 $4.5m^3/m^3$ 降低到 $4.3m^3/m^3$，单位产品 COD 产生量由 $9.5kg/m^3$ 降低到 $9.0kg/m^3$，单位产品 BOD 产生量由 $5.7kg/m^3$ 降低到 $5.5kg/m^3$，单位产品废水排放量由 $4.0m^3/m^3$ 降低到 $3.8m^3/m^3$，即啤酒工业废水年排放总量不超过 $2.1×10^8 t$，少产生 COD $1.5×10^4 t$，少产生 BOD 6000t。

啤酒行业清洁生产技术推行方案为：啤酒行业已有一些先进技术可采用，具体参见表 11 - 2。

表 11 - 2　啤酒行业清洁生产技术推行方案

序号	技术名称	适用范围	技术主要内容	解决的主要问题	技术来源	所处阶段	应用前景分析
1	低压煮沸、低压动态煮沸	啤酒酿造	将常压煮沸锅改为低压煮沸锅，配套压力自控装置，间歇煮沸仍可常压，更新内加热器，加热效率有保证	可将煮沸时间缩短 $40～60min$，蒸发率下降 4%～6%，可使麦汁煮沸过程节约蒸汽 30%～35%，对全过程来说，蒸汽（煤）消耗量可降低 12% 以上	消化吸收创新开发	应用阶段	节能效果明显，在啤酒行业广泛应用后，可大幅降低能耗水平，力争在 2012 年行业内应用比例达 25% 以上，每年节水约 $1.2×10^8 m^3$，节电约 $8.3×10^8 kW·h$，节标煤约 $1.5×10^5 t$
2	煮沸锅二次蒸汽回收	啤酒酿造	利用热交换把热能储存在闭式循环贮能系统中，在需要的时候再把热能释放到加热环节中	改用低压煮沸后，二次蒸汽可由煮沸锅自动输出，冷凝过程放出热以加热水，用此热水加热过滤麦汁，提高进煮沸锅的麦汁温度，$80℃$ 和 $95℃$ 水形成自循环。二次蒸汽的冷凝水还可以用于其他的预热（制备 CIP 清洗水），即全部回收二次蒸汽中的热能	消化吸收创新开发	应用阶段	节能效果明显，在啤酒行业广泛应用后，可大幅降低能耗水平，力争在 2012 年行业内应用比例达 25% 以上，每年节水约 $7×10^7 m^3$，节电约 $3.8×10^8 kW·h$，节标煤约 $9×10^4 t$

续　表

序号	技术名称	适用范围	技术主要内容	解决的主要问题	技术来源	所处阶段	应用前景分析
3	麦汁冷却过程真空蒸发回收二次蒸汽	啤酒酿造	将煮沸热麦汁在冷却（95℃→7～8℃）前经过一次真空蒸发，热麦汁以切线方向进入真空罐，压力突然下降，麦汁沸点降低，形成大量二次蒸汽，再次回收利用	回收利用真空蒸发产生的二次蒸汽（2%～2.5%蒸发量），热能有利于缩短煮沸锅蒸发时间；除系统开始运行时需真空机械外，以后的过程可自动运行，不再需动力；麦汁真空蒸发有利于排除不良气味（DMS等），可提高产品质量；真空蒸发降低了麦汁温度（86～95℃），节约了冷却过程的冷耗和电耗	消化吸收创新开发	应用阶段	节能效果明显，在啤酒行业广泛应用后，可大幅降低能耗水平，力争在2012年行业内应用比例达25%以上，每年节水约 $5 \times 10^7 m^3$，节电约 $2.5 \times 10^8 kW \cdot h$，节标煤约 $6 \times 10^4 t$
4	啤酒废水厌氧处理产生沼气的利用	啤酒废水处理	一是沼气经过脱硫处理后，直接送入煤粉炉燃烧；二是沼气燃烧产生热空气用于湿料烘干（湿废酵母泥和湿麦糟）；三是沼气送入直燃制冷机用于制冷；四是沼气发电；五是沼气双重发电和制冷	避免环境污染，并且实现节能减排；沼气利用率逐项提高，形成合理的资源循环	自主研发	推广阶段	逐步推广后，能够显著提升啤酒行业清洁生产水平，力争在2012年行业内应用比例达33%以上，少产生COD 9000t，少产生BOD 3600t
5	提高再生水的回用率	啤酒废水处理	专设回用管道网；再生水用作冷却水；将再生水用活性炭吸附和二氧化氯消毒等深度处理。啤酒废水无毒，处理后的再生水可以回用，但不能用于直接和产品接触的工艺用水	回收使用再生水可直接减少取水量，且减少污染	自主研发	推广阶段	逐步推广后，能够显著提升啤酒行业清洁生产水平，且减少环境污染，力争在2012年行业内应用比例达33%以上，少产生COD 6000t，少产生BOD 2400t

11.2　发酵工程在环境保护中的应用

近几十年来,现代生物技术的大多数内容已渗入到环境工程领域中。生物技术,特别是发酵工程,可以说是一项最早涉足于环境保护领域的工程技术。污水的生物处理的主要方法——活性污泥法也可以认为是大规模的发酵工程。发酵工程主要用于污水处理、固体垃圾处理、有毒物质的降解、土壤污染的修复等。

11.2.1　污水的生物处理

污水的生物处理是用生物学的方法处理污水的总称,是现代污水处理应用中最广泛的方法之一。它主要就是利用微生物新陈代谢功能,使污水中呈溶解和胶体状态的有机污染物被降解并转化为无害的物质,使污水得以净化。污水的生物处理按对氧气需求情况不同可分为厌氧生物处理和好氧生物处理两大类。厌氧生物处理系利用厌氧微生物把有机物转化为有机酸,如甲烷菌再把有机酸分解为甲烷、二氧化碳和氢等。如厌氧塘、化粪池、污泥的厌气消化和厌氧生物反应器等属于此类处理法。好氧生物处理系采用机械曝气或自然曝气(如藻类光合作用产氧等)为污水中好氧微生物提供活动能源,促进好氧微生物的分解活动,使污水得到净化。如活性污泥、生物滤池、生物转盘、污水灌溉、氧化塘等属于此类处理法。污水的生物处理效果好,费用低,技术较简单,应用比较简单。当简单的沉淀和化学处理不能保证达到足够的净化程度时,就要用生物的方法做进一步处理。生物处理中要特别注意掌握净化污水的微生物的基本特点,满足其要求条件;污水中 BOD 与 COD 比值要大于0.3。温度对污水的生物处理的影响较大,冬季一般效果较差。

11.2.2　有机固体废弃物的微生物处理

固体废弃物是指被人们丢弃的固体状和泥状的污染物质。有机固体废物通常是指含水率低于 85%～90%可生化降解的有机废物,它们一般具有可生化降解性。这些废物中蕴含着大量的生物质能,有效利用这类生物质能源,对实现环境和经济的可持续发展具有重要意义。处理的方法有焚烧、填埋、综合利用、生物法等。其中生物法主要是利用微生物分解有机物,制作有机肥料和沼气,可分为好氧堆肥法和厌氧发酵法两大类。

好氧堆肥法的基本生物化学反应过程与污水生物处理相似,但堆肥处理只进行到腐熟阶段,并不需有机物的彻底氧化,这一点与污水处理是不同的。一般认为堆料中易降解有机物基本上被降解即达到腐熟。这个过程大致可分为以嗜温好氧菌为主的产热阶段、以嗜热菌为主的高温阶段和以嗜温菌(最适温度为中温,能耐受高温)为主的降温腐熟阶段。

厌氧发酵法包括厌氧堆肥法和沼气发酵。厌氧堆肥法是指在不通气条件下,微生物通过厌氧发酵将有机废弃物转化为有机肥料,使固体废物无害化的过程。堆制方式与好氧堆肥法基本相同。但此法不设通气系统,有机废弃物在堆内进行厌氧发酵,温度低,腐熟及无害化所需时间长。利用固体废弃物进行沼气发酵与污水的厌氧处理情况基本相似,也有 3

个相似的阶段,最后可产生甲烷、CO_2 等产物。该技术在城市下水道污泥、农业固体废弃物(农作物秸秆等)和粪便处理中得到广泛应用。我国农村大力推广的沼气工程对改善农村生态环境和环境卫生有重要作用。

对于城市垃圾的处理还可采用生态工程处理方法。其原理是利用适当的防渗和阻断材料,将垃圾堆进行物理隔离,然后在隔离的垃圾堆上重建以植物为主的土壤-植物生态系统,同时辅以适当的景观建筑、园林小品等将原来的垃圾山建成公园式的风景娱乐场所或为农、牧业重新利用。

参考文献

［1］白秀峰.发酵工艺学［M］.北京：中国医药科技出版社,2003

［2］北京水环境技术与设备研究中心,北京市环境保护科学研究院,国家城市环境污染控制工程技术研究中心.三废处理工程技术手册（废水卷）［M］.北京：化学工业出版社,2000

［3］北京水环境技术与设备研究中心,北京市环境保护科学研究院,国家城市环境污染控制工程技术研究中心.三废处理工程技术手册（固体废物卷）［M］.北京：化学工业出版社,2000

［4］曹军卫,马辉文.微生物工程［M］.北京：科学出版社,2006

［5］岑沛霖,蔡谨.工业微生物学［M］.北京：化学工业出版社,2008

［6］岑沛霖.生物工程导论［M］.北京：化学工业出版社,2004

［7］陈坚,堵国成,李寅等.发酵工程实验技术［M］.北京：化学工业出版社,2003

［8］陈坚,李寅.发酵过程优化原理与实践［M］.北京：化学工业出版社,2002

［9］陈坚.环境生物技术［M］.北京：中国轻工业出版社,1999

［10］陈声明.经济微生物学［M］.成都：成都科技大学出版社,1997

［11］储炬,李友荣.现代生物工艺学［M］.上海：华东理工大学出版社,2008

［12］储炬,李友荣.现代工业发酵调控学［M］.北京：化学工业出版社,2006

［13］褚志义.生物合成药物学［M］.北京：化学工业出版社,2000

［14］代云见,王明蓉,杜天飞.微生物基因工程育种技术的研究进展［J］.国外医药·抗生素分册,2008,29(5)：193—200

［15］丁学知,夏立秋.苏云金杆菌高毒力菌株4.0718的快速选育［J］.中国生物防治,2001,17(4)：163—166

［16］高福成.新型发酵食品［M］.北京：中国轻工业出版杜,1998

［17］高孔荣.发酵设备［M］.北京：中国轻工业出版社,1996

［18］高培基,曲音波.微生物生长与发酵工程［M］.济南：山东大学出版社,1990

［19］高平,刘书志.生物工程设备［M］.北京：化学工业出版社,2006

［20］顾国贤.酿造酒工艺学［M］.北京：中国轻工业出版社,2005

［21］顾立众,翟玮砖.发酵食品工艺学［M］.北京：中国轻工业出版社,1998

［22］关雄.苏云金芽孢杆菌8010的研究［M］.北京：科学出版社,1997

［23］韩德权.发酵工程［M］.哈尔滨：黑龙江大学出版社,2008

［24］郝学财,余晓斌,刘志钰等.响应面方法在优化微生物生物培养基中的应用［J］.食品研究与开发,2006,27(1)：38—41

[25] 何建勇,顾觉奋,王凤山. 生物制药工艺学[M]. 北京：人民卫生出版社,2007

[26] 贺小贤. 生物工艺原理[M]. 北京：化学工业出版社,2008

[27] 胡永松,王忠彦. 微生物与发酵工程[M]. 成都：四川大学出版社,1987

[28] 黄成栋等. 黄原胶的特性、生产及应用厂[J]. 微生物学通报,2005,32(2)：91—98

[29] 黄方一,叶斌. 发酵工程[M]. 武汉：华中师范大学出版社,2006

[30] 黄儒强,李玲. 生物发酵技术与设备操作[M]. 北京：化学工业出版社,2007

[31] 贾士儒. 生物反应工程原理[M]. 北京：科学出版社,2003

[32] 焦瑞身. 微生物工程[M]. 北京：化学工业出版社,2003

[33] 金其荣,张继民等. 有机酸发酵工艺学[M]. 北京：高等教育出版社,1989

[34] 金志华,林建平,梅乐和. 工业微生物遗传育种学原理与应用[M]. 北京：化学工业出版社,2006

[35] 李艳. 发酵工程原理与技术[M]. 北京：高等教育出版社,2007

[36] 李永泉. 发酵工程原理和方法[M]. 杭州：杭州大学出版社,1995

[37] 李再资. 生物化学工程基础[M]. 北京：化学工业出版社,1999

[38] 刘国诠. 生物工程下游技术[M]. 北京：化学工业出版社,2003

[39] 梅乐和,姚善泾,林东强. 生化生产工艺学[M]. 北京：科学出版社,2000

[40] 闵航,吴雪昌. 微生物学[M]. 杭州：浙江大学出版社,2005

[41] 欧阳平凯,曹竹安,马宏建等. 发酵工程关键技术及其应用[M]. 北京：化学工业出版社,2005

[42] 齐香君. 现代生物制药工艺学[M]. 北京：化学工业出版社,2004,35

[43] 邱立友. 发酵工程与设备[M]. 北京：中国农业出版社,2007

[44] 史悍民. 企业清洁生产实施指南[M]. 北京：化学工业出版社,1997

[45] 宋倩,裴宗平,白向玉等. 清洁生产审核在酿造企业的应用[J]. 环境科学与管理,2009(6)：184—186

[46] 孙俊良. 发酵工艺[M]. 北京：中国农业出版社,2002

[47] 孙晓峰,李晓鹏. 啤酒工业清洁生产技术需求探析[J]. 中国环保产业,2010,2：49—51

[48] 万瑾. 啤酒企业的节水[J]. 啤酒科技,2006,(12)：53—54

[49] 汪应洛,刘旭. 清洁生产[M]. 北京：机械工业出版社,1998

[50] 王福源. 现代食品发酵技术[M]. 北京：中国轻工业出版社,1998

[51] 王镜岩,朱圣庚,徐长法. 生物化学教程[M]. 北京：高等教育出版社,2008,640—643

[52] 王文甫. 啤酒生产工艺[M]. 北京：中国轻工业出版社,1997

[53] 王玉炯,苏建宁,贾士儒. 发酵工程研究进展[M]. 银川：宁夏人民出版社,2007

[54] 王远山,徐建妙,陈小龙,郑裕国. 药用氨基酸的应用及其生物催化与生物转化法生产[J]. 中国现代应用药学杂志,2005,22(9)：825—828

[55] 韦革宏,杨祥. 发酵工程[M]. 北京：科学出版社,2008

[56] 吴根福. 发酵工程实验指导[M]. 北京：高等教育出版社,2006

[57] 吴松刚. 微生物工程[M]. 北京：科学出版社,2004

[58] 吴梧桐. 生物制药工艺学[M]. 北京：中国医药科技出版社,1993

[59] 杨波涛. 均匀设计和正交设计在微生物最佳培养配方中的应用[J]. 渝州大学学报（自然

科学版),2000,17(1):14—19

[60] 杨和财.我国葡萄酒产业发展策略的探讨[J].中国酿造,2008,(11):102—103

[61] 杨永杰.环境保护与清洁生产[M].北京:化学工业出版社,2002

[62] 姚汝华,赵继伦.酒精发酵工艺学[M].广州:华南理工大学出版社,1999

[63] 姚汝华,周世才.微生物工程工艺原理[M].广州:华南理工大学出版社,2008

[64] 余龙江.发酵工程原理与技术应用[M].北京:化学工业出版社,2006

[65] 俞俊堂,唐孝宣,邬行彦等.新编生物工艺学[M].北京:化学工业出版社,2003

[66] 俞俊棠,唐孝宣.生物工艺学[M].上海:华东理工大学出版社,1997

[67] 袁庆辉.发酵生产设备[M].北京:中国轻工业出版社,1985

[68] 张卉,舒科.微生物工程[M].北京:中国轻工业出版社,2010

[69] 张俊亭,李治祥,张克强等.微生物杀虫剂苏云金杆菌液体发酵技术的研究[J].农业环境保护,1998,17(6):248—250

[70] 张克旭.氨基酸发酵工艺学[M].北京:中国轻工业出版社,1992

[71] 张兴元,许学书.生物反应器工程[M].上海:华东理工大学出版社,2001

[72] 章朝晖.右旋糖酐的制备及应用[J].四川化工与腐蚀控制,2001,4(1):50—52

[73] 赵芳,李志民,陈斌.我国食醋生产的研究进展[J].邯郸职业技术学院学报,2009,14(12):94—96

[74] 郑裕国.生物工程设备[M].北京:化学工业出版社,2007

[75] 周中平,赵毅红,朱慎林.清洁生产工艺及应用实例[M].北京:化学工业出版社,2002

[76] 诸葛健,沈微.工业微生物育种学[M].北京:化学工业出版社,2006

[77] 庄桂.利用玉米皮渣固体法酿造食醋的研究[J].中国酿造,2006,(7):152—155

图书在版编目(CIP)数据

发酵工程 / 蒋新龙主编. — 杭州：浙江大学出版社，
2011.1(2022.7 重印)

ISBN 978-7-308-08381-2

Ⅰ.①发… Ⅱ.①蒋… Ⅲ.①发酵工程—高等学校：技
术学校—教材 Ⅳ.①TQ92

中国版本图书馆 CIP 数据核字(2011)第 013642 号

发酵工程

蒋新龙　主编

丛书策划	樊晓燕　季　峥	
责任编辑	季　峥(really@zju.edu.cn)	
封面设计	林智广告	
出版发行	浙江大学出版社	
	（杭州市天目山路 148 号　邮政编码 310007）	
	（网址:http://www.zjupress.com）	
排　　版	杭州大漠照排印刷有限公司	
印　　刷	杭州杭新印务有限公司	
开　　本	787mm×1092mm　1/16	
印　　张	12	
字　　数	307 千	
版 印 次	2011 年 2 月第 1 版　2022 年 7 月第 7 次印刷	
书　　号	ISBN 978-7-308-08381-2	
定　　价	25.00 元	